青海省地质勘查成果系列丛书

青海东部生态地球化学成果及经济效益示范

QINGHAI DONGBU SHENGTAI DIQIU HUAXUE CHENGGUO JI JINGJI XIAOYI SHIFAN

姬丙艳　许　光　著

内容提要

《青海东部生态地球化学成果及经济效益示范》是在青海省多年生态地球化学调查工作的基础上进行的系统研究。本书较为系统地研究了青海东部土壤碳储量及固碳潜力,对土地质量进行了地球化学评价,对土壤污染进行了较为深入的研究。通过对富硒资源多方位的评价,促进了富硒产业的建设和发展,建立了富硒经济效益示范。

通过多方面的研究工作,完善了青海省生态地球化学工作方法技术,促进了地球化学学科的应用,亦可作为地质、环境、生态、农学等相关专业科技人员的参考书籍。

图书在版编目(CIP)数据

青海东部生态地球化学成果及经济效益示范/姬丙艳,许光著. —武汉:中国地质大学出版社,2020.10
(青海省地质勘查成果系列丛书)
ISBN 978-7-5625-4890-4

Ⅰ.①青…
Ⅱ.①姬… ②许…
Ⅲ.①生态环境-地球化学环境-研究-青海
Ⅳ.①X321.244

中国版本图书馆 CIP 数据核字(2020)第 209189 号

青海东部生态地球化学成果及经济效益示范

姬丙艳 许 光 著

| 责任编辑:王 敏 | 选题策划:张 旭 毕克成 | 责任校对:张咏梅 |

出版发行:中国地质大学出版社(武汉市洪山区鲁磨路388号)	邮编:430074
电 话:(027)67883511	传 真:(027)67883580	E-mail:cbb@cug.edu.cn
经 销:全国新华书店		http://cugp.cug.edu.cn
开本:880毫米×1 230毫米 1/16	字数:373千字 印张:11.75
版次:2020年10月第1版	印次:2020年10月第1次印刷
印刷:武汉中远印务有限公司	印数:1—500册
ISBN 978-7-5625-4890-4	定价:168.00元

如有印装质量问题请与印刷厂联系调换

《青海省地质勘查成果系列丛书》编撰委员会

主　　任：潘　彤
副 主 任：孙泽坤　党兴彦
成　　员（按姓氏笔画排列）：
　　　　　王　瑾　王秉璋　李东生　李得刚　李善平
　　　　　许　光　杜作朋　张爱奎　陈建洲　赵呈祥
　　　　　郭宏业　薛万文

《青海东部生态地球化学成果及经济效益示范》

主　　编：姬丙艳　许　光
副 主 编：张亚峰　姚　振　苗国文　朱　辉
编写人员：代　璐　沈　骁　马凤娟　刘长征　杨映春
　　　　　潘燕青　刘庆宇　马　瑛　田兴元　韩思琪
　　　　　张　浩　贾妍慧　闫建平　马　强　黄　强

序

为了紧密围绕国民经济和社会发展需求,中国地质调查局于1999年开始在广东、湖北、四川等省实施多目标区域地球化学调查试点工作。从2002年起,全国多目标区域地球化学调查工作正式启动。2005年,经温家宝总理批示,财政部设立"全国土壤现状调查及污染防治专项",由国土资源部和环保部共同负责,对多目标区域地球化学调查工作进行专项支持,调查工作扩大到全国31个省(区、市)。2016年,土地地球化学调查工程开始实施,在全国持续推进调查评价工作。

2004年,青海省多目标区域地球化学调查开始试点工作,此项工作得到了青海省委、省政府领导的高度重视和积极评价,时任省委书记、省长均作了重要批示。青海省地质矿产勘查开发局、青海省第五地质勘查院瞄准经济社会发展对地质工作的新需求,积极转变观念,对项目的顺利实施、成果转化、后续工作的拓展做了大量的工作,开创了青海省生态农业的新局面。通过项目的实施,青海省第五地质勘查院锻炼出了一支敢打硬仗的高素质地质调查队伍,这也为其今后的发展打下良好基础。

青海省多目标区域地球化学调查工作具有后发优势,在全国多目标区域地球化学调查的基础上,立足自身特点,积极争取地方资金支持,开展了大量的后续调查评价工作。通过一系列项目的实施,查明了青海东部土地地球化学质量,建立且完善了青藏高原特殊景观区调查评价方法技术体系,提出了某些类型土壤元素富集的新理论,拓展了人居环境调查评价的新领域,建立了特色农业发展助力精准脱贫的新模式。2016年12月,项目成果通过了鉴定评审,评审专家一致认为,成果总体水平达到了国际先进水平。

为更好地发挥示范作用,青海省地质矿产勘查开发局组织编写了《青海省地质勘查成果系列丛书》,相信系列丛书的出版,一定会受到国内同行的欢迎,一定会给从事地质矿产勘查、地质环境评价的工作者们以新的启迪和收获。在此,感谢青海省地质矿产勘查开发局、青海省第五地质勘查院对地质勘查工作所做出的贡献,感谢项目全体成员的辛勤劳动。

成杭新

2019年10月15日

前　言

2016年12月16日，青海省科技厅组织专家在西宁对青海省第五地质勘查院承担的"青藏高原北缘生态地球化学成果及经济效益示范"项目进行了科技评审。与会专家一致认为，项目水平达到国际先进水平。该项成果较为全面地反映了青海省多年来在多目标区域地球化学调查和生态地球化学调查评价等方面取得的成绩，也为今后省内发展特色现代农业、开展生态环境相关研究提供了示范和经验。同时，此项成果的认定，也是对青海省多年来生态地球化学评价工作的肯定和认可。

一

全国多目标区域地球化学调查工作始于1999年，作为西部欠发达省份，青海省一直未开展此项工作。青海省虽然总面积很大，但却是农业小省；自然资源丰富，彼时却以矿产资源开发为主；生态位置重要，但生态保护还未上升到如今的高度。因为种种原因，青海省未能从一开始就与全国同步开展多目标区域地球化学调查工作。

青海省地质矿产勘查开发局孙泽坤等对全国多目标区域地球化学调查工作的开展一直保持密切关注，同时敏锐地发现在青海省开展此项工作的广阔前景。通过对青海省社会经济发展的系统分析和多方沟通，2004年青海省国土资源厅设立了由省财政出资的"青海省互助、平安、湟中、大通和西宁市区环境地球化学调查"项目，由此开启了青海省多目标区域地球化学调查工作。青海省区域化探本身具有良好的基础，具备专业的队伍、先进的实验室等条件，所以试点工作研究水平也很高。本次调查工作不仅系统地厘清了52种元素的生命意义，更是从地质角度出发，从更深层次解释了土壤地球化学特征，同时建立了评价模型，对富硒土壤、重金属污染等生态问题进行了深入的研究。所获成果时至今日仍然是后续工作的重要参考依据和研究思路、方法技术的宝库。

随着全国多目标区域地球化学调查工作的持续开展，从2008年开始，青海省被纳入到全国性地质调查工作中来，逐步完成了海东市、青海湖东部、黄河谷地、门源盆地等地区的多目标区域地球化学调查工作。在区域调查的基础上，针对发现的富硒、富锗土壤等资源，青海省国土资源厅陆续设置了一系列调查评价项目，对资源的可利用性和后期开发进行了较为系统的研究，同时开创性地开展了柴达木盆地绿洲农业生态地球化学评价工作，为各项成果转化和产业发展提供了坚实的技术支撑。

在项目的实施过程中，青海省委、省政府主要领导对此项工作高度重视，对富硒农业建设作出了重要批示。原国土资源厅（现为自然资源厅）李智勇副厅长听取项目成果汇报，并促成召开了成果发布会。中国地质调查局奚小环副主任、李宝强处长等相关领导，成杭新博士、杨忠芳教授等专家多次亲临现场，了解项目进展,帮助解决实际问题。

青海省多目标区域地球化学调查工作是省内的一项创新性工作,开创了特色生态农业的新局面,在省内产生了广泛的社会影响。海东市平安区根据富硒研究成果,召开了3次富硒产业高峰论坛,海西州召开了柴达木富硒成果新闻发布会,这些都是全省现代农业发展的良好开端。

二

生态地球化学评价是一项全新的、系统的、包括整个生态系统的调查评价工作。根据青海省的实际情况,此项工作一是为青海省从以矿产资源开发为主向生态保护和资源开发并重提供基础科技服务,二是研究地质科学与农学、环境学、生态学、医学等多学科的融合,三是探索地质工作服务于社会经济各个方面的新路子。这对地质工作者来说是一个极大的机遇和挑战,也是地质勘查工作走向"大地质"的必然选择。

青海的生态地球化学评价工作包括多年完成的环境地球化学调查、多目标区域地球化学调查、土地质量地球化学调查、农业地球化学评价等多项工作。目前已完成1:25万土壤调查面积3.2万 km^2;针对调查发现的各种生态问题,陆续开展富硒、富锗、污染、地方病、生态保护等相关评价、监测、研究等工作。在此过程中也开展了平台建设、标准制定、规划编制等工作,取得了丰硕成果,为青海省现代农业、生态建设提供了重要的基础资料。

系统查明了青海东部土壤地球化学质量。调查表明,一等、二等优良土壤占比达到65.75%,广泛分布于全区,土壤环境清洁、养分中等至丰富。环境质量较差的四等、五等土壤面积比例仅占3.24%,主要分布在尕海及龙羊峡东南沙漠覆盖区、中部拉脊山的群加—昂思多—峡门—金源地区,在西宁市、甘河滩及罗汉堂西有小面积分布。尕海及龙羊峡东南沙漠覆盖区土壤环境清洁但养分缺乏,为四等土壤;拉脊山局部地区土壤环境轻度—重度含量偏高,土壤养分丰富,为四等—五等土壤;西宁市及甘河滩地区土壤环境轻度—中度含量偏高,土壤养分中等;罗汉堂西土壤环境较差,土壤养分较缺乏。

发现富硒土壤面积5 000 km^2,确定适宜种植的富硒作物17种。青海东部富硒土壤形成"三区两带"的分布特点,"三区"分别为刚察北部硒高值区、金银滩硒高值区和西宁-乐都硒高值区,"两带"为环湟水谷地硒高值带和黄河南山硒高值带。通过对48种作物的数量、硒含量及其与土壤硒的相关性进行统计,确定富硒作物七大类共计17种。

提出了新的理论,完善了方法技术。首次提出了盐水湖相沉积型富硒土壤,通过提取不同地质时期西宁-民和盆地的表征元素,重建盆地的演化历史,确定富硒土壤的来源、沉积时期、沉积相、沉积环境、后期影响因素,确定了盐水湖相沉积型富硒土壤形成机理。通过对青海东部地球化学景观区的划分、土壤地球化学主要影响因素的分析和生态系统元素迁移过程的研究,建立完善了青藏高原特殊景观区生态地球化学评价方法技术体系。

建立了青藏高原北缘生态地球化学经济效益示范。通过生态地球化学评价工作,在海东市平安区建立了"高原硒都",被评为全国十大"富硒之乡"。以富硒产业的发展推动精准扶贫,建立了生态地球化学服务精准扶贫的"平安模式",开创了前景规模达100亿元的富硒产业。

搭建了富硒科技平台。青海省地质矿产勘查开发局和海东市成立了高原富硒资源应用研究中心,建立了富硒种植研究示范基地,持续提供富硒作物筛选、富硒标准制定等服务,为富硒产业建设和发展提供了强有力的技术支撑。

三

习近平总书记在视察青海时指出,"青海最大的价值在生态、最大的责任在生态、最大的潜力也在生态"。青海省生态地球化学评价工作的探索和实践,其重要意义已经初步显现,并将随着实践的推移进一步显示出来。但地质工作要切实服务好社会经济的各个方面,还任重道远,尤其是服务于青海省的生态建设,地质工作具有深厚的理论基础,也具有广阔的工作空间。生态地球化学评价工作还要持续地深入推进。

一是加强青海省草原区的生态地球化学评价工作。青海省耕地面积仅有882万亩(1亩≈666.67m^2),前期土地质量地球化学调查主要针对耕地区开展。青海省作为全国"四大牧区"之一,草场资源丰富,需加强草原区土地质量地球化学调查相关方法技术和成果的相关研究,积极推进草原区工作的开展。

二是加强生态保护、生态修复等方面的研究工作。青海省在生态方面的重要位置,决定了生态保护、生态修复方面的研究是今后一段时期内的重要科研工作。生态地球化学与生态具有天然的契合性,要全面研究青海省的生态价值、生态责任和生态潜力,在生态保护、生态建设、生态修复研究等方面提供技术支撑。

三是加强多学科的融合和链接。生态地球化学在很多方面的研究工作中具有独特的优势,但在不同领域以及平台建设、标准制定等方面存在欠缺。对此,需要加强农学、环境学、气候学、植物学、土壤学、计算机科学等专业的融合,培养和引进延伸专业领域的人才,建立多学科、多领域的专业优势,提供从调查研究到解决方案的"一站式"服务,找到农业地质、环境质量调查等工作的出口和出路,从而拓展和延伸服务领域。

青海省生态地球化学评价工作取得了一定的成果,但服务于社会经济方方面面的"大地质"工作还仅仅是一个开始。为进一步深化对已有成果的认识,促进成果的交流,青海省地质矿产勘查开发局组织了《青海省地质勘查成果系列丛书》的编写工作。本书从基础方面提供了青海东部土壤背景值和基准值的研究成果,可供国内同行借鉴。本书由中国地质科学院地球物理地球化学研究所成杭新教授进行了审阅,得到了青海省地质调查局李世金局长的支持与指导,在此深表感谢!

著 者

2019年10月

目 录

第一章 绪 论 ··(1)
    第一节 工作概况 ···(1)
    第二节 研究区概况 ··(3)

第二章 区域背景 ··(8)
    第一节 区域地质特征 ···(8)
    第二节 区域水文地质特征 ···(24)
    第三节 区域地球化学特征 ···(29)
    第四节 区域土壤特征 ···(34)
    第五节 土地利用现状 ···(46)

第三章 工作方法 ··(48)
    第一节 多目标区域地球化学调查 ···(48)
    第二节 生态地球化学评价 ···(55)
    第三节 综合研究方法 ···(65)

第四章 土壤固碳潜力 ···(74)
    第一节 青海东部土壤碳储量 ···(74)
    第二节 土壤碳库变化趋势 ···(92)
    第三节 土壤固碳潜力 ···(95)

第五章 土壤环境质量评价 ··(97)
    第一节 土壤质量地球化学评价 ··(97)
    第二节 重点区域土壤环境质量评价 ···(102)
    第三节 土壤环境安全预警及监测 ··(114)

第六章 富硒评价 ··(119)
    第一节 青海东部土壤硒地球化学特征 ··(119)
    第二节 西宁—乐都地区硒地球化学特征 ···(124)

第七章 经济效益示范 ………………………………………………………………………… (169)
　　第一节 富硒调查与研究 ………………………………………………………………… (169)
　　第二节 经济效益示范 …………………………………………………………………… (171)
主要参考文献 …………………………………………………………………………………… (174)
后　记 …………………………………………………………………………………………… (175)

第一章 绪 论

第一节 工作概况

青海省生态地球化学调查评价工作始于 2004 年,截至 2015 年,在青海省东部地区完成多项不同比例尺的调查评价工作,工作成果涵盖了生态、环境、农业、土地等国民经济的多个方面,部分成果得到较好的转化利用,取得了明显的经济、社会效益。同时在工作过程中,生态地球化学评价体系不断完善,方法技术也取得了一定的进步,在创造经济效益和社会效益的同时,科研水平和工作能力也有明显提升。

一、研究内容

生态地球化学是研究地球不同圈层间元素地球化学分布、分配特征及其迁移转化规律,并对其演化趋势进行预测的科学。青海省生态地球化学调查评价工作前期以土地质量地球化学调查为主,重点是发现各类问题;之后以发现的各类问题为切入点开展成因和生态效应评价,重点为特色农业相关领域;目前发展到以生态系统为研究对象,以元素迁移转化的思路研究包括生态保护、环境质量、特色农业、地方病等各类生态问题。

二、工作程度

青海省生态地球化学调查评价工作始于 2004 年,分多目标区域地球化学调查、生态地球化学评价和土地质量地球化学评价 3 个层次开展。

1. 多目标区域地球化学调查

从 2004 年至 2016 年,青海省地质调查院、青海省第五地质矿产勘查院先后完成了西宁、海东、青海湖北部等地区 1∶25 万多目标区域地球化学调查面积 27 900 km^2(表 1-1,图 1-1)。

此项工作系统调查了表层和深层土壤 54 种元素的分布特征,对土地质量进行了地球化学评估,划定了富硒土壤区、富锗土壤区、绿色农业区等特色农业种植区,实测计算了土壤碳储量,为环境质量评价与防治、特色农业发展等提供了基础依据。

表 1-1 青海省多目标区域地球化学调查工作情况一览表

序号	项目名称	年份	工作地区	工作面积(km²)	比例尺
1	青海省互助、平安、湟中、大通和西宁市区环境地球化学调查	2004—2005	湟水谷地	3 500	1:250 000
2	青海省多目标区域地球化学调查（西宁市）	2008—2009	湟水谷地	4 800	1:250 000
3	青海省多目标区域地球化学调查（环青海湖北部地区）	2009—2010	环湖地区	4 200	1:250 000
4	青海化隆—循化地区多目标区域地球化学调查	2012—2013	黄河谷地	12 400	1:250 000
5	青海门源—湟中地区 1:25 万土地质量地球化学调查	2016—2018	大通河流域	3 000	1:250 000
6	青海省西宁-乐都富硒区生态地球化学评价	2010—2012	湟水谷地	1 500	1:50 000
7	青海黄河谷地土地质量地球化学调查评价	2012—2013	黄河谷地	1 500	1:50 000
8	青海省平安—乐都地区土地质量地球化学调查评价	2012—2013	湟水谷地	100	1:10 000
9	青海黄河谷地富锗土壤生态地球化学评价	2014—2015	黄河谷地	400	1:10 000
10	青海省海东市平安区富硒土壤综合调查评价	2016—2018	湟水谷地	357	1:10 000
11	青海省都兰县绿洲农业生态地球化学评价	2015—2017	环柴达木	1 117	1:50 000
12	青海省格尔木地区绿洲农业生态地球化学评价	2016—2018	环柴达木	260	1:50000
13	青海省德令哈—乌兰地区农业生态地球化学评价	2016—2018	环柴达木	357	1:50 000

2. 生态地球化学评价

在多目标区域地球化学调查的基础上，青海省第五地质矿产勘查院在西宁-乐都富硒区、黄河谷地等重点地区完成1:5万生态地球化学评价面积3 357km²（表1-1，图1-1）。在发现富硒土壤资源的基础上，针对富硒区元素的来源和迁移转化规律、特色富硒作物、富硒生态效应以及富硒区土地质量等进行了系统调查研究，详细划定了富硒区的范围，确定了土壤硒的主要来源为古近系西宁组红层，提供了可供当地种植和开发的富硒作物种类，并对牧草、家畜、蛋奶等的富硒水平进行了研究，扩大富硒产业链，为富硒产业的发展提供了丰富的技术支撑。黄河谷地生态评价工作对富锗土壤进行了初步研究，认为富锗土壤为自然成因，部分作物锗含量较高，可作为富锗作物进行种植开发。

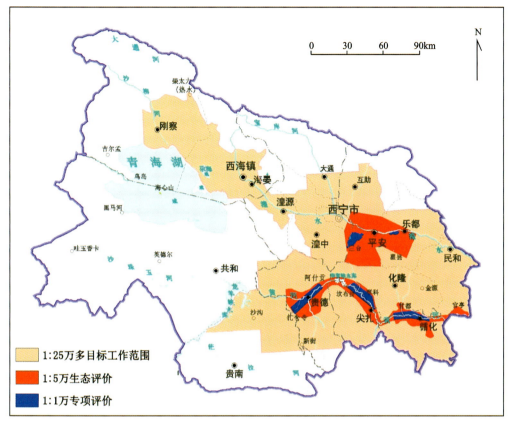

图 1-1　青海东部生态地球化学调查评价工作程度图

3. 土地质量地球化学评价

青海省第五地质矿产勘查院针对平安区富硒开发、土地整理和黄河谷地富锗开发,开展了富硒区土地质量地球化学评价、富硒综合评价和黄河谷地富锗专项评价工作,完成 1∶1 万土地质量地球化学评价面积 473 km²（表 1-1,图 1-1）。此项工作详细划定了富硒地块,并对富硒地块进行了分级,建立了地块级优质富硒土地档案,研究了土地整理对土壤硒含量的影响,为富硒成果更好地应用于土地规划、土地管理提供了科学依据。同时对黄河谷地富锗土壤进行了系统研究,查清了土壤锗的来源和形成机理,提供了多种富锗作物,揭示了富锗开发的广阔前景。

第二节　研究区概况

一、交通位置

研究区位于青海省东部,西起刚察县,东至甘青省界,南至贵南—循化一线,北接门源县,主要包括西宁、平安、民和、化隆、循化、尖扎、刚察、海晏、湟源、湟中、大通、互助、乐都、贵德、贵南等市县区,行政上分属西宁市、海东市、海南州、海北州和黄南州管辖（图 1-2）。研究区范围为 E100°00′—E103°06′,N35°27′—N37°36′,面积约 2.49 万 km²。

区内 109 国道、315 国道、兰西高速、西倒高速、青藏铁路等主干道路贯穿全区,各县、乡之间均有公路网相通,交通较为便利。

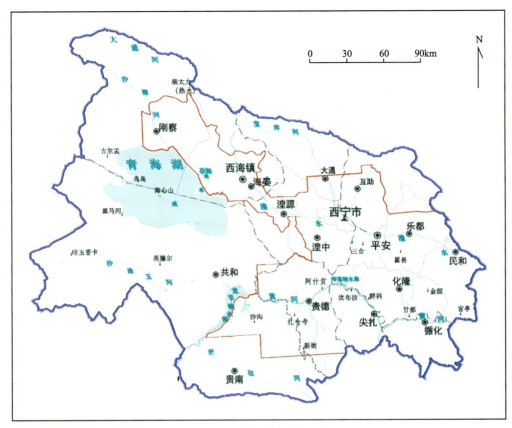

图 1-2 研究区交通位置图

二、自然地理

(一)地形地貌

研究区总体地貌格局为"四山四盆两谷地"。"四山"自北至南分别为达坂山、青海南山、拉脊山和鄂拉山;"四盆"分别为西宁盆地、青海湖盆地、贵德盆地和共和盆地;"两谷地"为湟水谷地和黄河谷地(图1-3)。

1. 山脉

达坂山是祁连山北分支,西接走廊南山,北西向延伸至甘肃境内,是西宁盆地和门源盆地分水岭,整体海拔3 200~4 200m,山势陡峭。达坂山植被发育,青海省主要的仙米原始森林和北山原始森林就位于达坂山东段,另外灌木林和草本植被也十分发育,是青海省重要的生态保护区和水源涵养地,是宝库河和湟水河的发源地。

青海南山是祁连山中段最南分支,西起天峻县布哈河南岸,东接拉脊山,北西向沿青海湖南缘分布,是青海湖盆地和共和盆地的分水岭。海拔一般3 500~4 000m,最高峰哈尔科山海拔5 139m,山势陡峭,剥蚀强烈。生长有高山柳、箭叶锦鸡儿、金露梅等涵养水源灌丛林,黑马河、沙珠玉河、恰不恰河等河流发源于此。山体南、北两翼明显不对称,南坡长,高差大,自山麓至黄河滨有10多级阶地,并发育宽度3~5km的山麓洪积倾斜平原。

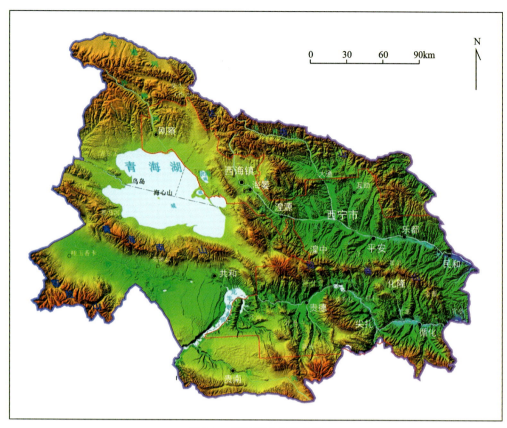

图 1-3　研究区自然地理图

拉脊山是祁连山脉东段,位于湟水河和黄河干流之间,西起干子河口,东到青海省界,是西宁盆地和贵德盆地的分水岭。长 260km,宽 20～40km,山峰海拔多在 4 000～4 500m 之间,最高峰野牛山海拔 4 832m。山体两翼明显不对称,北翼湟水谷地南侧切割较浅;南翼黄河谷地北侧切割深,较陡峻。山体中下部覆盖黄土,第三纪(古近纪+新近纪)红层出露比较广泛。在流水作用侵蚀下,黄土分布区水土流失严重,地表显得破碎,黄土地貌发育较典型,并时有滑坡发生。

鄂拉山是昆仑山系北列支脉。西北部起于柴达木盆地东部山地,东南部止于兴海县黄河附近。长 150km 左右,宽 20～30km,海拔 4 500～5 000m,最高峰虽根尔岗海拔 5 305m。山体由中生代和古生代砂岩、板岩、灰岩、大理岩、火成岩及晚古生代至中生代花岗岩组成。山体高大险峻,鄂拉山口昔日为唐蕃古道要隘,今有倒邦公路穿过。

2. 盆地

西宁盆地四面环山,地势较平坦,并且地势南、西、北高而东南略低,夹持于达坂山和拉脊山之间,海拔在 2 100m～2 700m 之间。沿盆地中央湟水河穿过,盆地内堆积了巨厚的中、新生代红层,上覆中、晚更新世黄土。盆地经后期水流分割呈现沟梁相间、支离破碎的外部景观。

青海湖盆地是青海最大的内流盆地,流域面积 2.97 万 km²,有大小河流 40 余条。盆地夹持于达坂山和青海南山之间,呈椭圆状北西向展布。盆地中央海心山海拔 3 266m,盆地东西向为狭长沟谷,南北缘为缓坡—丘陵—高山。盆地内堆积了厚层的第四纪冲洪积物、湖积物、沼泽堆积物和风积物。

贵德盆地位于黄河干流上游,黄河自西向东横贯盆地中部,素有"天下黄河贵德清"的美称,流程 76.8km。盆地内沟壑纵横,山川相间,呈现多级河流阶地和盆地丘陵地貌。地势南北高、中间低,形成四山环抱的河谷盆地。海拔最低的松巴峡口 2 710m,最高的阿尼直海山 5 011m,平均海拔 2 200m。

共和盆地夹持于青海南山和鄂拉山之间,盆地平坦广阔,是黄河冲积形成的台地,地势相对平缓,并有较大面积沙漠分布。盆地内沉积巨厚的新生代砂砾石层、冲洪积物、风积物等。海拔在 2 800～3 200m 之间。

3. 谷地

湟水谷地是指湟水河流域湟源—西宁—平安—乐都—民和狭长的河流冲积河谷,全长 218km,是青海省内人文经济最为发达的地区,人口最为密集,工业和农业相对发达。湟水河及其支流将谷地东西、南北向纵贯横切,呈现沟壑纵横的地貌景观。两岸山峦重叠,峡谷与盆地相间分布。巴燕峡、湟源峡、小峡、大峡、老鸦峡和湟源、西宁、平安、乐都、民和等盆地,一束一放,形成串珠状的河谷地貌。湟水谷地与龙羊峡以下的黄河谷地合称为河湟谷地。海拔较低,气候温和,土地肥沃,物产丰富,人口稠密,工农业发达,是青海省开发较早的地区。

黄河谷地是指黄河干流流域的贵德—尖扎—循化一带的河谷,是主要的少数民族聚集区。北部为拉脊山,南部为陡峭山区,高低相间,山川醒目,总体地势西高东低。海拔在 1 800～5 000m 之间,切割较深。地貌类型以丘陵、盆地为主,其依山势蜿蜒多变,受水系切割支离破碎,多呈红岩低丘、黄土秃梁与平坦谷地。

(二)河流湖泊

研究区水系发育,主要有青海湖内陆水系、湟水河、北川河(宝库河)及黄河干流。其中北川河、湟水河是黄河主要的支流。

北川河发源于大通回族土族自治县开甫托山峡,是湟水河的一级支流、黄河的二级支流,流域面积 3 371km^2,流程 154km。北川河自北向南流入西宁市区,其上有 2 条支流,分别为宝库河和黑林河,两河汇合后为北川河。西宁境内北川河流域面积 42.8km^2,流程 11.3km,自然河床宽度 30～100m。据桥头水文站 1956—1979 年观测资料,北川河多年平均流量 37.61m^3/s,年径流量 6 080 万 m^3。

湟水河是黄河上游最大的一个支流,是黄河的一级支流,流经湟源、湟中、西宁、平安、互助、乐都、民和,青海省内长 349km,在兰州达川西古河嘴入黄河,全长 370km。青海省内干流流域面积 16 100km^2,干流人口 296 万人,占全省总人口的 57%,耕地面积 441 万亩,占全省耕地面积的 49%。湟水河年平均流量 21.6 亿 m^3,年输沙量 0.24 亿 t。据东峡水文站多年观测记录,河水洪峰出现在 7 月、8 月、9 月,与雨季基本一致。最大流量出现在 8 月,约为 15.48m^3/s,最小流量出现在 1 月,为 3.80m^3/s,多年平均流量为 8.80m^3/s。

黄河发源于巴颜喀拉山南麓,研究区内黄河干流约 250km,河流蜿蜒曲折,河谷深切,水流湍急,河床宽度 200～400m。据循化水文站资料,多年平均流量 719m^3/s。黄河水资源丰富,在青海省内修建了李家峡、拉西瓦、刘家峡等大型水电站。枯水期黄河清澈,洪水期浑浊,黄河在贵德一带清澈透明,素有"天下黄河贵德清"的美称,流经尖扎、循化段时由于大量黄土和泥沙的汇入变得较为浑浊。

青海湖,藏语名为"措温布"(意为"青色的海")。青海湖长 105km,宽 63km,湖面海拔 3 196m,面积达 4 456km^2,是中国最大的内陆湖泊和咸水湖。青海湖平均水深约 21m,最大水深为 32.8m,蓄水量达 1 050 亿 m^3。青海湖每年获得径流补给入湖的河流有 40 余条,主要是布哈河、沙柳河、乌哈阿兰河和哈尔盖河,这 4 条大河的年径流量达 16.12 亿 m^3,占入湖径流量的 86%。青海湖每年入湖河补给 13.35 亿 m^3,降水补给 15.57 亿 m^3,地下水补给 4.01 亿 m^3,总补给为 32.93 亿 m^3,湖区风大蒸发快,每年湖水蒸发量 39.3 亿 m^3,年均损失 6.37 亿 m^3。

(三)气候

研究区属高原大陆性气候,春季干旱多风,夏季凉爽,秋季短暂,冬季漫长。但区域性差别明显:湟水谷地、黄河谷地气温较高,适合发展农业;青海湖盆地和共和盆地气温相对较低,以发展畜牧业为主,有少量农业。

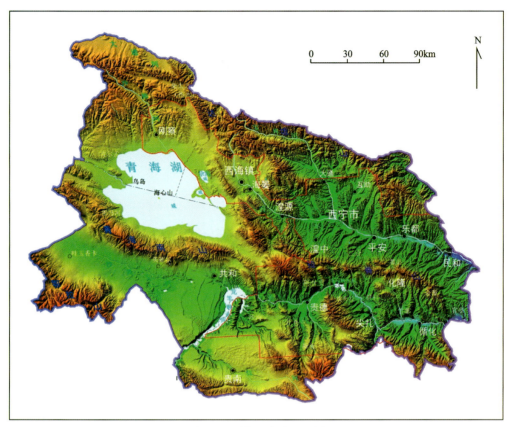

图 1-3 研究区自然地理图

拉脊山是祁连山脉东段,位于湟水河和黄河干流之间,西起干子河口,东到青海省界,是西宁盆地和贵德盆地的分水岭。长 260km,宽 20~40km,山峰海拔多在 4 000~4 500m 之间,最高峰野牛山海拔4 832m。山体两翼明显不对称,北翼湟水谷地南侧切割较浅;南翼黄河谷地北侧切割深,较陡峻。山体中下部覆盖黄土,第三纪(古近纪+新近纪)红层出露比较广泛。在流水作用侵蚀下,黄土分布区水土流失严重,地表显得破碎,黄土地貌发育较典型,并时有滑坡发生。

鄂拉山是昆仑山系北列支脉。西北部起于柴达木盆地东部山地,东南部止于兴海县黄河附近。长150km 左右,宽 20~30km,海拔 4 500~5 000m,最高峰虽根尔岗海拔 5 305m。山体由中生代和古生代砂岩、板岩、灰岩、大理岩、火成岩及晚古生代至中生代花岗岩组成。山体高大险峻,鄂拉山口昔日为唐蕃古道要隘,今有倒邦公路穿过。

2. 盆地

西宁盆地四面环山,地势较平坦,并且地势南、西、北高而东南略低,夹持于达坂山和拉脊山之间,海拔在 2 100m~2 700m 之间。沿盆地中央湟水河穿过,盆地内堆积了巨厚的中、新生代红层,上覆中、晚更新世黄土。盆地经后期水流分割呈现沟梁相间、支离破碎的外部景观。

青海湖盆地是青海最大的内流盆地,流域面积 2.97 万 km^2,有大小河流 40 余条。盆地夹持于达坂山和青海南山之间,呈椭圆状北西向展布。盆地中央海心山海拔 3 266m,盆地东西向为狭长沟谷,南北缘为缓坡—丘陵—高山。盆地内堆积了厚层的第四纪冲洪积物、湖积物、沼泽堆积物和风积物。

贵德盆地位于黄河干流上游,黄河自西向东横贯盆地中部,素有"天下黄河贵德清"的美称,流程76.8km。盆地内沟壑纵横,山川相间,呈现多级河流阶地和盆地丘陵地貌。地势南北高、中间低,形成四山环抱的河谷盆地。海拔最低的松巴峡口 2 710m,最高的阿尼直海山 5 011m,平均海拔 2 200m。

共和盆地夹持于青海南山和鄂拉山之间,盆地平坦广阔,是黄河冲积形成的台地,地势相对平缓,并有较大面积沙漠分布。盆地内沉积巨厚的新生代砂砾石层、冲洪积物、风积物等。海拔在2 800～3 200m之间。

3. 谷地

湟水谷地是指湟水河流域湟源—西宁—平安—乐都—民和狭长的河流冲积河谷,全长218km,是青海省内人文经济最为发达的地区,人口最为密集,工业和农业相对发达。湟水河及其支流将谷地东西、南北向纵贯横切,呈现沟壑纵横的地貌景观。两岸山峦重叠,峡谷与盆地相间分布。巴燕峡、湟源峡、小峡、大峡、老鸦峡和湟源、西宁、平安、乐都、民和等盆地,一束一放,形成串珠状的河谷地貌。湟水谷地与龙羊峡以下的黄河谷地合称为河湟谷地。海拔较低,气候温和,土地肥沃,物产丰富,人口稠密,工农业发达,是青海省开发较早的地区。

黄河谷地是指黄河干流流域的贵德—尖扎—循化一带的河谷,是主要的少数民族聚集区。北部为拉脊山,南部为陡峭山区,高低相间,山川醒目,总体地势西高东低。海拔在1 800～5 000m之间,切割较深。地貌类型以丘陵、盆地为主,其依山势蜿蜒多变,受水系切割支离破碎,多呈红岩低丘、黄土秃梁与平坦谷地。

(二)河流湖泊

研究区水系发育,主要有青海湖内陆水系、湟水河、北川河(宝库河)及黄河干流。其中北川河、湟水河是黄河主要的支流。

北川河发源于大通回族土族自治县开甫托山峡,是湟水河的一级支流、黄河的二级支流,流域面积3 371km^2,流程154km。北川河自北向南流入西宁市区,其上有2条支流,分别为宝库河和黑林河,两河汇合后为北川河。西宁境内北川河流域面积42.8km^2,流程11.3km,自然河床宽度30～100m。据桥头水文站1956—1979年观测资料,北川河多年平均流量37.61m^3/s,年径流量6 080万m^3。

湟水河是黄河上游最大的一个支流,是黄河的一级支流,流经湟源、湟中、西宁、平安、互助、乐都、民和,青海省内长349km,在兰州达川西古河嘴入黄河,全长370km。青海省内干流流域面积16 100km^2,干流人口296万人,占全省总人口的57%,耕地面积441万亩,占全省耕地面积的49%。湟水河年平均流量21.6亿m^3,年输沙量0.24亿t。据东峡水文站多年观测记录,河水洪峰出现在7月、8月、9月,与雨季基本一致。最大流量出现在8月,约为15.48m^3/s,最小流量出现在1月,为3.80m^3/s,多年平均流量为8.80m^3/s。

黄河发源于巴颜喀拉山南麓,研究区内黄河干流约250km,河流蜿蜒曲折,河谷深切,水流湍急,河床宽度200～400m。据循化水文站资料,多年平均流量719m^3/s。黄河水资源丰富,在青海省内修建了李家峡、拉西瓦、刘家峡等大型水电站。枯水期黄河清澈,洪水期浑浊,黄河在贵德一带清澈透明,素有"天下黄河贵德清"的美称,流经尖扎、循化段时由于大量黄土和泥沙的汇入变得较为浑浊。

青海湖,藏语名为"措温布"(意为"青色的海")。青海湖长105km,宽63km,湖面海拔3 196m,面积达4 456km^2,是中国最大的内陆湖泊和咸水湖。青海湖平均水深约21m,最大水深为32.8m,蓄水量达1 050亿m^3。青海湖每年获得径流补给入湖的河流有40余条,主要是布哈河、沙柳河、乌哈阿兰河和哈尔盖河,这4条大河的年径流量达16.12亿m^3,占入湖径流量的86%。青海湖每年入湖河补给13.35亿m^3,降水补给15.57亿m^3,地下水补给4.01亿m^3,总补给为32.93亿m^3,湖区风大蒸发快,每年湖水蒸发量39.3亿m^3,年均损失6.37亿m^3。

(三)气候

研究区属高原大陆性气候,春季干旱多风,夏季凉爽,秋季短暂,冬季漫长。但区域性差别明显:湟水谷地、黄河谷地气温较高,适合发展农业;青海湖盆地和共和盆地气温相对较低,以发展畜牧业为主,有少量农业。

湟水谷地年平均气温15℃左右，7月平均气温最高约30℃，1月最低为−18℃左右。气温的日变化很大，白天较热，早晚寒冷，有时日温差达20℃以上。年降水量400mm左右，且多集中在7月和8月，受季节控制明显。年蒸发量1 000mm左右，降水量远低于蒸发量。

黄河谷地年平均气温2~10℃，以7月气温最高，历年极端最高气温34℃，1月最低，极端最低气温−23.8℃。年降水量300~500mm，年蒸发量大于1 500mm，降水量远低于蒸发量。

青海湖盆地和共和盆地年平均气温1.5℃左右，最热的7月份平均气温13.9℃，最冷的1月份平均气温−10.5℃。气温日变化很大，早晚寒冷，白天较热，有时日温差达20℃以上。无绝对无霜期，冰雹、霜冻、干旱、风沙灾害频繁。年降水量600mm左右，年蒸发量1 000mm左右。

三、社会经济

（一）人口

研究区内总人口约433万人，占全省总人口的73.6%，是省内人口最为集中的地区。其中湟水谷地、黄河谷地人口相对稠密，沿河流分布的城市、县城、村镇是人群的主要聚集区；向西至青海湖流域人口密度逐渐降低。研究区也是多民族聚集区，其中汉族人数占总人口的70%左右，其他人数较多的少数民族有藏族、回族、蒙古族、土家族、撒拉族等。

（二）经济

2015年，研究区内生产总值达1 591亿元，占全省生产总值的65.8%，三产结构呈现"三二一"新格局。现代农业结构不断优化，特色优势作物面积占总播种面积的80%左右，农业园区建设加快，农业科技园区发展成为国家级农业产业化示范基地，"黄河彩篮"现代菜篮子生产示范基地投入运行；另外，海东市还建立了山区资源立体式综合开发利用及生态循环农牧业示范典型，培育家庭牧场4 590户，开工建设现代生态牧场15个，在全省率先探索出了现代农牧业循环发展的新路子；油菜、马铃薯制繁种，富硒农产品和牛羊育肥等主导产业不断壮大，一批特色农产品品牌走向全国。

工业转型升级步伐明显加快，八大产业集群纵向延伸、横向耦合的现代工业体系基本形成，临空综合经济园、乐都工业园、民和工业园和互助绿色产业园发展势头良好，循化清真食品（民族用品）产业园和巴燕·加合经济区升级为市级经济区，具备大规模承接项目建设的条件和能力。

现代服务业发展迅速，"夏都西宁""大美青海·风情海东"等知名度显著提升，品牌内涵不断丰富，高原旅游集散功能快速提升，旅游接待人数和总收入大幅增加。金融业、电子商务、物流等新兴服务业蓬勃发展，其中金融业占生产总值比重达到10.8%，成为支柱产业之一；电子商务加速发展，农村通宽带率达到90%以上；朝阳物流中心、青藏高原国际物流商贸中心、海吉星国际农产品集配中心等现代物流枢纽建成投用，新华联、万达综合体等大型高端商业业态引领发展新趋势。

第二章 区域背景

第一节 区域地质特征

一、大地构造环境及分区

研究区位于青藏高原北缘,在大地构造位置上处于西域板块,自北向南横跨5个二级构造单元,分别为北祁连新元古代—早古生代缝合带、中祁连陆块/新元古代—早古生代中晚期岩浆弧带、疏勒南山-拉脊山早古生代缝合带、南祁连陆块和宗务隆山-青海南山晚古生代—早中生代裂陷槽(图2-1),现将研究区大地构造环境分述如下。

(一)北祁连新元古代—早古生代缝合带(I_2)

研究区北部边界少部分位于该缝合带南支。北祁连新元古代—早古生代缝合带呈北西西-南东东向分布于中祁连陆块和阿拉善陆块间,西端被阿尔金断裂切割,主体经托莱山、大通北山、达坂山、白银、陇县等地并与商丹缝合带交会。大致以中祁连北缘深断裂为主断裂,主断裂西起托莱河谷,东经托莱南山、达坂山南坡入甘肃境内,呈北西—北西西向延伸,地表构成中祁连陆块与北祁连缝合带的分界线。

北祁连缝合带的主要组成为寒武系—奥陶系以及不同规模产出的镁铁质—超镁铁质岩块。缝合带南支主要由奥陶系组成,下奥陶统阴沟组以枕状玄武岩为主,其次为基性火山碎屑岩及少量陆源碎屑岩;上奥陶统扣门子组以正常沉积的碎屑岩、火山碎屑岩为主,其次为火山熔岩、灰岩等。

(二)中祁连陆块/新元古代—早古生代中晚期岩浆弧带(I_3)

研究区北部湟源-西宁-民和盆地位于该构造单元。中祁连陆块夹持于北祁连缝合带与疏勒南山-拉脊山缝合带之间,呈北西西向岛链状分布于托勒南山—大通山一带。

区内出露的最老地层为古元古界托赖岩群和湟源群。前者分布于西段托勒南山一带,后者分布于大通山一带。中元古代地层为一套成熟度不等的浅海—次深海相次稳定型碎屑岩-碳酸盐岩-中基性火山岩沉积组合。新元古代地层为一套成熟度较高的滨海—浅海相稳定型碎屑岩-碳酸盐岩沉积组合。另在东段互助县北龙口门一带见有少量的南华系—震旦系出露,为一套陆地冰川相—滨海相冰碛岩-碳酸盐岩沉积组合。

早古生代地层仅在大通老爷山零星出露,为一套深海火山-硅质沉积组合。主造山期后的盖层沉积始于晚泥盆世,石炭纪到三叠纪连续沉积的海相地层最高层位可到晚三叠世。晚泥盆世—早石炭世地层为一套河湖相粗碎屑岩沉积组合,早石炭世至晚三叠世地层为一套滨浅海相、海陆交互相含煤碎屑岩沉积组合。侏罗纪脱离海侵,发育一套陆相含煤碎屑岩沉积组合,系区内重要成煤期,白垩纪、古—新近纪地层主要发育于西宁盆地、大通河盆地和疏勒河盆地,为一套山麓河湖相类磨拉石及含膏盐建造、泥灰岩复陆屑沉积组合。

第二章 区域背景

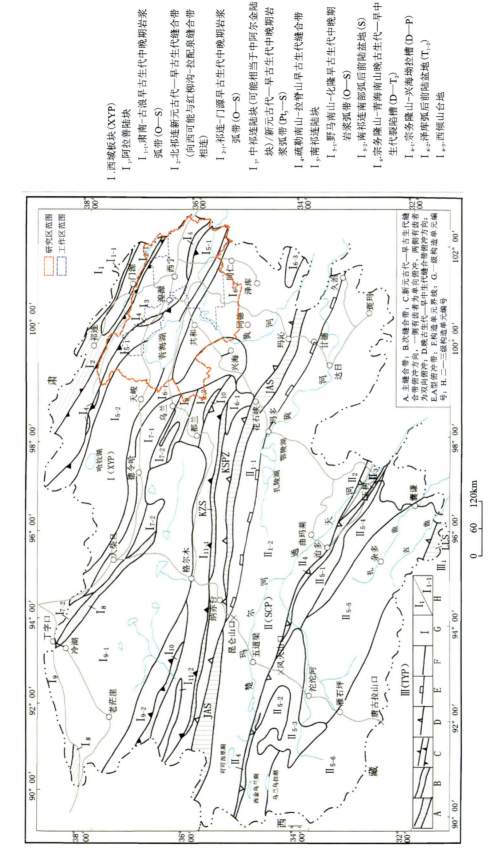

图2-1 大地构造单元分区略图

I. 西域板块 (XYP)
I₁. 阿拉善陆块
I₁₋₁. 肃南-古浪早古生代中晚期岩浆弧带 (O—S)
I₂. 北祁连新元古代—早古生代缝合带 (向西可能与红柳沟-拉配泉缝合带相连)
I₃. 祁连-门源早古生代中晚期岩浆弧带 (O—S)
I₄. 中祁连陆块 (可能相当于中阿尔金陆块)/新元古代—早古生代中晚期岩浆弧带 (Pt₃—S)
I₅. 疏勒南山-拉脊山早古生代缝合带
I₅₋₁. 南祁连陆块
I₅₋₂. 野马南山-化隆早古生代中晚期岩浆弧带 (O—S)
I₅₋₃. 南祁连南部弧后前陆盆地 (S)
I₆. 宗务隆山-青海南山晚古生代—早中生代裂陷槽 (D—T₂)
I₆₋₁. 宗务隆山-兴海坳拉槽 (D—P)
I₆₋₂. 泽库弧后前陆盆地 (T₁₋₂)
I₆₋₃. 西倾山台地

图例: A.主缝合带; B.次缝合带; C.新元古代—早古生代缝合带,一侧有齿者为单向俯冲,两侧有齿者为双向俯冲; D.晚古生代—早中生代缝合带俯冲方向; E.A型俯冲带; F.构造单元界线; G.一级构造单元编号; H.二、三级构造单元编号区内侵入岩较发育,主要有前兴凯、晋宁及加里东3期。前兴凯期不发育,仅在响河、牛心山、宝库河及民和等地有零星出露。晋宁期的闪长岩、花岗闪长岩、二长花岗岩仅在响河、宝库河、民和等地有少量出露。加里东中晚期侵入岩构成岩浆弧的主体,主要岩石类型有奥陶纪的闪长岩、石英闪长岩、二长花岗岩等钙碱性俯冲型弧花岗岩类。

(三)疏勒南山-拉脊山早古生代缝合带(I_4)

该构造单元以中祁连南缘深断裂为主断层,构成中祁连陆块与南祁连陆块的分界线。大体以日月山-刚察古转换断层为界分为东、西两段。东段分为两支,通常称为拉脊山南缘深断裂及拉脊山北缘深断裂,该段缝合带由这两条深断裂围限,平面上呈近于平卧的"S"形近东西向展布,长约180km,宽3～20km;西段自日月山至木里、疏勒南山至甘肃境内野马南山并被阿尔金断裂截断,沿缝合带蛇绿混杂岩建造呈串珠状零星分布。

东段拉脊山一带,缝合带的主要组成为中上寒武统深沟组、六道沟组,下奥陶统上部阿夷山组,中奥陶统茶铺组,上奥陶统药水泉组,志留系巴龙贡噶尔组等。其中中上寒武统中产出有大量镁铁质—超镁铁质岩,且其中相当一部分超镁铁质岩属变质橄榄岩。

西段沿中祁连陆块南缘断续展布的镁铁质—超镁铁质岩主要呈构造岩块产于奥陶系中,少部分则分布于北侧前寒武纪结晶基底岩系中。

(四)南祁连陆块(I_5)

该构造单元呈北西西向介于中祁连南缘断裂与宗务隆山-青海南山断裂之间,沿居洪图—阳康—化隆一带分布。据主造山期大地构造相、地质建造之差异等,可将该区进一步划分为野马南山-化隆早古生代中晚期岩浆弧带和南祁连南部弧后前陆盆地两个三级构造单位。

1. 野马南山-化隆早古生代中晚期岩浆弧带(I_{5-1})

该带呈北西西向展布于疏勒南山-拉脊山缝合带南侧哈拉湖北—刚察—化隆一带,东段以宗务隆山-青海南山断裂与宗务隆山-青海南山裂陷槽分开;青海湖以西以断续分布的一般性断裂与南祁连南部弧后前陆盆地接壤。

带内出露的最老地层为古元古界托赖岩群,其原岩为一套泥砂质岩-碳酸盐岩-中基性火山岩沉积组合,以角闪岩相变质为主,叠加绿片岩相。早古生代地层以钙碱性火山岩沉积组合为主,厚逾8000m,系岩浆弧的上部分。晚泥盆世至三叠纪发育一套稳定型滨海—浅海—海陆交互相碎屑岩-碳酸盐岩-含煤碎屑岩沉积组合。侏罗纪脱离海侵进入陆内演化阶段,发育一套山麓—河湖相含煤碎屑岩沉积组合。白垩系—新近系主要发育于化隆盆地内,为一套山麓—河湖相含膏盐泥灰岩杂色复陆屑沉积组合,属陆内叠覆造山构造相类的陆内磨拉石前陆盆地相。

带内发育加里东中晚期俯冲型、碰撞型花岗岩,呈岩株或岩基状产出,构成岩浆弧带的下垫部分。另见少量的兴凯期碰撞型二长花岗岩,前兴凯期伸展环境下形成的超基性、基性侵入岩及晚古生代非造山花岗岩类、早中生代造山后花岗岩类。

2. 南祁连南部弧后前陆盆地(I_{5-2})

该盆地南以宗务隆山-青海南山断裂与宗务隆山-青海南山裂陷槽分野;北以断续分布的断裂与野马南山-化隆岩浆弧带分隔。该盆地呈北西向展布于柴达木山—居洪图—智合玛一带。带内出露的最老地层奥陶系仅在哈拉湖以西有少量分布,为一套次深海相浊积岩沉积。

带内除东段发育一套石炭系—三叠系稳定型滨海—浅海相碎屑岩-碳酸盐岩及海陆交互相含煤碎屑岩沉积组合外,最突出的特征是志留系广泛发育,该套地层之下部为一套复理石相沉积。该带另一个主要特征是除有少量印支期造山后中酸性侵入岩外,加里东期碰撞型花岗岩相对较发育。

（五）宗务隆山-青海南山晚古生代—早中生代裂陷槽（I_6）

该裂陷槽形态不规则，北界断层为宗务隆山-青海南山断裂，南界西部为宗务隆山南缘断裂，向东与温泉-哇洪山断裂交接，南界东部为东昆南深断裂。

1. 宗务隆山-兴海坳拉槽（I_{6-1}）

坳拉槽主体由石炭系—二叠系中吾农山群组成，西部鱼卡河一带有少量泥盆系出露，岩石组合为中浅变质的碎屑岩、碳酸盐岩夹少量中基性火山岩。哇洪山—玛温根山一带晚石炭世—早二叠世地层岩性以变碎屑岩为主夹灰岩及酸性火山岩，中二叠统下部为中性火山岩及火山碎屑岩，中上部为碎屑岩夹灰岩。

2. 泽库弧后前陆盆地（I_{6-2}）

早、中三叠世近于闭合的坳拉槽重新裂张，又接受了巨厚的海相沉积，西部宗务隆山地区下三叠统隆务河组以杂色砂砾岩为主，似具磨拉石特征，古浪堤组由丰产双壳等化石的生物碎屑灰岩组成；向东至兴海—泽库地区成为一规模巨大的复理石盆地。早、中三叠世总体具有早期复理石、晚期磨拉石的典型双幕式堆积序列，在较广区域内的不同层位上有少量的层凝灰岩呈夹层出现，除此之外基本上没有火山物质参与沉积活动。

二、区域地层

研究区内地层从古元古界到新生界，除青白口系外均有出露，经过漫长的地质构造作用，不同地层形成了各具特点的分布特征。较老地层集中分布在达坂山、拉脊山脉等地，河谷盆地则多为新生代地层。

（一）古元古代地层

古元古代地层主要分布于拉脊山、达坂山、大通山一带，出露的地层包括托赖岩群、湟源群、刘家台组和东岔沟组。

1. 托赖岩群（$Pt_1T.$）

区内托赖岩群出露范围较广，从化隆至日月山一带均有出露，北部大通山、达坂山一带也有较大面积分布。主要岩性为灰色、深灰色夕线石黑云斜长片麻岩，石榴黑云片麻岩，石榴奥长片麻岩，钾长角闪片麻岩，角闪斜长片麻岩，斜长角闪片岩，二云片岩，斜长角闪岩，混合岩，石英岩及透闪石大理岩夹安山岩。

2. 湟源群（Pt_1H）

该群为一套中高级变质岩系，主要分布于北部大通山、达坂山一带，自下而上划分为刘家台组和东岔沟组。

（1）刘家台组（Pt_1l）：上部为大理岩，下部为碳质片岩、角闪片岩、片麻岩。

（2）东岔沟组（Pt_1d）：主要岩性为灰色、灰绿色云母石英片岩，绿泥石英片岩，角闪岩，千枚岩，硅质千枚岩，偶夹大理岩，局部还见角闪斜长片麻岩。

(二)中元古代地层

研究区内中元古代地层与下伏古元古代地层呈断层接触关系,主要包括长城系湟中群,蓟县系花石山群克素尔组、北门峡组和震旦系—南华系龙口门组。

1. 长城纪地层

湟中群(ChH)是平行不整合于湟源群之上,整合于花石山群之下的一套浅变质岩系,下部为磨石沟组,上部为青石坡组。

(1)磨石沟组(Chm):主要岩性为灰色、乳白色石英岩,石英砂岩,硅质千枚岩,局部底部有少许绢云母石英片岩、云母变粒岩。

(2)青石坡组(Chq):主要岩性为灰色千枚岩、钙质千枚岩、硅质千枚岩夹千枚状泥质结晶灰岩和凝灰质砂岩。

(3)南白水河组(Chn):主要岩性为碎屑岩、石英岩夹灰岩。

2. 蓟县纪地层

(1)花石山群克素尔组(Jxk):岩性为灰白色、灰色—深灰色厚层状白云岩,局部见角砾状结晶灰岩,顶部有一灰色千枚岩,厚319～991.03m,是主要的熔剂灰岩,产叠层石。

(2)花石山群北门峡组(Jxb):白云岩偶夹白云质灰岩,顶部角砾状白云岩。

(三)新元古代地层

龙口门组($NhZl$):集中出露于互助县龙口门地区,下部为灰色冰碛砾岩、含砾白云岩、砂泥质纹泥层;上部为灰色泥质白云岩、细晶白云岩、硅质白云岩夹硅质、泥质板岩。

(四)早古生代地层

1. 寒武纪地层

寒武纪地层在北部达坂山一带主要为黑茨沟组,在南部拉脊山一带主要为深沟组和六道沟组。

(1)黑茨沟组($\epsilon_2 h$):呈断块出露,岩性为灰色灰岩夹板岩(含磷)及灰绿色玄武岩。

(2)深沟组($\epsilon_2 s$):出露于拉脊山中段,岩性组合下部为灰绿色玄武岩、玄武安山岩、辉石安山岩、安山岩夹结晶灰岩、泥灰岩、硅质岩、板岩;上部为灰绿色硅质板岩、硅质岩、灰白色结晶灰岩夹安山岩、安山质火山碎屑岩。出露厚773m。

(3)六道沟组($\epsilon_3 l$):出露于拉脊山中、东段,与下伏深沟组平行不整合接触。岩性组合下部为灰色—灰黑色结晶灰岩、硅质岩、砂岩互层夹安山岩,底部为含砾长石砂岩;中部为灰绿色蚀变安山玄武岩、安山岩、凝灰质安山岩、凝灰岩、凝灰质砂岩夹板岩、千枚岩;上部为灰绿色、灰黑色硅质板岩,泥钙质板岩,绢云千枚岩,长石砂岩,钙质砂岩夹玄武安山岩、凝灰质安山岩。总厚度大于1 095.40m。

2. 奥陶纪地层

奥陶纪地层在祁连地区早、中、晚3个时期都有沉积,自下而上划分为阿夷山组、阴沟组、茶铺组、大梁组、药水泉组及扣门子组。与上寒武统六道沟组平行不整合,志留系巴龙贡噶尔组不整合于其上。

(1)阿夷山组($O_1 a$):灰绿色、杂色中基性凝灰岩,石英角斑岩,杏仁状安山岩,玄武岩,角砾状安山岩,火山角砾岩,夹火山岩屑砂砾岩、板岩、结晶灰岩扁豆体。

(2)花抱山组($O_1 h$):下部为灰绿色复成分砾岩、含砾长石硬砂岩夹长石硬砂质石英砂岩;上部为灰绿色长石硬砂岩、硬砂质石英砂岩、长石砂岩。厚度大于2 500m。

(3) 吾力沟组（O_1w）：中基性—中酸性火山岩、火山碎屑岩与结晶互层夹砂岩、硅质岩。

(4) 阴沟组（O_1y）：下部为灰色—灰黑色砂岩夹灰岩（扁豆体）、凝灰岩；中部为灰绿色细碧岩、安山岩、细碧质火山角砾岩、凝灰岩、砂岩、硅质岩、大理岩；上部为灰黑色、灰绿色砂岩、板岩夹灰岩及硅质岩，局部夹菱铁矿及磁铁矿。厚度大于590m。

(5) 茶铺组（O_2c）：灰绿色、暗紫色、灰紫色变安山岩，英安岩，石英安山岩，安山凝灰岩，凝灰岩夹玄武岩，凝灰质砂岩，板岩及硅化大理岩，底部为碳质砾岩，出露厚420m。

(6) 大梁组（O_2d）：灰绿色、灰色、紫色变砂岩，板岩，千枚岩互层夹硅质岩，硬砂岩，细砾岩（青海省内不含火山岩），厚2 000～2 500m。

(7) 多索曲组（O_3d）：中基性—中酸性火山碎屑岩、火山熔岩夹板岩。

(8) 药水泉组（O_3ys）：灰色、灰绿色凝灰岩，安山质火山砾岩，安山质凝灰熔岩，凝灰质杂砂岩，紫红色石英砾岩，钙质板岩，砂质页岩互层夹杏仁状安山岩，辉石安山岩，底部砾岩增多，厚度大于1 044m。

(9) 扣门子组（O_3k）：灰色、灰绿色中基性—中酸性火山岩夹结晶灰岩，砾状灰岩，硅质岩及变长石质硬砂岩、钙质砂岩，以火山岩的出现与消失作为顶、底界线，厚约2 405m。

3. 志留纪地层

志留纪地层在拉脊山地区出露为巴龙贡噶尔组，在祁连地区出露为肮脏沟组。

(1) 巴龙贡噶尔组（Sb）：灰绿色石英砂岩、砾岩、砂砾岩夹泥板岩，出露厚度大于137m。

(2) 肮脏沟组（S_1a）：岩性组合为灰色、灰绿色、紫红色砂砾岩，含砾砂岩，砂岩，板岩，页岩互层夹灰绿色凝灰岩、凝灰质砂岩、安山岩，底部为砾岩，出露厚度大于1 696m。

（五）晚古生代地层

1. 泥盆纪地层

泥盆纪地层仅出露老君山组，在北部冷龙岭和南部拉脊山一带均有小面积出露，与下伏志留纪地层、上覆石炭纪地层均呈断层接触关系。

(1) 老君山组（D_3l）：紫红色、浅紫红色砾岩，石英砂岩，长石石英砂岩夹页岩，局部夹灰岩、中酸性火山岩，厚度变化较大，为863～2 150m。

(2) 牦牛山组（D_3m）：上部为中基性—中酸性火山岩，下部为碎屑岩。

2. 石炭纪—二叠纪地层

石炭纪—二叠纪地层主要为中吾农山群土尔根大坂组，出露于青海南山黑马河至共和一带，岩性复杂，厚度大，遭受一定程度区域变质和热叠加变质，变质程度不均一，岩性、岩相变化显著，总体为一套碎屑岩和碳酸盐岩夹中基性火山岩，从其特征分析属浅海相沉积。

(1) 土尔根大坂组（CP_2t）：岩石组合为灰色、灰绿色千枚岩，板岩，变石英粗砂岩，变长石英砂岩夹薄层灰岩、凝灰岩及蚀变中基性火山岩，总厚度大于1 229.5m。

(2) 甘家组（CP_2gj）：下部为灰色—灰绿色长石硬砂岩、长石砂岩、石英砂岩、粉砂岩、黏土质板岩夹灰色砾岩、灰岩；上部为灰色—深灰色灰质白云岩、白云质灰岩、鲕状灰岩、生物碎屑灰岩、角砾状灰岩夹少量黏土板岩。

(3) 大黄沟组（$P_{1-2}d$）：灰白色—灰绿色石英砂岩、长石石英砂岩、页岩、泥岩，厚275m。分布于冷龙岭及大通山—达坂山一带，与下伏地层呈不整合接触。

(4) 勒门沟组（$P_{1-2}l$）：以紫红色为主，夹灰绿色长石石英砂岩、石英砂岩、杂砂岩，夹粉砂岩，底部为石英砾岩，厚228.70m。

(5) 草地沟组（$P_{1-2}c$）：由灰色—灰绿色细碎屑岩与灰岩、泥灰岩组成，互为消长关系，厚176～401m。

3. 二叠纪地层

二叠纪地层主要为上二叠统哈吉尔组与忠什公组并组巴音河群、窑沟组，分布于哈拉湖—青海湖一带的广大地区，与老地层均为不整合接触。

(1) 哈吉尔组(P_3h)：下部为紫红色—杂色碎屑岩，上部为灰色—深灰色碎屑岩夹数层灰色—深灰色灰岩，厚 194~287m。

(2) 忠什公组(P_3z)：紫红色、灰绿色砂岩，粉砂岩夹页岩、泥岩，厚 67~206m。

(3) 窑沟组(P_3y)：暗紫色、紫红色长石砂岩，含长石石英砂岩，石英长石砂岩夹粉砂岩，砂质页岩，厚 535~713m。

(六) 中生代地层

1. 三叠纪地层

区内三叠纪地层广泛出露于共和、贵德地区，与石炭纪、第三纪地层呈不整合接触关系，于西河坝—仙米一带、铁迈地区与奥陶纪、侏罗纪地层呈不整合接触关系，在刚察一带则与二叠纪地层整合接触。

(1) 隆务河组($T_{1-2}l$)：岩性组合为灰色、深灰色变复成分砾岩，细砾岩，变不等粒含砾凝灰质长石岩屑砂岩，含砾粗砂岩，长石岩屑砂岩，粉砂质泥岩，板岩。

(2) 古浪堤组($T_{1-2}g$)：灰色、深灰色粗粒长石石英砂岩，粉砂岩，板岩，碳质板岩夹砾屑灰岩及复成分砾岩透镜体，厚度大于 3 549m。

(3) 郡子河群：郡子河群的 4 个岩性组合，总体由碎屑岩和碳酸盐岩组成，反映了一个完整的由海进—海退的沉积序列，包括 4 个岩石地层单位。

下环仓组($T_{1-2}xh$)：下部为紫红色石英砂岩、长石砂岩，中上部为灰色—灰绿色石英砂岩、长石砂岩、粉砂岩、页岩，区域上以紫红色砂岩为主，厚 373m。

江河组($T_{1-2}j$)：浅灰色—灰绿色长石砂岩、页岩与生物灰岩互层，底部以灰岩的始现为界，厚 270~451m。

大加连组($T_{1-2}d$)：下部为紫红色灰岩，上部为深灰色灰岩、角砾状灰岩，厚 226m。

切尔玛沟组(T_2q)：下部为灰色—灰绿色钙质粉砂岩夹灰色生物碎屑灰岩；中部为浅灰色长石砂岩、粉砂岩、粉砂质页岩互层夹薄层灰岩；上部为灰色—灰绿色钙质粉砂岩、粉砂质页岩。厚 159.4m。

(4) 西大沟组($T_{1-2}x$)：灰白色、灰色、灰绿色石英砂岩，页岩，底部为砾岩，以不含红色岩系为特征，厚度变化较大。

(5) 鄂拉山组(T_3e)：下部为中基性火山岩及碎屑岩，岩性为辉石安山岩、安山岩、玄武安山岩夹凝灰岩、凝灰质板岩、长石砂岩、安山质火山角砾岩、安山质火山集块岩；中部为中酸性火山岩，岩性为灰白色、灰绿色英安质熔岩角砾岩，火山集块角砾岩，英安岩，凝灰岩；上部为安山质火山岩，岩性为灰绿色安山质熔岩角砾岩、安山质火山集块角砾岩、凝灰岩。厚大于 3 188.05m。与下伏下中三叠统隆务河组、古浪堤组不整合接触，上覆下白垩统河口组不整合于其上。

(6) 默勒群：默勒群为山麓—河流相—湖沼相沉积的含煤碎屑岩建造，包括阿塔寺组、尕勒得寺组两个岩石地层单位。两岩组为整合关系，与下伏切尔玛沟组平行不整合或整合接触；在中祁连东段直接超覆于湟源群之上。

阿塔寺组(T_3a)：灰白色、灰绿色、暗紫红色长石砂岩夹粉砂岩，下部夹石英砂岩、含砾砂岩，厚 606.77m。

尕勒得寺组(T_3g)：灰色、深灰色粉砂岩，粉砂质页岩夹碳质页岩及长石砂岩、杂砂岩呈互层夹薄煤及菱铁矿结核，厚 859.54m。

(7) 南营尔组(T_3n)：灰绿色、黄绿色、少量褐红色砂岩，粉砂岩，砂质页岩，泥岩，碳质页岩，薄煤，具不等厚韵律性互层,夹含砾砂岩、菱铁矿、油页岩,厚约1 300m。

2. 侏罗纪地层

侏罗纪地层在北祁连、中祁连、南祁连、拉脊山等地区分布较广,普遍含煤,著称"祁连山黑腰带"。早、中、晚侏罗世地层都有分布,自下而上划为下中侏罗统大西沟组、窑街组,上侏罗统享堂组。与下伏晚三叠世地层不整合接触,主要分布于南、北祁连山交界地带及祁连山东段地区。

(1)羊曲组($J_{1-2}yq$):岩性组合为灰色与紫红色砾岩、砂岩、粉砂岩、黏土岩、石英砂岩、泥岩互层夹碳质页岩煤层,局部地区夹石膏及铁质结核。

(2)大西沟组($J_{1-2}d$):灰色、深灰岩砂岩,泥岩,页岩及煤层,厚28~193m。

(3)窑街组($J_{1-2}y$):灰色—灰黑色页岩、黏土页岩夹油页岩、煤层,底部为灰白色石英质砾岩,厚51~290m。

(4)享堂组(J_3x):下部为灰绿色,上部为紫红色砂岩、泥岩、细砂岩、页岩互层,具交错层理,胶结疏松,厚度变化大(500~1 704m)。

3. 白垩纪地层

白垩纪地层在北祁连地区仅发育下沟组,不整合于侏罗纪以前的地层或岩体之上,零散分布于扎隆口一带。中祁连、南祁连、拉脊山地区白垩纪地层发育较全,自下而上划分为下白垩统河口组、上白垩统民和组,两岩组整合接触,与下伏上侏罗统享堂组及以前的地层或岩体不整合接触。主要分布于西宁盆地周围以及民和一带。

(1)河口组(K_1h):棕色、棕红色砾岩,砂砾岩,长石砂岩,粉砂岩,杂色岩夹粉砂质泥岩、泥岩、页岩,局部夹石膏及含油砂岩。砂岩交错层理发育,厚度各地不一(230~2 000m)。

(2)下沟组(K_1x):紫红色、砖红色、杂色砾岩,含砾砂岩,粉砂岩,砂质泥岩夹黑色砂质泥岩及灰白色泥灰岩,上部含石膏,厚514~1 527m。

(3)民和组(K_2m):以棕红色、橘红色砾岩,石英细砾岩,砂岩为主,夹泥岩、泥质粉砂岩,局部夹石膏,盆地边缘粗,盆地中心较细,厚100~300m。

(七)新生代地层

新生代地层包括古近纪、新近纪地层以及第四纪沉积物。前者广泛分布于各大山系的山间盆地;第四纪沉积物分布于山前、山间、山麓及河谷地带,皆为陆相。

1. 古近纪、新近纪地层

古近纪、新近纪地层在北部仅出露渐新统—中新统白杨河组,与下伏较老地层和侵入体均为不整合接触,分布于门源周边的山间地带。在中南部从古近纪古新世—新近纪上新世地层都有分布,自下而上划分为古新统—渐新统西宁;中新统—上新统咸水河组、临夏组,并合为贵德群。主要分布于西宁盆地、民和盆地、贵德盆地及其周边山区。

西宁组(Ex):棕红色泥岩、砂质泥岩与灰绿色和灰白色石膏互层夹砂岩、粉砂岩,近盆地边缘砂砾岩增多,厚789.92m。与下伏上白垩统民和组不整合接触。

白杨河组(E_3N_1b):棕红色、橘红色砂岩,砾状砂岩及泥岩,含石膏和油层。

咸水河组(N_1x):下部为紫色巨砾岩;上部为紫色、浅肉红色和砖红色砂质板岩、泥质粉砂岩、泥岩互层夹砂砾岩及泥灰岩,厚22~154.8m。与下伏古近系西宁组整合接触。

临夏组(N_2l):下部为土黄色、土红色、砖红色砂质泥岩、泥质粉砂岩、泥岩、粉砂岩、长石岩屑砂岩互层夹细砾岩;上部为土红色、砖红色中—细砾岩,复成分砾岩,含砾粗砂岩,夹岩屑长石砂岩、泥质粉砂岩,厚979~1 743m。与下伏咸水河组整合接触。

岩相特征：古近系西宁组以泥岩、石膏为主体沉积，沉积物颜色以红色为主，碎屑岩成熟度较高，发育水平层理、块状层理、递变层理，含碳质和丰富的孢粉化石，沉积物由3个相对的粗—细—粗旋回构成，属咸水滨湖相—咸水湖泊相沉积碎屑岩-膏盐建造。

新近系贵德群以碎屑岩沉积为主，沉积物为杂色，含石膏层、碎屑岩，成熟度高，有丰富的脊椎动物、介形虫、孢粉化石，水平层理、递变层理、波状层理比较发育，反映了沉积环境为咸水滨湖相—半咸水或淡水滨湖相沉积。

2. 第四纪沉积物

区内第四纪沉积物分布较为广泛，皆为陆相，具有明显的高原特色，除早更新世沉积大部固结成岩外，其余皆为松散沉积物，成因类型比较复杂，有冲积、洪积、风积、湖积、化学沉积、沼泽沉积、冰碛、冰水沉积等。冲积、洪积主要分布于山前、河谷地带；风积主要分布于共和盆地及其周边；湖积、化学沉积、沼泽沉积主要分布于青海湖周边、共和盆地。现以岩石地层单位和成因类型分述如下。

（1）共和组（Qp^1g）。共和组为灰色、黄绿色、灰黄色砂岩，粉砂岩，砂质泥岩，泥质粉砂岩，泥岩，砂砾岩，细砂岩，底部为灰色细砾岩，厚度226m。与下伏新近系不整合接触，属河湖相堆积。主要分布于共和盆地及龙羊峡水库东部。

（2）中更新世沉积（Qp^2）。中更新世沉积主要分布于大通河、大通山及拉脊山等地的山麓地带。岩性下部为灰绿色冰碛泥砾层；中部为灰黄色、青灰色冲积，洪冲积砂砾层，其上覆有灰绿色砂或土状堆积物；上部为黄土，西北地区泛称"离石黄土"，具黑色斑点和红色条带，厚度多在50m以上。

（3）晚更新世沉积（Qp^3）。晚更新世沉积分布在西宁-民和盆地、共和盆地及门源等地的山前及河谷地带，下部为黄灰色冰碛、洪积砂砾层；中部为黄色—砖红色冲洪积砂层；上部为黄色砂质黏土层、黄土（西北地区泛称"马兰黄土"），厚度一般在20m左右。

（4）全新世沉积（Qh）。全新世沉积以冲积、洪积河漫滩堆积的砂、砾层为主，部分地区尚有冰期后的冰水堆积，形成Ⅰ级、Ⅱ级阶地分布于河谷两侧，除此还有风积和沼泽堆积以及青海湖、共和盆地分布的湖积和化学沉积。

三、侵入岩

（一）前兴凯期侵入岩

1. 镁铁—超镁铁岩

前兴凯期镁铁—超镁铁岩零星分布于南祁连岩带化隆一带，主要有裕龙沟、阿什贡、乙什春、沙加、拉水峡、官藏沟等岩体。岩体多呈透镜状、似层状、脉状分布，侵入于古元古界中，部分呈包体存在于兴凯期花岗岩中，规模一般长几米至10余米，最长达上千米，部分岩体含铜、镍、钴矿。主要岩石类型为辉长岩、苏长岩、辉石岩及橄榄岩，岩石具闪石化，以辉长岩为主。辉长岩主要由普通角闪石、中—拉长石、黑云母组成，常相变为苏长岩。橄榄岩由镁铁闪石、辉石残晶、金云母、橄榄石组成。

2. 中酸性变质侵入体

中酸性变质侵入体主要在中祁连岩带。岩性主要为二长花岗质、花岗闪长质变质侵入体，岩石具鳞片粒状变晶结构、片麻状结构、糜棱结构。岩石具韧性变形特征。碎斑为斜长石、微斜长石、石英，碎基为斜长石、微斜长石、石英、云母及铁铝榴石等组成。岩石碎斑呈眼球状，大小不等，具定向排列。微斜长石多发育多米诺骨牌构造。副矿物组合主要为石榴石、磁铁矿、电气石、锆石、榍石、磷灰石、钛铁矿等。

(二)兴凯期侵入岩

1. 中祁连岩带

震旦纪侵入岩:主要为二长岩、闪长岩。二长岩中细粒状结构、似斑状结构,岩石由斜长石、钾长石、石英、黑云母、角闪石组成,似斑晶为微斜长石。副矿物组合为磁铁矿、锆石、磷灰石、榍石。

早寒武世侵入岩:主要为二长花岗岩、二云母花岗岩(宝库河岩体),中细粒、似斑状结构,局部具片麻状构造。岩石由斜长石、钾长石、石英、黑云母和少量白云母组成。似斑晶为钾长石(多为条纹长石),斜长石为更长石,可见环带构造。黑云母常与白云母(1%~4%)连生。副矿物组合为磁铁矿、黄铁矿、钛铁矿、石榴石、锆石、磷灰石、独居石。

2. 南祁连岩带

该带主要为早寒武世二云母花岗岩(鲁满山岩体),中细粒、似斑状结构,局部具片麻状构造。岩石由斜长石、钾长石、石英、黑云母和少量白云母组成。钾长石(多为条纹长石)、黑云母与白云母连生。副矿物组合为锆石、磷灰石、独居石、石榴石、电气石、金红石、磁铁矿、钛铁矿。

(三)加里东—早海西期侵入岩

1. 北祁连岩带

该带主要为晚奥陶世石英闪长岩、闪长岩、花岗闪长岩及二长闪长岩、英云闪长岩(雪水沟、巴拉哈图等岩体)。岩性由中性—酸性变化,岩性间接触关系多为脉动。中细粒半自形粒状结构,岩石由斜长石(更—中长石)、石英、角闪石、黑云母及钾长石(二长闪长岩、英云闪长岩)组成。副矿物组合主要为磁铁矿、锆石、磷灰石。

2. 中祁连岩带

中—晚寒武世侵入岩:岩石为二长岩、正长岩、碱长花岗岩。二长岩,半自形粒状结构,块状构造,岩石由斜长石(钠长石)、钾长石(微斜长石)、钠铁闪石及黑云母组成,钠铁闪石呈暗绿色,角闪石式节理,负延性,钠长石具净化边,含微量白云母、鳞灰石。正长岩,中粗粒状结构、半自形粒状结构,块状构造,岩石由斜长石、钾长石(微斜条纹长石)、普通角闪石及黑云母组成,副矿物组合主要为磁铁矿、锆石、磷灰石、榍石。碱长花岗岩,中细粒状结构,岩石由钾长石(正长条纹长石)、钠长石、钠闪石组成,钠闪石呈他形柱状晶体,蓝黑色,角闪石式节理,负延性,副矿物组合为磁铁矿、锆石、磷灰石、曲晶石、萤石。

奥陶纪侵入岩:早—中奥陶世主要为石英闪长岩、闪长岩及英云闪长岩,中细粒半自形粒状结构,岩石由斜长石、石英、角闪石、黑云母及少量钾长石组成。副矿物组合为磁铁矿、褐帘石、锆石、磷灰石。早—中奥陶世二长花岗岩,变余半自形粒状结构,片麻状构造,岩石由斜长石、钾长石、石英、黑云母等组成。副矿物组合为磁铁矿、石榴石、锆石、磷灰石、榍石。晚奥陶世为花岗闪长岩、英云闪长岩。中细粒半自形粒状结构,岩石由斜长石、石英、角闪石、黑云母及钾长石组成。副矿物组合主要为磷灰石、锆石、榍石。

晚志留世—早泥盆世侵入岩:主要岩石为二长花岗岩及少量二云母花岗岩。二云母花岗岩(尕东沟岩体),中细粒结构,块状构造。主要矿物组合为斜长石、钾长石、石英、黑云母、白云母(1%~2%)。斜长石为半自形板状,具聚片双晶、钠式双晶。钾长石呈他形,为微斜长石。副矿物组合为锆石、磷灰石、磁铁矿、钛铁矿、石榴石、独居石。花岗闪长岩,中细粒结构,块状构造。主要矿物由斜长石、石英、钾长石、黑云母及微量白云母组成。斜长石为半自形板状,具聚片双晶、卡式双晶。钾长石呈他形,为微斜长石。副矿物组合为锆石、磷灰石、磁铁矿、磁黄铁矿、钛铁矿、石榴石、独居石。二长花岗岩，中—细粒结构，块状构造。主要矿物组合为斜长石（更长石）、钾长石（微斜长石、微纹长石）、石英、黑云母。副矿物组合为磁铁矿、榍石、锆石、磷灰石。

3. 南祁连岩带

该带主要为晚志留世—早泥盆世侵入岩，主要岩石为二长花岗岩、花岗闪长岩、二云母花岗岩及少量钾长花岗岩（阿日郭勒-拜兴、哈克吐蒙克、野牛脊山岩体）。二云母花岗岩（阿日郭勒-拜兴岩体），似斑状中粗—中细粒结构，块状构造。主要矿物组合为斜长石、钾长石、石英、黑云母、白云母（1%～2%）。斜长石为中—更长石。钾长石为微斜长石、条纹长石。白云母分布不均匀。副矿物组合为磷灰石、锆石、独居石、磷钇矿及金属矿物。花岗闪长岩，似斑状中细粒结构，块状构造。主要矿物由斜长石、石英、钾长石、黑云母及角闪石组成。斜长石为中—更长石，半自形板状，具聚片双晶。钾长石为微斜长石。副矿物组合为磷灰石、锆石、榍石及金属矿物。

4. 拉脊山岩带

该带主要为奥陶纪石英闪长岩、闪长岩，少量英云闪长岩、石英闪长岩（庙尔沟、二台岩体），中粗粒半自形粒状结构，岩石由斜长石（自形—半自形板状，中长石An30～40）、石英、角闪石、黑云母，少量钾长石、辉石及帘石组成。副矿物主要为磁铁矿、磷灰石、榍石。庙尔沟岩体东段发育少量辉长岩、闪长岩，岩石呈相变关系。

（四）海西—早印支期侵入岩

该期侵入岩主要在南祁连岩带发育中泥盆世—早石炭世侵入岩。岩石主要为二长花岗岩、闪长岩、辉石闪长岩、花岗闪长岩、辉长岩，少量碱长花岗岩及辉长岩。辉长岩在空间上往往与闪长岩、辉石闪长岩共生，花岗闪长岩岩体边部常具有闪长岩、辉石闪长岩及暗色包体。

闪长岩、辉石闪长岩岩石化学偏基性，为角闪辉长岩。辉长岩，中细粒结构、辉长结构，岩石矿物组合主要为斜长石（基性长石）、辉石、角闪石，少量黑云母及含钛矿物。二长花岗岩，中细粒结构、似斑状结构，块状构造。岩石矿物组合主要为斜长石（半自形板柱状，更—中长石）、钾长石（微斜条纹长石，半自形板状，格子状双晶）、石英、黑云母，部分岩石见少量角闪石，副矿物为磷灰石、独居石。花岗闪长岩，中细粒结构、似斑状结构，块状构造。岩石矿物组合主要为斜长石（半自形板状，更—中长石）、钾长石（微斜长石，半自形板状）、石英、黑云母，少量角闪石。副矿物组合为磷灰石、锆石、榍石及不透明矿物。

四、火山岩

（一）元古宙火山岩

古元古代火山活动较弱，火山岩不甚发育，呈不稳定的夹层赋存于托赖岩群、金水口岩群片麻岩组中。为一套深灰色—灰黑色层状无序的中深变质岩系，岩性主要为灰色—灰黑色斜长角闪片岩和角闪斜长片岩、斜长角闪岩等，经原岩恢复为一套海相喷发的基性火山岩。

长城系湟中群青石坡组分布于中祁连陆块南缘，为湟中群分布最广的一组，其岩性主要为千枚岩、板状变砂岩和石英岩，部分呈互层状。夹暗绿色变石英辉绿岩（可能为潜火山岩）及少量变中性熔岩凝灰岩，变安山岩仅出现在中部，呈不稳定的层状产出，说明青石坡组沉积的早、中期曾有过火山喷发活动，总之，该组属于一套以砂泥质岩为主夹火山岩的类复理石建造。

(二)寒武纪—奥陶纪火山岩

1. 北祁连岩带

中寒武统黑茨沟组火山岩:该组火山岩呈北西-南东向条带状分布于走廊南山以北,野牛沟、祁连、峨堡以南,火山岩与区域构造线一致。该组为一套海相沉积的碎屑岩及火山岩建造,与各地层均为断层接触。火山岩分异性较好,酸性、中性、基性火山岩均有分布。该组以喷发相为主,局部为爆发相,潜火山岩不发育,最后以喷发—沉积相而告终。该组火山岩横向上有所变化,在不同地段出露不同,在西北部的走廊南山地区以基性火山岩为主,在西南部的托莱山西部局部地区以中酸性火山岩为主,在玉石沟—川剌沟—峨堡又以基性火山岩为主。火山喷发活动总体上先基性后酸性,火山喷发韵律明显,显示出喷发活动频繁,并有短暂喷发间断。火山岩岩石有橄榄玄武岩、玄武岩、细碧岩、安山玄武岩、玄武安山岩、安山岩、英安岩、流纹岩等。

下奥陶统阴沟组火山岩:分布于达坂山、冷龙岭、仙米、甘禅口,呈北西西-南东东向展布,其南、北两侧与各时代地层呈断层接触。该组火山喷发以裂隙式喷溢为主,局部有中心式爆发。以中基性、基性火山岩为主,火山岩地层厚度较大。裂隙式喷溢,岩性简单,分布广泛。爆发相的火山岩岩性变化大,有喷发间断,显示了火山喷发韵律多又明显的特征,可分为喷溢相、爆发相、潜火山岩相、火山喷发—沉积相,以喷溢相为主,与爆发相交替出现,夹有沉积相。该组火山岩具低绿片岩相变质,岩石有变玄武岩、变安山玄武岩、变安山岩、变英安岩、变流纹岩等。主要岩石组合为一套块层状、枕状基性熔岩,少量中酸性熔岩和部分火山碎屑岩及少量沉火山碎屑岩,夹正常沉积碎屑岩等,另有少量潜火山岩相呈脉状产出。

上奥陶统扣门子组火山岩:分布于达坂山北坡一带,呈北西-南东向展布,其展布方向与区域构造线方向基本一致。火山岩总体为一套基性—中酸性的火山岩组合,由爆发相、喷溢相、喷发—沉积相、潜火山岩相组成,以喷溢相为主,岩石有枕状(块状)玄武岩、杏仁状玄武安山岩、英安岩、流纹英安岩等。

2. 拉脊山岩带

中寒武统深沟组火山岩:主要分布于拉脊山中段。火山活动较弱,规模小,沿岩带南、北两侧分布。北侧火山岩厚度大,南侧厚度小。下部以熔岩为主,上部则以沉积岩为主,仅见少量熔岩夹层。火山岩为玄武岩、细碧岩化玄武岩、安山玄武岩、粗面玄武岩、粗安岩、玄武安山岩夹中性、基性角砾熔岩、熔岩角砾岩、集块熔岩等。火山活动具喷溢—爆发多次活动的规律。

上寒武统六道沟组火山岩:该组火山岩分布于拉脊山主脊及其两侧,呈近东西向展布,以拉脊山中段最为发育。火山岩岩石为玄武岩、碱性橄榄玄武岩、橄榄拉斑玄武岩、玄武安山岩、玄武质粗面安山岩、安山岩、高镁安山岩、橄榄粗安岩、粗安岩、英安岩、流纹岩。除此之外,还有拉斑玄武质细碧岩、粗玄质细碧岩、玄武安山质细碧岩或玄武安山质细碧角斑岩、安山质角斑岩、角闪安山质角斑岩、英安质石英角斑岩等。

下奥陶统阿夷山组火山岩:该组火山岩分布于拉脊山中段北侧的阿夷山一带,火山岩呈北西西向延伸,线性分布,火山岩以层状、似层状分布。在阿夷山该岩组底部为一层酸性熔岩,中部以砂、砾岩为主夹中性熔岩,顶部为火山角砾岩。在东沟该岩组岩石组合下部为酸性熔岩,上部中性熔岩。该组火山岩以喷溢相为主,爆发相较少。岩石为橄榄拉斑玄武岩、玄武安山岩、安山岩、粗面岩、英安岩、流纹岩、钠质霏细岩、角砾状钠质霏细岩等,以中性熔岩为主。

中奥陶统茶铺组火山岩:该组火山岩仅出露于拉脊山西段昂思多沟脑(深沟脑),才毛吉峡和中段的泥旦山一带,呈近东西向断续分布。其北界与下伏上寒武统六道沟组熔岩夹结晶灰岩呈角度不整合,其上与晚泥盆世地层不整合接触。该组岩石组合底部为复成分砾岩,下部为砂岩、板岩夹砾岩,中部为基性、中基性熔岩夹板岩,上部为中性、基性熔岩与板岩互层。基性熔岩为少量橄榄拉斑玄武岩、橄榄粗安岩。

上奥陶统药水泉组火山岩：药水泉组零星分布于拉脊山的才毛吉峡、窑路湾一带。该组地层呈东西向延伸，南、北两侧均为东西向断层所截。下岩组为一套陆源碎屑岩、凝灰质碎屑岩，夹少量变玄武岩、变安山岩。上岩组为凝灰质碎屑岩、陆源碎屑岩夹变安山岩。

（三）志留纪火山岩

志留纪火山岩仅分布于南祁连岩带，火山岩赋存于志留系巴龙贡噶尔组。

志留系巴龙贡噶尔组火山岩：分布于土尔根达坂山南、布哈河南侧。火山岩呈夹层产出，主要为片理化酸性火山碎屑岩，在局部见呈透镜状产出的英安岩。

（四）石炭纪—二叠纪火山岩

石炭纪—中二叠世土尔根大坂组火山岩：分布于宗务隆-鄂拉山亚带的鱼卡、巴音山、天峻南山、哇洪山及兴海—苦海一带。总体上呈一平卧的"S"形条带分布。岩带北部巴音山为蚀变玄武岩、安山岩。天峻南山火山岩较发育，为蚀变玄武安山岩、变安山岩、变玄武岩，向南东哇洪山—玛温根山以变碎屑岩为主夹灰岩及酸性火山岩，兴海—苦海一带为基性熔岩。

石炭纪—中二叠世果可山组火山岩：主要分布于巴音山—茶卡一带，与甘家组为断层接触，呈近东西—北西向展布，为浅海相碎屑岩、碳酸盐岩夹火山岩的沉积建造。其中灰色中厚层状灰岩与杏仁状安山玄武岩互层，并见有玄武安山岩，少量角砾安山岩。

石炭纪—中二叠世甘家组火山岩：分布于巴音山、关角、哇玉香卡、哇洪山—玛温根山一带。该组为一套生物灰岩、砂屑灰岩、灰岩夹砂岩，局部地段出现少量火山岩夹层，火山岩在哇洪山—玛温根山一带较发育。下部为中性火山岩及火山碎屑岩，中上部为碎屑岩夹灰岩，岩石类型为玄武安山岩、辉石安山岩、石英安山岩、安山质凝灰熔岩。韵律较发育，为爆发—溢流—间歇变化。

（五）三叠纪火山岩

早—中三叠世隆务河组火山岩：分布于宗务隆-泽库岩带中的青海湖南山-泽库亚带。火山活动微弱，仅在苦海一带的疏勒河、唐干乡、夏仓乡一带有少量火山岩出露。岩石类型为安山岩、流纹岩，以夹层、透镜状近东西向产于隆务河组杂色碎屑岩中，火山岩空间上延展性差。另在河卡南东、过马营南有少许中性—酸性火山碎屑岩。

晚三叠世鄂拉山组火山岩：分布于该亚带的龙羊峡以东—同仁一带。火山岩不整合于下、中三叠统之上，被印支期花岗闪长岩所侵入，并与下白垩统、新近系不整合接触。火山岩由熔岩和火山碎屑岩组成。熔岩由安山岩、英安岩、流纹岩组成。火山碎屑岩由各种火山角砾、集块、凝灰质岩石组成，总体反映以火山碎屑岩为主，由火山碎屑岩—熔岩交替组成多个韵律。火山岩为陆相中心式喷发，同仁一带火山喷发中心多，喷发强烈，各种岩相发育。火山机构呈环状、半环状展布，不同岩相的火山岩呈层状、互层状产出。

五、构造

研究区内构造类型以断裂构造为主。断裂构造较为发育，主断裂（带）控制了构造和地层区划，并且对岩带（岩区）和矿带划分也起重要控制作用。多数断裂是显生宙以来特别是中生代的构造活动形迹，它们大多具有长期的发育历史，既有继承复活性，又有改造新生性，因此同一断裂的产状、性质、所处构造层次等在三维空间上都有较大的变化。区内较大的断裂有3条(图2-2)。

第二章 区域背景

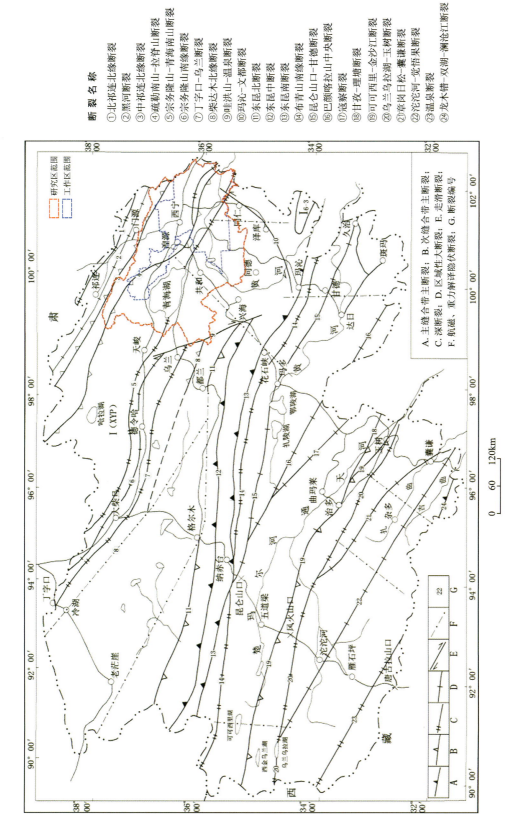

图2-2 青海省主要断裂分布图

断裂名称

① 北祁连北缘断裂
② 黑河断裂
③ 中祁连北缘断裂
④ 疏勒南山-拉脊山断裂
⑤ 宗务隆山-青海南山断裂
⑥ 宗务隆山南缘断裂
⑦ 丁字口-乌兰断裂
⑧ 柴达木北缘断裂
⑨ 哇洪山-温泉断裂
⑩ 玛沁-文都断裂
⑪ 东昆北断裂
⑫ 东昆中断裂
⑬ 东昆南缘断裂
⑭ 布青山南缘断裂
⑮ 昆仑山口-甘德断裂
⑯ 巴颜喀拉山中央断裂
⑰ 宼察断裂
⑱ 甘夜-理塘断裂
⑲ 可可西里-金沙江断裂
⑳ 乌兰乌拉湖-玉树断裂
㉑ 草岗日松-囊谦断裂
㉒ 沱沱河-觉悟寺断裂
㉓ 温泉断裂
㉔ 龙木错-双湖-澜沧江断裂

1. 中祁连北缘断裂

该断裂为中祁连岩浆弧北缘的主边界断裂，沿托勒南山——达坂山呈北西-南东向延伸，断面北东倾，两端延入甘肃，省内长约500km。据大地电磁测深资料，深部产状较陡有转向之势，沿断裂带为磁重力梯度带，沿该带北侧有蛇绿岩、蛇绿混杂岩（体）出露，以及大量的基性、超基性岩分布，断裂北侧为北祁连蛇绿混杂岩带及走廊南山岛弧，是一条规模大、深度抵至莫霍面的岩石圈断裂或超岩石圈断裂。

2. 疏勒南山-拉脊山断裂

该断裂系党河南山-拉脊山早古生代蛇绿混杂岩带主断裂，呈北西—北西西向展布，东、西两端延入甘肃，省内长630km，为南西倾的俯冲断层，倾角50°～70°，电磁地震测深反映深部断面陡倾，下延30～39km为一岩石圈断裂，拉脊山一带有蛇绿岩、蛇绿混杂体出露，基性、超基性岩发育，该断裂为中祁连岩浆弧与南祁连岩浆弧的分界断裂。

3. 宗务隆山-青海南山断裂

宗务隆山-夏河甘家晚古生代陆缘裂谷北缘主边界断裂北侧为南祁连岩浆弧。断裂西始土尔根大坂，东经宗务隆山、青海南山、循化南进入甘肃，走向北西西，倾向南，省内长大于650km。天峻南沿断裂有基性、超基性岩分布，布格异常图上大柴旦以东呈北西向梯度带，以西为磁场分界线，南侧为正磁异常区，北侧为负磁异常区，是一条断面近直立微向南倾，自西向东逐渐变深的超岩石圈断裂。

六、区域矿产特征

根据《青海省第三轮成矿远景区划研究及找矿靶区预测》成果，研究区自北至南跨北祁连加里东期铜、铅、锌、金、铬、石棉（铂、钴、汞）成矿带，中祁连加里东期钨、稀有、铜（钛、锑、金）成矿带，南祁连加里东期（钨、锡、金、铜）成矿带，拉脊山加里东期镍、钴、金、稀土、磷（铜、钛、铂）成矿带，日月山-化隆加里东期镍、铜（铂）成矿带和同德-泽库印支期汞、砷、铜、铅、锌、金（锑、钨、铋、锡）成矿带6个Ⅲ级成矿带（图2-3）。其中拉脊山加里东期镍、钴、金、稀土、磷（铜、钛、铂）成矿带和日月山-化隆加里东期镍、铜（铂）成矿带对研究区元素地球化学特征具有显著影响，现将二者成矿特征简述如下。

（一）拉脊山加里东期镍、钴、金、稀土、磷（铜、钛、铂）成矿带

1. 概况

该成矿带位于中祁连成矿带南部，南北由拉脊山南北缘深断裂所限，西起青海湖东，东倾伏于民和盆地之下，呈北西向，长约130km，宽4～13km，平面上呈"S"形狭长带状。

2. 大地构造环境及演化

该成矿带所对应的是南祁连-拉脊山造山亚带东段的拉脊山部分，为元古宙晚期古陆解体离散而成的槽地，由早生代物质所充填，以寒武系特别发育为特色；志留纪末槽地闭合褶皱成山，并长期处于隆升剥蚀环境，其间只在晚泥盆世、侏罗纪、白垩纪、第三纪和第四纪局部出现山间沉积盆地，形成零星分布的沉积盖层。

3. 地层及含矿信息

造山期地层为寒武系最发育，由碎屑岩、碳酸盐岩和基性或中基性火山岩组成，下部夹含铁硅质岩

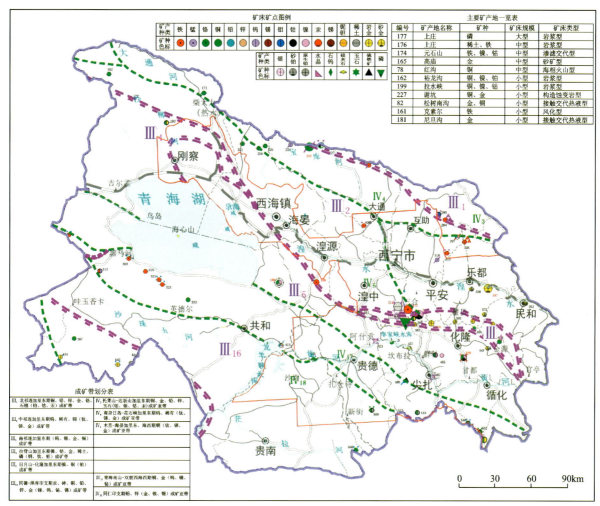

图 2-3 成矿带划分图

和铁矿层；火山岩是含铜的高背景岩石，普遍出现铜的矿化；火山岩发育地段和与之邻近的层位常有具铬、镍矿化或高背景的超基性或基性岩体产出。奥陶系分布不普遍，为碎屑岩和中性或中基性火山岩岩石组合，偶有含铁石英砂岩或铁矿层产出，其含矿性普遍不佳。志留系只在局部残留，为独特的海相磨拉石砾岩夹砂岩、板岩（含笔石）建造，没有矿化信息。造山期后盖层沉积的含矿性表现为侏罗系的煤和白垩系砂岩局部含铜。

4. 地球化学特征

本带元素丰度显示较强的专属性特点，与基性岩、超基性岩相关组分 Au、Co、Cr、Ni、P、V、Ti、Al_2O_3、Fe_2O_3、MgO 等具高丰度态势，这与本带超基性岩、基性岩及基性火山岩发育密不可分。W、U、Li、La、CaO、Th、Be、Bi、Sn、K_2O、SiO_2 等丰度较全省稍高或相当，主要与带内中酸性侵入岩很少有关。

5. 矿产特征

据统计，区内已发现矿产种类共 21 种，其中以铁、铜、铬、镍、磷、锰、铅、锌、金、银、钼、煤、石灰岩等较为重要。在各矿种中，金属矿（化）点 68 处，但规模多不大。成型矿床主要为与铁质超基性岩有关的元石山镍钴铁矿床、上庄磷铁（稀土）矿床；与基性火山岩有关的岩浆热液型金矿床如泥旦沟、天重峡等 4 处。

(二)日月山-化隆加里东期镍、铜(铂)成矿带

1. 概况

该成矿带北与拉脊山南缘深断裂为界,南与青海南山大断裂为界,与日月山-化隆隆起一致,西起日月山,向东延入甘肃境内,东西长约250km,南北宽20~40km。

2. 大地构造环境与演化

该成矿带与化隆元古宙古陆块体对应,它的南界是横亘中国中部的青海湖-北淮阳深断裂带的青海湖—能科段,是秦祁昆造山系与青藏北特提斯造山系的分界位置。块体的西北延伸过日月山到哈尔盖北被二叠系—三叠系覆盖,块体的基本组分是古元古代的片岩和片麻岩(偶有超基性岩体侵位),以及加里东晚期侵入的闪长岩和花岗岩类组分的岩体;其上的盖层始于二叠系并持续到第四系,二叠系—三叠系是海相地层,陆地地层始于侏罗系。海西期和印支期的花岗岩类岩体在块体的南部边缘零星分布。

3. 地层与含矿性

区内古元古界中含有石英岩,局部纯度高,具工业利用价值,其次是片岩局部含石墨。盖层中以二叠系和白垩系的砂岩局部含铜,以及侏罗系煤层与第三系黏土和膏盐层等的产出而显示其含矿性。

4. 地球化学特征

带内 Li、P、Cu、F、V、Fe_2O_3、Co、Cr、La、Ni、Sr、Ti 等元素(或氧化物)显示较高丰度,可能与加里东晚期中酸性岩浆侵入有关。

5. 矿产特征

带内发现13个矿种,25处产地。其中与基性—超基性岩有关的铜镍(铂族)矿床(点)有裕龙沟小型铜镍(铂)矿床,拉水峡小型铜、镍、钴、(铂)矿床等镍、铜镍矿点共6处。矿体赋存于角闪岩、辉石岩、辉长岩岩相内,岩体受北西向构造控制。

第二节 区域水文地质特征

一、地下水分布概况

(一)青海湖流域

本区地下水的赋存条件与分布规律主要受区域地形地貌、地层岩性、地质构造、气象水文等自然因素的影响和制约。地形、地貌和含水层岩性结构的差异性决定了该区发育不同等级的水文地质单元,地下水明显的分带性和不同的形成、分布及径流规律。

测区东北部海拔3 800m以上的高山和中高山区,由于气候严寒,降水充沛,广泛发育多年冻土。多年冻结区普遍埋藏着冻结层水,根据含水介质不同可分为基岩类冻结层水和松散岩类冻结层水。这些地区受历次构造运动影响,褶皱、断裂构造十分发育,山形陡峭,岩石裸露,年降水量在500mm以上,水资源丰富,地下水有充沛的补给源。在风化裂隙和构造裂隙内,储存有较为丰富的基岩裂隙水;在断层破碎带内赋存断层脉状承压水。冬季地表冻结,地下水补给大为减少,夏季气温升高,冻结层上部1~

3m消融,形成冻结层上水,并以泉的形式出露于地表。

青海湖盆地和海晏盆地广泛分布着第四纪松散沉积物,其岩相有河湖相、冰碛—冰水相、冲-洪积相及洪积相等,它们具有颗粒粗大、孔隙性强、储水空间大等良好条件,其在接受山区地下水(包括侧向隐伏补给)、地表水及大气降水补给后,形成松散岩类孔隙水。

青海湖盆地早更新世河湖相沉积物,岩性主要为细粉砂和砂砾石,并含多层较稳定的黏土、亚黏土相对隔水层,形成环湖承压水区。沙柳河和公共马滩的中更新世冰碛—冰水相沉积物中,亦含有多层黏土和亚黏土相对隔水岩层,但因分布不稳定,只能形成小范围的承压水区。

(二)湟水河流域

湟水河流域以西宁为界,可分为以湟源盆地为主的湟水河西部流域及西宁—民和湟水河东部流域。

1. 湟水河西部流域

湟源盆地基底为震旦纪变质岩及加里东期、新元古代侵入岩,盆地内主要充填着第三纪形成的红色碎屑沉积物及第四纪的松散堆积物,一般在上部松散层中和盆地西南部山前及河谷的冲积—冰水积或冰碛砂砾卵石层中,赋存有较丰富的松散岩类孔隙潜水,深部基岩古风化层内赋存有基岩裂隙承压水或承压自流水。

盆缘地带由于地势较高,降水量大,地形切割相对较弱,以砂岩、砂砾岩为主的粗碎屑岩,利于吸收降水,泉水出露较多,水质好;侵蚀基准面以下赋存有淡承压自流水。

分布于湟水河谷边缘至基岩山区之间的黄土低山丘陵区,沟谷纵横深切,地形支离破碎,植被稀少,地下水空间分布极不均匀,水位埋藏较深。低山丘陵区的松散岩层,主要是黄土及其下伏的中晚更新世冰碛、冰水和冲洪积砂砾卵石层,地下水的赋存条件受地形切割程度制约明显。靠近盆地边缘地区,补给条件相对较好,发育于沟脑的宽谷、掌形、杖形地的松散岩层及其下伏的基岩风化带内赋存有孔隙和裂隙潜水。盆地中部和靠近湟水河干流附近的深切割低山丘陵区,黄土及下伏的松散岩层被沟谷强烈切割,地形支离破碎,成为大面积透水不含水层。

2. 湟水河东部流域

湟水河东部地区裂隙较发育的变质岩及碳酸盐类岩石、碎屑岩类岩石、松散岩类砂砾卵石、黄土状土等,为地下水的储存提供了空间条件。大气降水,特别是中高山区较丰富的降水,为地下水的形成提供了较丰富的补给来源;降水的一部分消耗于蒸发,大部分顺着山势汇聚于众多的沟溪形成地表径流,另一部分渗入地下,储存运动在山区各种不同时代、不同岩性的地层和岩体的裂隙中,形成地下水含水岩层。按地下水分布规律,可将本流域地区概括为两种不同的水文地质类型,即半干旱山间盆地和基岩山地水文地质类型。

1)半干旱山间盆地水文地质类型

在广大中新生代凹陷(断陷、槽地盆地)内,充填着较厚的前第四纪碎屑岩,它们受空间上的粗细叠置、岩石胶结、物质成分和强度上的差异及构造断裂等因素的影响,为承压自流水的形成提供了较好的地质构造条件,是深层地下水储存的主要场所。

工作区所在的互助、平安、乐都、民和等盆地,主要为第三纪红色岩层所占据,组成封闭良好的自流盆地,构成的平缓背、向斜,并未破坏自流盆地构造上的完整性。在盆地边缘,第三系为砂岩、砂砾岩,岩层裸露,有利于接受降水渗入和山区地表、地下径流的直接、间接补给,水量丰富,水质较好。

在黄土低山丘陵区,黄土底部砾石层往往可以成为有实际供水意义的含水层。尤其在近盆地边缘的地区,由于所处地貌部位远远高于河谷谷底,不能接受地表水的补给,因而大气降水的渗入就成为最主要的补给水源,地下水通常在受切割的地段以泉的形式泄出。

各次级盆地内的河谷区,第四纪松散堆积物较发育,第三纪地层构成地下水的隔水底板及边界,潜水主要接受河水入渗和上游地下径流补给,是地下水的富集区。如湟水河各支流的中、上游地段,是主要城镇供水的主要水源地。

2)基岩山地水文地质类型

基岩山地是指非多年冻土区的基岩出露地区。工作区基岩山区含水岩层的富水程度取决于岩石的裂隙发育状况及地质构造与地貌条件,一般在片麻岩及各类片岩中的构造及风化裂隙带中普遍含有地下水,水量主要受气候、地貌条件控制。如达坂山地形高峻,气候湿润,富水性相对较强,地下水矿化度低,水质良好,而拉脊山及其南坡地下水则相对贫乏。

高而窄陡的山体受地质构造及水文网的刻切,导致地表、地下水径流短促,循环交替积极,水质清,分布和埋藏条件复杂,且富水性较弱。山区除少数碳酸盐岩裂隙岩溶泉流量较大外,一般泉水流量都较小。在碳酸盐岩分布区的一些构造、岩溶发育地段,常常是富水性强的地段。岩溶泉或岩溶裂隙泉一般都具有极好的水质和较大的流量。在构造破碎带或不同岩性的接触带多存在着富水性较弱的脉状承压自流水。在一些小型山间盆地,赋存着水质较清、水量较丰富的承压自流水。

(三)黄河流域

本区地下水的赋存条件与分布规律主要受区域地形地貌、地层岩性、地质构造、气象水文等自然因素的影响和制约。地形、地貌和含水层岩性结构的差异性决定了该区发育不同等级的水文地质单元,各类地下水在空间的赋存分布上呈现出一定的规律性。

海拔 3 800m 以上的中高山区广泛发育着寒土、冻土和冻岩,强烈的寒冻风化剥蚀作用使各种基岩受到程度不同的破坏,其岩屑残留堆积在一些平缓的分水高地、古冰斗、山间宽谷及山前地带。这些松散堆积物的空隙、孔隙为地下水的赋存提供了空间。地下水的存在又为冻土、冻岩的发育形成提供了水分条件。这里的地下水在浅部 10~20m 深度内有液相、固相的季节性或多年性的相态变化。在岛状分布的多年冻土区存在着赋存于基岩裂隙和松散岩层孔隙中的冻结层水。

山区广泛分布的前侏罗纪层状、块状变质岩及侵入岩体,在地史发展期间曾受到多次构造运动及不同构造体系应力的作用,断裂及构造裂隙都较发育。这些裂隙多是沟通不同时代岩层、岩体的比较发育的裂隙组,不少还是趋于连通性较好的高角度张裂隙,岩层、岩体的破碎程度和影响深度很大。因而在补给源较充沛的山区,广泛发育着基岩裂隙潜水及脉状承压水。区内出露的矿泉、温泉、热泉以及承压自流水都是循环在断裂破碎带不同深度内的脉状承压自流水。

区内各盆地有厚逾千米的中生代侏罗纪以来的碎屑岩充填,它们在发育过程中又受到燕山期、喜马拉雅期构造运动的作用,在盆地内形成宽缓的向斜构造。在由盆地边缘向盆地中心的水平方向上,以及由深部到浅部的垂向上岩性粗细多有犬牙交错、上下叠置的变化。粗碎屑组成的砾岩、砂砾岩、砂岩的孔隙,当地下水储存运动其间时,往往构成良好的含水层。较细碎屑组成的泥质岩层孔隙的连通性差,不利于地下水的赋存和运移,可视为不含水或相对隔水的岩层。因而盆地均具备承压自流水赋存所需要的地质构造、地层、岩性方面提供的空间条件。盆地有利的储水构造在当地侵蚀基准面以上的部分,在不少地段又多被强烈发育的流水侵蚀作用所破坏,尤其是在黄土、红岩组成的低山丘陵区,原来赋存的承压自流水已转化为潜水或层间无压水。而长期处于沉降的盆地,尤其是处于当地侵蚀基准面以下的盆地部分,在上覆有较厚第四系的保护之下,碎屑岩的储水构造保存得比较完好,往往赋存着多层承压自流水。

区内广泛分布着第四纪松散岩层,但是对松散岩类孔隙水赋存有利的地段仅局限于各盆地边缘的山前平原及河谷平原地带。这些地带主要发育着较厚的砂砾卵石及含有黏土的卵砾石等粗碎屑物质。在以隆升为主的挽近构造作用下,它们在垂向上虽然呈粗粒、细粒物质交变的多层结构,但均未能形成松散岩类承压自流水的蓄水构造,所以区内松散岩类孔隙水主要是孔隙潜水。

河谷结构特征在很大程度上控制着河谷潜水含水层分布、埋藏及补给、排泄条件。含水层两侧及底部多以砂泥质含量较高的白垩系、第三系红层为隔水边界。盆地边缘地带的河谷多以内叠阶地为主,松散碎屑沉积层较厚,有利于地下水的赋存和富集。盆地中部,河流中下游地段河谷阶地类型为基座阶地,地下水主要赋存于河漫滩、Ⅰ级阶地及古河道分布区。

被夹持在黄河干支流间的黄土、红岩低山丘陵区的松散岩层主要是厚薄不一的黄土及下伏的中晚更新世冰碛、冰水及冲洪积砂砾卵石层,它们在切割程度上的强弱影响着地下水的赋存。一般来说,在靠近盆地边缘的宽谷浅沟梁状低山丘陵区,当补给条件较好时,在沟脑的宽谷、掌形、杖形地的松散岩层及红层风化带内赋存有较丰富的空隙潜水。但在盆地的中部及黄河干流附近的深沟梁峁低山丘陵区,沟谷深切常切穿黄土及下伏的松散岩层,并把它们分割得支离破碎,破坏了地下水的赋存条件,不少地段的松散岩层成为透水不含水层。

二、地下水化学特征与水质评价

(一)青海湖(北部)流域

测区分属青海湖内陆闭流水系和湟水外泄水系,地下水的化学特征呈现明显的差异。这与地下水运动状态、区域地层岩性及地貌条件有直接的关系。

青海湖水系的沙柳河、哈尔盖河、茶拉河及甘子河均源于大通山南坡,流经地区大面积分布元古界、寒武纪—奥陶纪、二叠纪和三叠纪的白云岩、白云质灰岩、大理岩等富含镁盐的碳酸盐岩地层。因此地下水化学成分中镁离子含量普遍偏高,属 HCO_3—$Ca \cdot Mg$ 型水。

地下水在进入青海湖盆地后,其运动状态发生了很大的变化,"径流—蒸发"型是内陆闭流盆地地下水的运动特点。随着地下水运动状态的改变,地球化学作用也相应发生变化。盐分的累积过程明显,同时由于离子成分的分异,产生了水化学的水平分带现象。

(二)湟水河流域

1. 地下水化学特征

地下水化学成分的形成、演变和盐分的运移、集聚等受气候、地貌、构造及水文地质条件的制约和影响。工作区地下水的储存和运移空间、循环条件因地而异,致使地下水的水文地球化学特征复杂多变。地下水从盆地周边山区的补给区至排泄区,潜水的水质类型由单一变为复杂,具明显的水平分带特征。

1)基岩山区地下水化学特征

海拔 3 000m 以上的基岩山区,潜水多属矿化度 0.1~0.5g/L 的 HCO_3—Ca 型或 HCO_3—$Ca \cdot Mg$ 型水。海拔 3 000m 以下残留有第三纪红层和黄土所盖的低山区,常赋存矿化度小于 1.0g/L 的多种水化学类型的淡水。

2)黄土、红层丘陵区地下水化学特征

本流域地区黄土、红层丘陵区分布面积较大,占总面积的 70% 以上。降水量大于 400mm 的盆地周边地区和大面积黄土覆盖区,地下水矿化度多大于 1.0g/L,部分地段矿化度大于 10.0g/L,水化学类型为 $SO_4 \cdot Cl$—$Na \cdot Mg$ 型或 SO_4—Na 型,丘陵山区及各支沟下游地段,由于第三纪含盐地层的介入,地下水水质变差,矿化度增高,水化学类型为 $HCO_3 \cdot SO_4$—$Na \cdot Ca$ 型和 $SO_4 \cdot Cl$—$Ca \cdot Mg$ 型。个别地段氟离子超标,地方病发病率较高。盆地的部分浅山区,因地层中含有多层石膏、芒硝等易溶盐类,地下水的矿化度较高,且随地下水流程的增加而急剧增高。

3)河谷平原区地下水化学特征

湟水干流河谷区受人为活动和河水污染等因素的影响,潜水的化学成分较为复杂,多属矿化度 1~

3g/L 的 $SO_4·HCO_3—Ca·Mg$ 型、$SO_4·Cl·HCO_3—Ca·Na$ 型和 $SO_4·Cl—Na·Ca·Mg$ 型等微咸水或半咸水。

湟水两岸各支沟上游河谷潜水一般为水质较好的淡水，属矿化度小于 1.0g/L 的 $HCO_3—Ca$ 型水；中、下游河谷潜水由淡水逐渐转化为微咸水和咸水，水化学类型由重碳酸盐型递变为硫酸盐型和氯化物型混合类型。

宽阔的河谷平原有较厚的松散砂砾石层分布，地下水主要受补于河水，处于强烈循环、积极交替的水化学带，大多数为溶滤成因的重碳酸盐型水，水化学类型多以 $HCO_3—Ca$ 型或 $HCO_3—Ca·Mg$ 型为主，矿化度小于 0.5g/L。

由于补给区和径流区岩性的差异，部分河谷段出现总硬度、氯化物增高的现象，如乐都、民和、互助县沙塘川等盆地，由中、新生代红层构成，盆地红层中有多层石膏、芒硝等易溶盐类，该地带地下水化学特征主要受岩性和补给径流条件的制约，导致了地下水化学特征的差异性和复杂性，出现矿化度大于 1g/L，个别地区出现大于 2g/L 的微咸水。水化学类型以 $Cl—Ca$ 型和 $Cl—Na·Ca$ 型为主。

2. 地下水水质评价

湟水河上游地区天然水质状况基本良好，中下游地区受人为污染较为严重，氨氮排放量显著上升，污染仍在加剧。污染项目主要为化学需氧量、生化需氧量、氨氮。

本区大多数地下水挥发性酚类（以苯酚计）、亚硝酸盐氮、砷、铅、铁均未检出，氨氮、六价铬偶有检出，但不超标。高锰酸盐指数多在 0.3～1.2mg/L 之间，矿化度多在 0.2～0.7mg/L 之间，pH 值在 7.3～8.4 之间，水质类别为Ⅲ类，水质良好。乐都、民和、互助等少部分地区矿化度在 1～3g/L 之间，总硬度、氯化物、总大肠菌群有超标现象，致使个别地区水质类别为Ⅳ～Ⅴ类。

山区基岩裂隙水及碳酸盐岩裂隙溶洞水的水质，除个别点上受矿化或构造断裂影响的局部地段外，一般属总硬度小于 400mg/L，pH 值在 7.47～8.2 之间，Cl^- 含量小于 50mg/L，SO_4^{2-} 含量小于 100mg/L，无污染，矿化度小于 0.5g/L 的 HCO_3 型淡水。其水质优良，完全符合生活饮用水卫生标准。

在盆缘带（脑山地区），多属矿化度小于 1.0g/L 的淡水，其主要评价项目多未超标，是符合饮用水卫生标准的好水。但在湟水河北部黄土丘陵区的脑山和浅山过渡地带，地下水 NO_3^-、F^- 和细菌总数超标，不符合生活饮用水卫生标准。作为缺水区唯一的饮用水水源，应采取消毒、除氟等水质改善措施。

除上述地区外，在盆地内广大的黄土、红层分布区，地下水水质较差，一般多属矿化度 1～3g/L 的微咸水和矿化度 3～10g/L 的咸水，在盆地中央多为矿化度 10g/L 以上的盐水或卤水，而且水中 SO_4^{2-}、Cl^- 含量过高，使得水的口感苦咸味涩。对饮用而言，矿化度 1～2g/L 的水在缺水地区尚可饮用，其他均不符合饮用水卫生标准，属不能饮用水。

（三）黄河流域

1. 地下水化学特征

1）潜水的水化学特征

河谷潜水的温度、颜色、透明度、嗅和味等物理性质在一定程度上直观、定性地反映着地下水矿化度高低、离子成分复杂程度及水质的好坏。

气温、埋深和海拔高度影响着潜水水温，水温通常在 2～12℃ 之间变化。在海拔大于 3 000m 的山区，尤其是多年冻土区，潜水水温较低，一般在 0℃ 左右；在海拔低于 3 000m 的地区，水温多在 6～12℃ 之间。

黄河流域潜水在大多数情况下无色、无味、透明，仅在林区、高山及河谷沼泽草滩地区受有机杂质及机械杂质的影响，呈现出淡黄色，具沼泽或硫化氢气味。某些红层地区的潜水受红层影响，呈现淡褐色，具铁锈味,透明度稍差。矿化度小于1g/L的淡潜水一般无味,1~1.5g/L时,可以感觉到微咸、咸、苦或麻辣味。

区内潜水水化学方面突出的特征是矿化度小于1g/L的淡水占据着海拔2 800m以上的山地丘陵及河谷平原的绝大部分,在中高山区潜水多为矿化度小于0.2g/L的极淡或超淡水。在贵德盆地红岩分布区,个别点上出露的间歇性泉也有矿化度大于1g/L的微咸水。处于不同地貌单元、不同含水岩层、不同海拔高度的潜水有着不同的水化学特征。

2)承压自流水的化学特征

区内承压自流水主要赋存于盆地前第四纪的碎屑岩层中。由于各盆地的组成物质、结构构造、承压自流水的补给、径流、排泄条件、水温的不同,它们的化学成分在水平和垂直方向上显出各自的受水文地球化学作用支配的特点和水化学分带特征。

贵德盆地承压自流水的主要特征是具有较复杂的水化学类型和较低的矿化度。大多数承压自流水的矿化度在0.2~0.5g/L之间,基本上可以认为是淡自流水区。其水化学成分在垂向上变化幅度不大,相对稳定,而化学类型则很复杂,阴离子中的重碳酸根、硫酸根和氯离子常同时出现,含量彼此都很接近;阳离子含量都比较稳定,以钠离子为主。贵德盆地承压自流水化学成分的形成是具有较充沛的补给源,较高的水头压力和较积极的径流排泄条件的承压水溶滤了新近纪岩层中的可溶盐类、发生一系列水文地球化学作用的结果。

2. 地下水水质评价

基岩山区冻结层水、碳酸盐岩夹碎屑岩裂隙溶洞水及基岩裂隙水的水质,除个别点上受矿化或构造断裂影响的地段外,一般都是矿化度小于0.5g/L的淡水。基岩山区的地下水一般都是适于生活饮用的好水。

中高山区矿化度过低(<0.2g/L)的地下水及河水水质很软,是良好的工业用水,但作为人畜饮用水,需要在水中补充适量的盐分和矿物质,满足人畜生理机能的需要。另外,一些裂隙水中碘含量过低(<0.01mg/L),铁含量略高(>0.3mg/L),达不到或超过饮用水的标准,作为饮用水则需要加碘除铁进行改良。

各盆地内松散岩类孔隙潜水及碎屑岩类裂隙孔隙潜水,凡属矿化度小于1g/L的淡水分布范围内的水,其主要评价项目多未超标,都是适合于饮用的好水。黄土、红岩低山丘陵区某些地段的地下水,同基岩山区有类似情况,即碘含量低于标准,铁离子超过标准,常导致地方病(地方性甲状腺肿大)的发生。

第三节 区域地球化学特征

一、水系沉积物元素丰度

研究区39种元素(或氧化物)的含量按对数正态分布剔除离散值后的平均值作为各元素(或氧化物)在水系沉积物中的丰度值,与青海省丰度值进行对比(表2-1,图2-4)。与全省相比,研究区B、CaO、P等丰度相对较高,Au、As、Sb、Bi、Hg、Zr等丰度相对偏低,其余元素(或氧化物)丰度与全省丰度相当。

表 2-1 测区元素(或氧化物)丰度特征统计表

元素(或氧化物)	全省($n=73\ 778$)	本区($n=5\ 616$)	元素(或氧化物)	全省($n=73\ 778$)	本区($n=5\ 616$)
Ag	66.1	60.9	Mn	584.0	573.5
Al_2O_3	11.1	10.8	Mo	0.7	0.6
As	12.4	9.4	Na_2O	1.8	1.6
Au	1.4	1.1	Nb	11.8	12.1
B	45.2	47.9	Ni	23.8	22.9
Ba	531.0	484	P	505.0	567.3
Be	2.0	1.9	Pb	20.2	19.9
Bi	0.3	0.2	Sb	0.8	0.6
CaO	3.1	4.9	SiO_2	65.9	62.6
Cd	0.1	0.1	Sn	2.7	2.4
Co	9.9	10.2	Sr	194.0	203.9
Cr	55.4	52.2	Th	10.0	9.4
Cu	19.5	20.7	Ti	3 074.0	3 298.7
F	480.0	499.2	U	2.1	2.1
Fe_2O_3	3.8	3.8	V	65.7	68
Hg	24.7	16	W	1.7	1.5
K_2O	2.4	2.1	Y	21.3	21.3
La	33.3	32.7	Zn	55.5	52.8
Li	30.0	30.7	Zr	203.0	150
MgO	1.7	1.9			

注:含量单位:氧化物为$\times 10^{-2}$,Au、Ag、Hg 为$\times 10^{-9}$,其他为$\times 10^{-6}$。

二、元素富集离散特征

元素的富集离散受地层、构造、岩石建造及成矿规律的控制,地质背景影响元素的组合特征及分配规律。区内各元素原始数据的变异系数(CV_1)和背景数据变异系数(CV_2)分别反映两类数据集的离散程度;CV_1/CV_2反映背景拟合处理时离散值的削平程度。通过全区原始数据和背景数据变异系数的计算,利用CV_1和CV_1/CV_2制作变异系数图(图 2-5)来反映元素的富集离散特征。

Au 背景值较低但离散程度非常高,数据变化大,这种特征说明 Au 在局部强烈富集,拉脊山加里东期成矿带系列金矿床点验证了这种元素富集特征,同时 As、Hg 作为金成矿伴生元素也体现出高离散的特征。Ni、Cr 高离散是疏勒南山-拉脊山早古生代缝合带地质背景及与之相关的成矿特征的体现;Cu、Co、Sb、MgO 的较高离散特征是疏勒南山-拉脊山早古生代缝合带镁铁质岩和中基性火山岩地质背景及与之相关的成矿特征的体现;U、W、P 的较高离散特征可能是由本地区多期次中酸性岩浆岩的侵入活动引起。

具铁锈味,透明度稍差。矿化度小于1g/L的淡潜水一般无味,1～1.5g/L时,可以感觉到微咸、咸、苦或麻辣味。

区内潜水水化学方面突出的特征是矿化度小于1g/L的淡水占据着海拔2 800m以上的山地丘陵及河谷平原的绝大部分,在中高山区潜水多为矿化度小于0.2g/L的极淡或超淡水。在贵德盆地红岩分布区,个别点上出露的间歇性泉也有矿化度大于1g/L的微咸水。处于不同地貌单元、不同含水岩层、不同海拔高度的潜水有着不同的水化学特征。

2)承压自流水的化学特征

区内承压自流水主要赋存于盆地前第四纪的碎屑岩层中。由于各盆地的组成物质、结构构造、承压自流水的补给、径流、排泄条件、水温的不同,它们的化学成分在水平和垂直方向上显出各自的受水文地球化学作用支配的特点和水化学分带特征。

贵德盆地承压自流水的主要特征是具有较复杂的水化学类型和较低的矿化度。大多数承压自流水的矿化度在0.2～0.5g/L之间,基本上可以认为是淡自流水区。其水化学成分在垂向上变化幅度不大,相对稳定,而化学类型则很复杂,阴离子中的重碳酸根、硫酸根和氯离子常同时出现,含量彼此都很接近;阳离子含量都比较稳定,以钠离子为主。贵德盆地承压自流水化学成分的形成是具有较充沛的补给源、较高的水头压力和较积极的径流排泄条件的承压水溶滤了新近纪岩层中的可溶盐类、发生一系列水文地球化学作用的结果。

2. 地下水水质评价

基岩山区冻结层水、碳酸盐岩夹碎屑岩裂隙溶洞水及基岩裂隙水的水质,除个别点上受矿化或构造断裂影响的地段外,一般都是矿化度小于0.5g/L的淡水。基岩山区的地下水一般都是适于生活饮用的好水。

中高山区矿化度过低(<0.2g/L)的地下水及河水水质很软,是良好的工业用水,但作为人畜饮用水,需要在水中补充适量的盐分和矿物质,满足人畜生理机能的需要。另外,一些裂隙水中碘含量过低(<0.01mg/L),铁含量略高(>0.3mg/L),达不到或超过饮用水的标准,作为饮用水则需要加碘除铁进行改良。

各盆地内松散岩类孔隙潜水及碎屑岩类裂隙孔隙潜水,凡属矿化度小于1g/L的淡水分布范围内的水,其主要评价项目多未超标,都是适合于饮用的好水。黄土、红岩低山丘陵区某些地段的地下水,同基岩山区有类似情况,即碘含量低于标准,铁离子超过标准,常导致地方病(地方性甲状腺肿大)的发生。

第三节 区域地球化学特征

一、水系沉积物元素丰度

研究区39种元素(或氧化物)的含量按对数正态分布剔除离散值后的平均值作为各元素(或氧化物)在水系沉积物中的丰度值,与青海省丰度值进行对比(表2-1,图2-4)。与全省相比,研究区B、CaO、P等丰度相对较高,Au、As、Sb、Bi、Hg、Zr等丰度相对偏低,其余元素(或氧化物)丰度与全省丰度相当。

表 2-1 测区元素(或氧化物)丰度特征统计表

元素 (或氧化物)	全省($n=73\,778$)	本区($n=5\,616$)	元素 (或氧化物)	全省($n=73\,778$)	本区($n=5\,616$)
Ag	66.1	60.9	Mn	584.0	573.5
Al_2O_3	11.1	10.8	Mo	0.7	0.6
As	12.4	9.4	Na_2O	1.8	1.6
Au	1.4	1.1	Nb	11.8	12.1
B	45.2	47.9	Ni	23.8	22.9
Ba	531.0	484	P	505.0	567.3
Be	2.0	1.9	Pb	20.2	19.9
Bi	0.3	0.2	Sb	0.8	0.6
CaO	3.1	4.9	SiO_2	65.9	62.6
Cd	0.1	0.1	Sn	2.7	2.4
Co	9.9	10.2	Sr	194.0	203.9
Cr	55.4	52.2	Th	10.0	9.4
Cu	19.5	20.7	Ti	3 074.0	3 298.7
F	480.0	499.2	U	2.1	2.1
Fe_2O_3	3.8	3.8	V	65.7	68
Hg	24.7	16	W	1.7	1.5
K_2O	2.4	2.1	Y	21.3	21.3
La	33.3	32.7	Zn	55.5	52.8
Li	30.0	30.7	Zr	203.0	150
MgO	1.7	1.9			

注：含量单位：氧化物为 $\times 10^{-2}$，Au、Ag、Hg 为 $\times 10^{-9}$，其他为 $\times 10^{-6}$。

二、元素富集离散特征

元素的富集离散受地层、构造、岩石建造及成矿规律的控制，地质背景影响元素的组合特征及分配规律。区内各元素原始数据的变异系数(CV_1)和背景数据变异系数(CV_2)分别反映两类数据集的离散程度；CV_1/CV_2 反映背景拟合处理时离散值的削平程度。通过全区原始数据和背景数据变异系数的计算，利用 CV_1 和 CV_1/CV_2 制作变异系数图(图 2-5)来反映元素的富集离散特征。

Au 背景值较低但离散程度非常高，数据变化大，这种特征说明 Au 在局部强烈富集，拉脊山加里东期成矿带系列金矿床点验证了这种元素富集特征，同时 As、Hg 作为金成矿伴生元素也体现出高离散的特征。Ni、Cr 高离散是疏勒南山-拉脊山早古生代缝合带地质背景及与之相关的成矿特征的体现；Cu、Co、Sb、MgO 的较高离散特征是疏勒南山-拉脊山早古生代缝合带镁铁质岩和中基性火山岩地质背景及与之相关的成矿特征的体现；U、W、P 的较高离散特征可能是由本地区多期次中酸性岩浆岩的侵入活动引起。

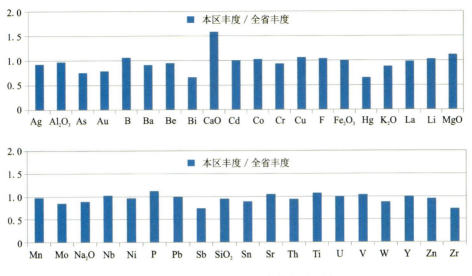

图 2-4 研究区与全省元素丰度对比图

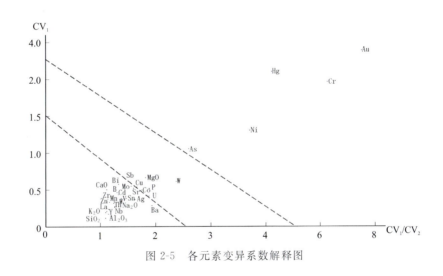

图 2-5 各元素变异系数解释图

三、元素组合特征

元素的组合特征受地质背景、构造环境、成矿规律的影响显示不同的特征,对元素组合特征科学合理地分析和提取对元素地球化学特征的分析起至关重要的指导作用。以全区水系沉积物测量元素分析数据做 R 型聚类分析(图 2-6),相关系数在 0.2 的水平上将其分为 7 个地质意义比较明显的簇群,进而分析元素组合特征。

第 Ⅰ 簇 Ag、Pb、Cd、Mo、F、Zn、Al_2O_3、Nb、Y、Ti、Li、K_2O、P 组合反映了研究区中酸性岩浆活动,其高背景区与中酸性岩浆分布区基本一致。

第 Ⅱ 簇 As、Sb、Au、Co、V、Fe_2O_3、MgO、Cu、Mn、Cr、Ni、Bi、W 组合反映了研究区缝合带、火山沉积、造山运动以及与之相关的成矿活动,其元素富集区基本对应于研究区两条缝合带及火山岩分布区,同时富集区已发现系列与之相关的矿床点。

第 Ⅲ 簇 Ba,Ba 与其他元素相关性较低,其地质意义不明确。

第 Ⅳ 簇 Hg,Hg 是对构造活动反应最为灵敏的元素,其富集区严格对应于本地区主要的区域断裂构造。

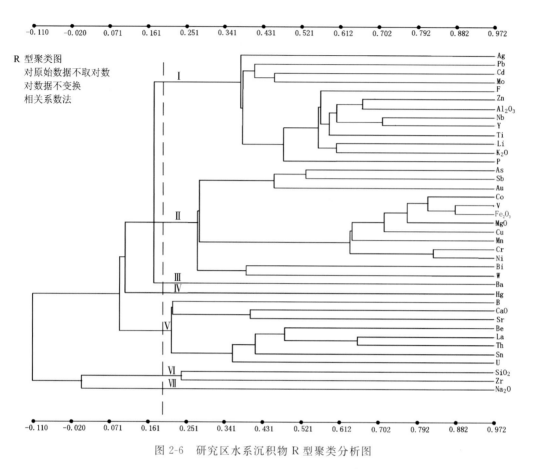

图 2-6　研究区水系沉积物 R 型聚类分析图

第Ⅴ簇为 B、CaO、Sr、Be、La、Th、Sn、U 组合,从元素分布规律判断其是反映咸水滨湖相—咸水湖泊相沉积碎屑岩-膏盐建造的退宿盆地的元素组合,同时也在一定程度上反映了中酸性岩浆活动。

第Ⅵ簇 SiO_2、Zr 组合和第Ⅶ簇 Na_2O 反映区内普遍受到风成物的干扰。

四、地层地球化学特征

以各元素在不同地质体的统计特征来讨论在地质体中元素的分布特征,以不同地质体汇水域内元素相对丰度作为指标,探讨不同地质体中元素地球化学特征。

1. 第四纪地层（Q）

区内第四纪地层分布较为广泛,皆为陆相,具有明显的高原特色,除早更新世沉积大部固结成岩外,其余皆为松散沉积物,成因类型比较复杂。全新世沉积冲积内 Hg、CaO 元素（或氧化物）丰度相对全区丰度较高,风积物内 As、Bi 元素丰度相对全区丰度较高,其余元素丰度基本接近全区丰度。

2. 第三纪地层（E—N）

第三纪地层出露有西宁组（Ex）和贵德群的临夏组（N_1l）、咸水河组（N_2x）。临夏组（N_1l）地层中 Au、Bi 丰度偏高于全区丰度,其他元素丰度与全区丰度接近;咸水河组地层中 As、Au、Bi、Cr、Ni、Sb、W 等元素丰度高于全区丰度,Hg 元素丰度低于全区丰度,其他元素丰度基本上与全区丰度保持一致;西宁组地层中 Mo、Ni、Sr、CaO 等元素（或氧化物）丰度略高于全区丰度,其他元素丰度接近全区丰度。

3. 白垩纪地层(K)

白垩纪地层主要是河口组(K_1h)和民和组(K_2m),岩性以碎屑岩、泥岩为主。河口组和民和组地层中水系沉积物中元素丰度基本接近,As、Au、W、CaO等元素(或氧化物)丰度稍高于全区丰度,其他元素丰度与全区丰度接近。

4. 三叠纪地层(T)

三叠纪地层主要为隆务河组($T_{1-2}l$)、古浪堤组($T_{1-2}g$)和郡子河群,岩性以砂岩、砾岩、粉砂岩等为主。古浪堤组地层中 As、Bi、Sb、W 等元素丰度略高于全区丰度,隆务河组和郡子河群地层水系沉积物中元素丰度与全区丰度基本接近,起伏较小。

5. 二叠纪地层(P)

二叠纪地层主要为巴音河群,岩性以砂岩、碎屑岩、灰岩等为主,水系沉积物中各元素丰度与全区丰度基本相当。

6. 奥陶纪地层(O)

奥陶纪地层主要为一套半深海相中基性火山岩建造地层,该类地层中 As、Au、Cr、Co、Cu、Hg、Ni 等元素丰度明显偏高,其余元素丰度基本接近全区丰度。

7. 寒武纪地层($\in$)

寒武纪地层在区内出露黑茨沟组($\in_2h$)和六道沟组($\in_3l$)。该地层中 As、Au、Cr、Co、Cu、Hg、Mo、Ni 等元素丰度相对全区丰度明显偏高,其余元素丰度与全区丰度基本相当。

8. 蓟县纪地层(Jx)

蓟县纪出露石山群克素尔组(Jxk),岩性以灰白色、灰色—深灰色厚层状白云岩为主,地层中 Ba、Hg、P、CaO、MgO 等元素(或氧化物)丰度略高于全区丰度,其他元素丰度接近全区丰度。

9. 长城纪地层(Ch)

长城纪出露湟中群,为一套浅变质岩系。其青石坡组(Chq)地层中水系沉积物中元素丰度与全区丰度基本接近,磨石沟组(Chm)地层中 Bi、V 元素丰度高于全区丰度,其他元素丰度与全区丰度相当。

10. 古元古代地层(Pt_1)

古元古代地层主要为托赖岩群、湟源群,为一套绿片岩相和角闪岩相的深变质岩系。其水系沉积物中元素丰度与全区丰度基本接近。

11. 中酸性岩浆岩

研究区内中酸性岩浆岩大面积出露,岩性以花岗岩、花岗闪长岩、石英闪长岩等为主,活动期次多、规模较大。酸性花岗质岩类岩石中 Be、La、Nb、Sn、Th、Zr、K_2O、Na_2O 等元素(或氧化物)丰度略高于全区丰度,其他元素丰度与全区丰度基本接近;中性闪长岩类中 Au、Cd、Co、Cr、Cu、Hg、Mn、Ni、V、Fe_2O_3、MgO 等元素(或氧化物)丰度明显高于全区丰度,其他元素丰度接近全区丰度。

第四节 区域土壤特征

一、土壤母质

成土母质是地表岩石经风化作用,就地残积或搬运再积于地表的疏松堆积物。土壤是在其成土母质基础上发育起来的,成土母质对土壤的形成、发育及理化性质特征具有重要的意义。所以成土母质是一个既包含了地学意义又反映了农学特征的特殊地质体。

岩石的沉积环境、结构构造、矿物组成等决定土壤母质特征,进而影响土壤的性质。不同的地理环境同时也影响土壤对岩石及土壤母质地球化学特征的继承性。在山区母岩的结构构造和岩石地球化学组成对成土母质及土壤的影响最大,在母岩—成土母质—土壤间存在深刻的承袭性关系;冲洪积平原为运积母质堆积区,堆积物经过不同程度的搬运,故元素地球化学专属性不明显。基于以上认识,将研究区成土母质划分为六大类10种类型(图2-7)。

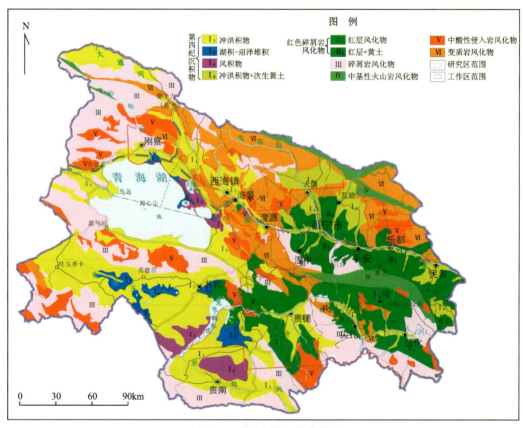

图2-7 研究区土壤母质分类图

(一)第四纪沉积物

第四纪沉积物是指岩石风化后经动力搬运和分选后,在特定部位沉积下来的松散堆积物。研究区第四纪沉积物成因类型主要有残积、坡积、冲积、洪积、风积、湖积、沼泽堆积等。按主导地质作用将研究区第四纪沉积物归并为残坡积、冲洪积、风积、湖积-沼泽堆积、冲洪积＋次生黄土五大类。由于残坡积搬运距离较短，对母岩的承袭性强，故按母岩风化进行讨论；另青海东部地区（日月山以东）风成黄土沉积较厚，黄土作为成土母质的重要组成，对土壤的理化性质具有重要影响，同时黄土与其他地质体在空间上具有重叠性和二元结构，因此将黄土和所重叠的地质体作为一个特殊地质体进行讨论。现将各第四纪沉积物简述如下。

1. 冲洪积物

冲洪积物主要分布在山间沟谷、山前洪积扇、盆地边缘等部位，研究区湟水河流域、黄河流域、共和盆地、青海湖盆地有较大面积分布，面积约 14 600km^2，约占研究区面积的 23.2%。

晚更新世沉积冲洪积物以砂砾石堆积及上部亚砂土层组成现代河床、河漫滩、低级阶地。底部砂砾石呈青灰色，松散，分选差，粒径大小悬殊，一般为 10~20cm。磨圆差，多具棱角状，砾石成分以花岗岩为主，石英岩次之，其间有青灰色细砾薄层，细砾分选性好，一般粒径 0.2~0.5cm，层厚 0.5~0.8m。

全新世沉积冲积物分布于近代河谷，构成各大河流的Ⅰ级、Ⅱ级、Ⅲ级阶地。岩性以砂卵石为主，夹砂砾石透镜体，结构松散，底部含少量黏土。砂砾卵石呈浅灰白色，分选和磨圆较好，粒径 0.5~10cm，砾石成分有灰岩、砂岩、花岗岩、石英岩。厚度变化大，一般盆地中干河流谷地厚 20~70m，丘陵山区河段 3~30m。另外在盆地中干河流Ⅱ级、Ⅲ级阶地表层有 0.3~3m 厚黄褐色粉土质砂黏土。洪积物组成山前洪积扇裙，岩性主要为黄褐色—灰褐色含黏土、砂砾石夹薄层含碎石黏砂，厚 0~30m。

2. 湖积-沼泽堆积

湖积物主要分布在共和盆地，沼泽堆积仅在青海湖北缘小面积分布。面积约 1 240km^2，约占研究区面积的 2.0%。

湖积物一般在湖滨浅水地带以颗粒较粗的砂砾沉积为主，在湖心深水地带以细粒的粉砂、黏土沉积为主，湖积物和其他陆相沉积物比较，一般颗粒较细，颗粒的分选性、砂砾的磨圆度、砾石的扁平度较好。沼泽堆积物以灰色—灰黑色含腐殖质淤泥为主，夹薄层黄褐色—红褐色含碎石黏砂，厚 0~40m。

3. 风积物

风积物分为风成沙和风成黄土。风成沙主要分布在日月山以西的青海湖盆地北缘和共和盆地，风成黄土在日月山以东地区广泛分布。

风成沙是指经风力搬运、堆积的沙粒，粒径在 0.06~1mm 之间，磨圆度高；石英砂颗粒的表面有碟形坑、溶蚀迹和 SiO_2 淀积物；矿物组成以石英为主，少量长石与各种重矿物，很少有不稳定矿物存在。

黄土是指原生黄土，即主要由风力作用形成的均一土体；黄土状沉积是指经过流水改造的次生黄土。风成黄土的粒径在 0.005~0.05mm 之间，黄土的矿物成分有碎屑矿物、黏土矿物及自生矿物 3 类。碎屑矿物主要是石英、长石和云母，占碎屑矿物的 80%，其次有辉石、角闪石、绿帘石、绿泥石、磁铁矿等；此外，黄土中碳酸盐矿物含量较多，主要是方解石。黏土矿物主要是伊利石、蒙脱石、高岭石、针铁矿、含水赤铁矿等。黄土的物理性质表现为疏松、多孔隙，垂直节理发育，极易渗水，且有许多可溶性物质，很容易被流水侵蚀形成沟谷，也易造成沉陷和崩塌。

4. 冲洪积物＋次生黄土

此类成土母质主要分布在湟水河流域两侧的冲积平原、河流阶地及支流冲洪积扇上，由于湟水河两侧山区广泛分布黄土，经地表径流搬运后以次生黄土的形式与其他冲洪积物在特定部位沉积，形成该地区特有的成土母质。由于湟水河流域是青海省主要的农耕区，在此类成土母质上发育的耕作土经长年的耕作，土壤理化性质已发生较大改变，但土壤对母质仍具有很大程度的地球化学承袭性。

(二)红色碎屑岩风化物

红色碎屑岩风化物指咸水滨湖相-咸水湖泊相沉积碎屑岩-膏盐建造的第三纪岩石风化物,面积约 8 895 km²,约占研究区面积的 14.2%。第三纪地层主要为西宁组(Ex)、贵德群临夏组(N_2l)和咸水河组(N_1x)。

西宁组主要分布于拉脊山以北的西宁盆地、民和盆地及其周边山区,西宁组为棕红色泥岩和砂质泥岩与灰绿色、灰白色石膏互层夹砂岩、粉砂岩,近盆地边缘砂砾岩增多。咸水河组和临夏组主要分布在拉脊山以南的贵德、化隆、循化丘陵山区,岩性以砂砾岩、泥岩和石膏为主。

此类岩性脆弱,风化速度快,易侵蚀。风化物多呈红色、棕红色、黄褐色或暗黄色,质地较轻、黏度大、紧实、通透性较差,碳酸钙含量较高。风化物多发育成栗钙土和淡栗钙土。

拉脊山以北的西宁盆地、民和盆地及其周边山区广泛出露西宁组红色岩系,同时该地区也是风成黄土的主要沉降区。受地理地貌、流水侵蚀、重力坍塌等因素影响,黄土厚度具有较大差异性,如夷平面地形较缓,黄土厚度在 1~20 m 之间;陡坡地带黄土厚度较薄,在 0.2~2 m 之间,甚至第三纪地层裸露;沟谷地带黄土和第三纪地层风化物混合堆积。因此,红色碎屑岩石风化物和黄土在分布上具有重叠性和二元结构,在此基础上发育的土壤具有二者地球化学承袭性。故将红色碎屑岩风化物+黄土划分为一类土壤成土母质。

(三)碎屑岩风化物

碎屑岩风化物是指古生代、中生代沉积碎屑岩所形成的各类风化残积物,面积 13 745 km²,约占研究区面积的 21.9%,主要分布于刚察、青海湖南缘、尖扎、化隆一带。

此类风化物以石英、长石、岩屑为主,抗风化能力强,含有较多碎石,质地较轻,土壤疏松,通透性好,土体较浅薄。

(四)中基性火山岩风化物

中基性火山岩风化物是指早古生代半深海相中基性火山岩建造岩石风化物,面积约 1 798 km²,约占研究区面积的 2.9%,主要呈条带状沿达坂山和拉脊山分布。由于中基性火山岩分布区为高海拔地区,岩石风化以物理风化为主,土壤发育缓慢,土体较薄(20~60 cm),土壤中碎石较多,土壤质地黏重,富含盐基,矿物质元素丰富,适于种植药材、牧草等。

(五)侵入岩风化物

侵入岩风化物主要指以中酸性侵入岩为母质形成的风化残积物,面积约 5 330 km²,约占研究区面积的 8.5%,在整个研究区零散分布。母岩主要有花岗闪长岩、二长花岗岩、钾长花岗岩、石英闪长岩等,此类岩石极易风化,风化物呈粒状结构,风化物中石英、长石含量较高,在此基础上发育的土壤土层疏松、通透性好、钾元素含量较高。

(六)变质岩风化物

变质岩风化物是指元古宙变质岩所形成的风化残积物,面积约 8 366 km²,约占研究区面积的 13.3%,主要分布在中祁连陆块的热水—达坂山—甘禅口一带和南祁连陆块湟源—李家峡—尖扎一带,岩性为以高绿片岩相、角闪岩相为主的变质岩,风化物土层较厚、土壤发育良好,质地以壤土为主,矿物组成以石英、钾长石和伊利石为主,土壤矿物质元素含量较高,种植适宜性良好。

二、土壤类型

研究区土壤类型较多，主要的土壤类型有栗钙土、高山草甸土、灰褐土、黑钙土、高山寒漠土、山地草甸土、灰钙土、风沙土等。区域上土壤类型随海拔和植被变化而具有垂直分带性，这在拉脊山地区最为明显：山脊地带为高山草甸土，而后随海拔降低，山脊两侧依次发育山地草甸土、黑钙土、栗钙土，至河谷地带则为灰钙土。

（一）高山寒漠土

1. 分布特征

研究区内高山寒漠土主要分布在祁连山、达坂山、青石山、拉脊山主脊海拔 4 000m 以上的地区。

2. 成土条件及成土过程

高山寒漠土分布部位高，脱离冰川影响最晚，成土年龄最短，地表岩石裸露，溶冻碎石流广布，母岩以砂质板岩、砂岩为主。成土过程以物理风化为主，化学风化和生物作用微弱。植被以高山流石坡稀疏植被为主，在碎石流间隙的细土物质上分散生长草本植物和垫状植物。

3. 基本形态

高山寒漠土发育弱，土层薄，土体厚度 10～30cm，剖面分化不明显，质地较黏的表层可出现溶冻结壳。腐殖质层发育较弱，常见粗有机质碎屑与角砾质岩屑相混，底部常为多年冻土，土被不连续，土体多见 A‑C 或 (A)‑AC‑C 等层构型发生层次。

4. 利用与改良

高山寒漠土分布地区气候环境严酷，土壤风化发育程度低，有效养分含量不足，植被极为稀疏，农牧业利用价值不高，可作为高原特有药材（如雪莲、贝母等）的采挖基地，但由于生态系统极为脆弱，因此要严加控制，避免过度破坏。

（二）高山草甸土

1. 分布特征

高山草甸土分布于祁连山、达坂山中上部、大通河、黑河谷地以及湟水谷地森林生长郁闭线以上的地区。

2. 成土条件及成土过程

高山草甸土是在各种成土因素共同影响下形成的历史自然体，是当前受人类生产活动影响较小的少数自然土壤之一。高山草甸土的成土母质类型较多，在 12 000 年前的晚冰期时代，高山地区主要被山古冰川所占据，随着气候转暖，坚冰融化，土壤才在广泛分布的冰碛物或冰水沉积物上发育，因而成土时间短，母质也以冰碛物及冰水沉积物为主，但在地形及水流影响下，更为年轻的堆积物，如重力堆积物、坡积物、洪积物、冲积物等各自占据特定的地形部位，制约着土壤的发生发展。

3. 基本形态

（1）原始高山草甸土。它是高山草甸土向高山寒漠土过渡的一个土属，常位于高山寒漠土带下或交叉分布，呈条带状或斑块状。土壤形成过程缓慢，发育程度低，但表层粗有机质积累明显，草皮层基本形成或正在发育，但厚度较小，常不足30cm，剖面结构以 As-C(D) 或 AC-C(D) 层构型为主，土体石灰反应取决于母质种类性质而变异很大，有效养分贫乏，肥力低下。

（2）碳酸盐高山草甸土。它主要分布在阳坡、河谷低阶地、宽谷滩等较干旱地段，是高山草甸土中最为干旱的土属，植被优势种为各种蒿草，但以耐干旱的小蒿草较普遍，是青海省主要的天然牧场之一。高山草原草甸土生草过程强烈，地表根系交织的植毡层发育明显，坚实且具有弹性。土体较干旱，淋溶弱，全剖面具有石灰反应，石灰新生体发育，出现部位高。草皮易成片脱落形成"黑土滩"，在强风暴雨侵袭下可发生大面积砂砾化。

（3）高山草甸土。它系高山草甸土的主要土属，土体厚度50～80cm，地形平缓时土体厚，而陡坡地段厚度可小于30cm，一般有草皮层(As)、腐殖层(A1)、过渡层(AB或BC)，最下为母质层或母岩(D)。高山草甸土有机质含量普遍较高，且层次分异明显，全量养分丰富。

（4）高山灌丛草甸土。它与高山草甸土在同一层带，二者常复合分布。高山灌丛草甸土常占据阴坡、偏阴坡地段。高山灌丛草甸土土体厚度40～60cm，受海拔高度和地形坡度制约明显，一般海拔越高，坡度越陡，土层越薄。在高寒灌丛植被下草皮层(As)不发育，代之可出现凋落物层(Ao)或苔藓层，下面为粗腐殖层，富含未分解或半分解的粗有机质，腐殖层深厚，过渡层土色深暗，有时腐殖层直接与母质层相接。剖面结构呈 Ao-A1-(AB)-C(D) 层构型，在高寒灌丛草甸下剖面构型近于高山草甸土。

4. 利用与改良

高山草甸土是青海高山地区的主要草场土壤，热量条件虽较差，但水分条件较好，牧草生长低矮，但繁茂。高山草甸土区的气候条件严酷，热量不足限制了种植业的发展，今后仍以发展草地畜牧业为主。就土壤而言，全量养分丰富，全氮达3.4～6.1g/kg，全磷1.4～2.0g/kg，全钾20～23.7g/kg。保肥能力强，生产潜力大。但因地势高寒，土壤微生物种类少，数量低，活动弱，养分的释放率低，周转慢，在牧草吸收强度较大的生长旺盛期土壤中肥力明显下降，在草地的氮、磷施肥实验中增产明显。

由于人为过度放牧，区域自然变干加重，融冻滑塌加重而导致草场退化，为扭转由此造成的蒿草死亡，草皮剥蚀，土壤砂砾化，"黑土滩"逐年扩大，肥力下降，产量降低，应加强草场管理，合理放牧，在科学利用上下功夫。

（三）高山草原土

1. 分布特征

研究区高山草原土主要分布在海南州西部高山带阳坡及地形开阔处。

2. 成土条件及成土过程

高山草原土成土母质以洪积、冲积物、湖积物、冰水沉积物、残坡积物等为主，质地轻粗，含砾多。成土过程总的特点是都具有腐殖质积累作用和钙积作用。

3. 基本形态

研究区仅分布高山草甸草原土亚类，分布于高山草原土与高山草甸土相接的过渡带，在柴达木盆地东部两侧高山带中上部，上接高山寒漠土或石质土、粗骨土等，是高山草原土中水分条件最优越的一个亚类。植物生长良好，覆盖度较好，表层草根很多可有不连续的松软草皮层，腐殖质层发育，色深。

4. 利用与改良

高山草原土水热条件严酷,缺少种植业的发展条件,牧业仍是主要利用方向。由于质地粗疏,土层浅薄,肥力低,加之地处高寒,气候变化强烈,自然灾害频繁,冬春易遭雪灾,牧业生产亦不稳定。为此,在有条件地区推行季节畜牧业,选育当地优良牧草,建立人工草地及扩大饲草饲料基地,秋季储草,冬季补饲,勘探地下水,扩大草地利用面积,避免过度放牧,是保持区域生态环境、稳定牧业生产的必要措施。

(四)山地草甸土

1. 分布特征

研究区内山地草甸土主要分布在祁连山仙米林场一带、青石山一带以及达坂山两侧,呈带状分布。

2. 成土条件及成土过程

山地草甸土成土母质比较复杂,有残积物、坡积物、洪积物、冲积物、冰碛物,以及黄土、红土等。山地草甸土的成土条件、有机质积累与高山草甸土基本相似。

3. 基本形态

山地草甸土的剖面发育比较完整,呈 As-A-AB-C 层构型,土壤发育不受地下水影响,主要因冻融导致土体内常形成片状结构,但出现层位较高山草甸土深。有机质积累量大,腐殖层深厚,土地内经常可见蚯蚓类动物活动,阴坡灌丛土体潮湿,可见锈纹锈斑,由于成土处于低温、湿润气候条件下,淋溶作用弱,矿物风化不彻底。

4. 利用与改良

山地草甸土天然牧场生长良好,产量高,盖度大,营养丰富,宜作四季草场,但要有计划放牧,切记勿过度放牧。在阳坡的山地草甸土已出现退化,山地草原草甸土的草皮层已剥蚀殆尽,可采用封育、补种优良草籽来恢复植被。在低平谷地,河流两岸的阶地及部分滩地,可择土层厚、小气候好的地方种植饲草,但应采取一定的农业技术措施,增施有机肥料和适量化肥。

(五)灰褐土

1. 分布特征

灰褐土上承高山草甸土、亚高山草甸土,下接黑钙土、栗钙土,它与山地草甸土处在同一高程地带。主要分布在祁连县的黑河、八宝河支流的沟谷岸旁及峡谷地区,门源县大通河东段的河流两岸及峡谷中,阿伊山、达坂山、日月山、青石山的中低山带以及互助县的北山林场等。

2. 成土条件及成土过程

灰褐土是在半干旱、半湿润地区的山地垂直带中的一种森林土壤,所处地形属于河流两岸的山坡或峡谷地区。避风、微润、峡谷的特殊生境条件,是该地的特点。

土壤的成土母质多因山体的不同而复杂多样,主要有黄土和黄土性母质,以及由紫泥岩、红砂岩、火山碎屑岩、花岗岩、闪长石、片麻岩等多种岩石风化的坡积-残积物,也有少数发育在板岩、页岩、石灰岩等的坡积-残积母质上。灰褐土的成土过程是有机质积累,弱黏化,碳酸钙及其他矿物质的半淋溶和淀积过程。

3. 基本形态

(1) 淋溶灰褐土。碳酸钙在土层的中上部淋溶明显，一般不见石灰反应，碳酸钙含量很低，在阴坡处全剖面不见石灰反应。矿质全量中 SiO_2、Fe_2O_3、Al_2O_3、CaO、MgO 等都显弱的淋溶和淀积，其他元素变动不大。土壤结构好，多为粒状和团粒状，土壤肥沃，有机质含量平均 147.3g/kg，高者达 300g/kg，其他养分含量也很丰富，但剖面中多有大小不等的石块和砾石。其土体构型为 Ao - A - AB - C 型。

(2) 碳酸盐灰褐土。碳酸盐灰褐土主要分布在灰褐土地带中的避风向阳的阳坡峡谷地，成土母质以黄土状或红土状物为主，土体比较干燥，有机质、胡敏酸、富里酸含量低于淋溶灰褐土。该类土淋溶很弱，但淋溶淀积现象还有，在土地的上部一般都可见弱或中等的石灰反应，碳酸钙以假菌丝状淀积在中下部，淀积层都以强石灰反应出现。矿质全量中 SiO_2、Fe_2O_3、Al_2O_3 以及其他元素都不显淋溶，而且 SiO_2 不明显地看出表聚现象。土体构型 Ao 层很薄，其下则为赤褐色或暗褐色的有机质层，全剖面富含石块和砾石，有机质层为粒状结构，母质层和淀积层则为块状结构。

4. 利用与改良

灰褐土是林业生产用地，在林间空地草本植物也很茂密，以生产木材等为主，也作为冬春牧场。森林在高原生态环境中占有很重要的地位，它不仅给人类提供丰富的生活资源，还能保持水土，调节气候，涵养水源。因此保护森林资源、做好生态管护是该地区的首要任务。

(六) 黑钙土

1. 分布特征

黑钙土在研究区内大面积分布，主要分布在山前冲积、洪积平原、台地、缓坡、滩地及脑山、半脑山地区，上承山地草甸土，下接栗钙土，海拔 2 500～3 300m。

2. 成土条件及成土过程

黑钙土成土母质多为黄土、红土、残坡积物以及冲洪积物。成土过程为腐殖质积累与钙化过程。

3. 基本形态

土体腐殖层较厚、松软，一般为 50～100cm，呈黑褐色或灰棕色。土体中、下部多具有明显或不太明显的石灰反应，见有假菌丝状、斑点状石灰新生体。腐殖层之下常见到舌状过渡层。作为本地区主要的土壤类型，现将各主要土壤亚类特征分述如下。

(1) 淋溶黑钙土。主要分布于工作区脑山地区，土体通层无石灰反应，腐殖质层厚度多在 50cm 以上，有的厚达 100cm。此亚类下划 3 个土属。

山地淋溶黑钙土：多位于脑山地区，黑钙土上部，海拔 3 300m 以下中山阴坡，具有深厚黑色腐殖质层，厚达 40～80cm，最厚可达 150cm，质地黏重，淋溶明显，磷的释放度低，土壤湿，含水量可达 25% 以上。

滩地淋溶黑钙土：基本处在海拔较高的滩地阴山的山前小片滩地，土壤湿度大，土温低，土体 0～10cm 为灰色沙壤土，粒状结构，植物根系极多，10cm 以下为褐色中壤土，粒状结构。土壤厚度在 80～100cm 之间，通体无石灰反应，成土母质为冲洪积物。

耕地黑钙土：主要分布于门源盆地大通河两岸阶地，土壤母质为冲积物，透水性好，淋溶性强，土层厚 30～60cm，其代换量与有机质和质地正相关，心土层高于表土层，其门源典型剖面如下。

0～20cm：灰褐色，重壤土，团块状结构，较紧，有棕红色的灰渣，弱石灰反应。

20～60cm：灰色，轻黏土，块状结构，土体紧，无石灰反应。

60cm以下:灰色,重壤土,块状结构,土体紧,无石灰反应。

(2)黑钙土。土体中有一定的淋溶淀积,剖面上部无或弱石灰反应,中性,中部出现钙积层,厚25～45cm。此亚类下划3个土属。

山地黑钙土:位于山地阳坡和坡度较陡的地方,居于淋溶黑钙土下限,表层即有石灰反应,中下部具有明显钙积层。

滩地黑钙土:表层有草皮,草皮层挤压紧实,富有弹性。土体厚度60cm左右,有机质厚度50cm左右,水热条件好,自然植被生长繁茂,是优质草场。

耕种黑钙土:土层厚度100cm以下,耕性良好,适合种小麦、青稞等。由于多年耕种,肥力消耗下降,表层有机质含量降至25.4g/kg,比自然土壤66.7g/kg减少41.3g/kg。湟中县大源乡甘河沿村典型剖面显示如下。

0～26cm:浊黄褐色,重土壤,松散,植根多,弱石灰反应。

26～50cm:黄褐色,中土壤,块状结构,较紧,根系中等,弱石灰反应。

50～74cm:明褐色,中土壤,块状,紧,根系中等,见有假菌丝体,强石灰反应。

74～117cm:明黄褐色,中土壤,块状,紧,见有假菌丝体,强石灰反应。

117～150cm:明黄褐色,中土壤,块状,紧,根系极少,仍见有假菌丝体,强石灰反应。

150cm以下:明黄褐色,黄土母质。

(3)碳酸盐黑钙土。此亚类是黑钙土向栗钙土过渡的类型。土体偏干,淋溶弱,自地表起极具石灰反应,20cm或50cm以下出现钙积层,土体厚度30～100cm,此亚类下划3个土属。

山体碳酸盐黑钙土:土壤母质多为黄土,淋溶程度较弱,自表土层起通体石灰反应,土壤多呈黄褐色。据资料反映,工作区无此土属分布。

滩地碳酸盐黑钙土:此土属主要分布在工作区浩门农场以西的皇城一带的大通河两岸阶地或滩地。母质多为洪积物,土地偏干,有机质含量减少,土层变薄,厚度在30～80cm之间,土体通体石灰反应。植被以蒿草、针茅、披碱草等中旱植物为主。

耕种碳酸盐黑钙土:此土属主要分布于浩门农场的冰水冲积倾斜平原,是门源主要的耕种土壤。上接耕种淋溶土壤,下部过渡到暗栗钙土。土温较高,土壤水分适中,耕垦后土壤通气性良好,耕层有机质矿化较快,加上耕种时间长,土色变浅,表层有机质含量明显下降,土心层一般高于表土层,土体上松下紧,全剖面呈强石灰反应。

4. 利用与改良

有利于草甸草原植物生长,产草量高,天然牧草营养成分高,是优良的畜牧草场,应合理利用,避免过度放牧引起草场退化。若土壤已有沙化和风蚀退化,应及时补种优良草籽,并注意土壤水土保持。耕种黑钙土因常年耕种,有机质和全氮含量消耗大,必须科学增施有机肥及氮磷化肥,开展水利建设,适时适量灌溉,提高粮食产量。

(七)栗钙土

1. 分布特征

栗钙土分布于大通盆地的侵蚀低山丘陵、北川河、西纳川河流阶地及冲洪积滩地上,青海湖东北部海晏、刚察地区,沙珠玉河东北部地区,民和西南部等地。

2. 成土条件及成土过程

栗钙土土壤母质多样,但主要是第四纪黄土和第三纪红土物质、各种岩石风化物、冲洪积物和风沙淀积物质。栗钙土由于半干旱气候的影响,土壤淋溶较弱,成土过程是在中性及弱碱性环境条件下通过以腐殖质的累积、分解和钙化为主的过程。

3. 基本形态

土壤有机质含量较腐土纲的黑钙土类低得多,腐殖质层水稳定性团粒也较其为少,团粒结构也差,淋溶作用弱,土壤钙化作用强,土体均有石灰反应,碳酸钙的淀积层位与含量也较黑钙土类高。根据其发育程度和有机质含量划分为暗栗钙土、栗钙土、淡栗钙土、草甸栗钙土和盐化栗钙土,现将研究区内主要亚类土壤特征分述如下。

(1) 暗栗钙土。暗栗钙土主要分布于互助县、海晏县、湟中县的半浅、半脑山区和海拔较高的阶地、滩地,常与黑钙土、山地草甸土构成复区。该土在栗钙土中海拔最高、温度偏低、湿度偏大,土壤淋溶弱,土体均有石灰反应,石灰淀积层在土体60cm以下,具有少量假菌丝,钙化作用弱,碳酸钙含量较低。腐殖质积累强度较其他亚类高,腐殖质厚度在60cm左右,呈波状分布。剖面形态呈 Ah-AhB-Ck 型,表层腐殖层(Ah)呈团粒状结构,松散,根系较多,多为中壤土。其下为腐殖质过渡层(AhB),呈碎块状,紧,厚度在40~60cm之间,有碳酸钙淀积层。最下为母质层(Ck),多为黄土物质,紧实,块状。此亚类土壤又下划黄土性暗栗钙土、砂性暗栗钙土和耕种栗钙土3个土属。

(2) 栗钙土。栗钙土主要分布于大通盆地的低山阳坡、半阳坡、河流阶地、冲洪积扇;青海湖滨滩地以及海东地区湟水流域的浅山地区。此亚类土壤与暗栗钙土亚类相比,腐殖质积累较弱,有机质层相对较薄,钙积层出现部位一般在30~50cm处。剖面形态是 Ah-Bk-Ck 型,表层为腐殖层(Ah),一般呈灰褐色或黄褐色,单粒或小团粒结构,厚度25~30cm,紧,根系较多,质地为中壤。其下为淀积层(Bk),一般呈黄褐色或浊黄色,块状结构,根系少,紧实,中壤或重壤,土层厚40~80cm,该层碳酸钙含量明显增加。最下为母质层(Ck),多为黄土或第三纪红土。

(3) 淡栗钙土。淡栗钙土主要分布于湟水河域,沙珠玉河流域的低山丘陵的中、下部和浅山阳坡地带。土地干燥,淋溶极弱,钙化作用强,通体具有强石灰反应。剖面形态是 Ahk-Bk-Ck 型,表层为腐殖层和过渡层(Ahk),一般为褐色或黄褐色,粉状或单粒结构,根系少,紧实,层厚20~30cm。淀积层(Bk)呈明赤褐色或淡黄色,根系少,紧实,中壤或重壤,层厚40cm左右,有机质含量低,碳酸钙多为粉末或眼状石灰斑。母质层(Ck)多为黄土或第三纪红土。

4. 利用与改良

栗钙土是青海省内主要的耕种土类,如何合理利用和培肥改良是发展农牧业的关键,总体来说应加强水土保持,重视水利建设,合理灌溉,增施有机肥,在干旱欠收的浅山地区建议退耕还林、退耕还牧,或种植特色经济农产品。

(八) 灰钙土

1. 分布特征

灰钙土主要分布在西宁市郊,海东地区的山前阶地,谷地及低山丘陵区。

2. 成土条件及成土过程

灰钙土的成土母质以黄土或黄土状物质为主,也有洪积-冲积物,在风蚀和水土流失严重的黄河、湟水沿岸低山丘陵,形成大片峭壁和陡坡秃岭,黄土层很薄,有的红土裸露。灰钙土的地表常覆盖有较薄的风积沙或小沙包,没有覆沙地段见有细裂缝与薄假结皮,并着生一些地衣与藓类的低等植物。

3. 基本形态

根据灰钙土发育特点划分灰钙土和淡灰钙土两个亚类。

(1)灰钙土。灰钙土亚类是灰钙土的代表土壤,分布在该土带类的上沿,或与淡栗钙土亚类穿插形成复区。该亚类一般分布在海拔2 000～2 400m沿黄河、湟水系低山丘陵区,呈狭长带状,在土类中相对年气温稍偏低,年降水量稍高。依据农牧业生产利用状况和发育熟化程度划分灰钙土和耕灌灰钙土两个土属。

灰钙土:灰钙土土属一般分布于丘陵,河谷两侧低山沟谷的陡坡或尚未开垦引水灌溉的山前坡地,剖面中下部养分含量下降快,由于有机质分解强烈,速效养分含量相对较高,因剖面中部钙化作用,碳酸钙含量最高。以平安县三合乡东村海拔2 350m的16号剖面为例:

0～23cm:浊黄色,轻壤土,粒状结构,较松,根系多,有粉末状石灰新生体,强石灰反应。

23～71cm:淡赤橙色,中壤土,粒块状结构,紧,根系中等,有粉末状石灰新生体和石膏结核,强石灰反应。

71～121cm:明黄褐色,轻壤土,团块状结构,较紧,根系少,有石膏结核,强石灰反应。

121～150cm:明黄褐色,中壤土,块状结构,较松,无根系,强石灰反应。

耕灌灰钙土:耕灌灰钙土土属是经人为开垦、引水灌溉形成的耕种土壤,主要分布在西宁市、海东地区和贵德、尖扎县等地区。耕灌灰钙土是灌淤土的过渡类型,在长期的灌淤、施肥、耕种的作用下,形成了稳定的灌淤层,厚度小于30cm。埋藏的老耕层,有机质含量仍较高,碳酸钙含量也略高一些,有淀积现象,但钙化层不明显。

(2)淡灰钙土。淡灰钙土主要分布在海东、西宁和尖扎县的湟水水系低山丘陵,海拔2 000m以下,黄河主干流域海拔2 200m以下的山前阶地或沿河陡峭低山。淡灰钙土亚类划分淡灰钙土和耕灌灰钙土两个土属。

耕灌淡灰钙土:耕灌淡灰钙土是淡灰钙土经人为灌溉、施肥、耕作形成的耕灌土壤,主要分布于海东地区淡灰钙土带中的河谷Ⅲ级阶地、沿沟缓坡地和零星冲积、洪积滩地。此土属的剖面性态以平安县三合乡海拔2 230m的8号剖面为例说明。

0～20cm:灰褐色,轻壤土,粒状结构,松,根系多,强石灰反应。

20～60cm:黄褐色,中壤土,块状结构,紧实,根系多,强石灰反应。

60～150cm:黄褐色,轻壤土,较紧,根系极少,强石灰反应。

4.利用与改良

灰钙土地区因气候干旱,气温高,少量开垦种植的旱地产量极低而十年九不收,故有"闯天田"之称,近几年有许多已经弃耕。引、提灌溉的耕灌土壤主要种植小麦,单产3 000～4 500kg/hm^2。其余大部分灰钙土中,处在低洼、缓坡和阴坡的多用于放牧草场,陡峭和秃岭地片经雨水冲刷,水土流失严重,基本没有植被,目前暂未利用。该地区是青海省热量条件最优的,日照充足,昼夜温差大,适于种植和发展多种作物、蔬菜和果树。依据灰钙土的性态特征,在改良利用上应采取:种草种树,保持水土;大力发展灌溉,开发利用灰钙土;培肥土壤。

(九)风沙土

1.分布特征

研究区内风沙土主要分布在海南藏族自治州共和县的沙珠玉、三塔拉、湖东地区,海北藏族自治州的刚察、海晏两县青海湖沿岸。

2.成土条件及成土过程

风沙土是在风沙地区风成沙性母质上发育而成的幼龄土壤,它处于地带性土壤内。成土过程是在风蚀、沉沙、沙压、沙埋及生长固沙植物、积累养分等过程中矛盾统一形成的幼龄土壤。

3. 基本形态

研究区仅分布草原风沙土亚类,根据风沙土发育阶段和植物生长情况、固沙能力进一步分为固定草原风沙土、半固定草原风沙土和流动草原风沙土3个土属。

(1)固定草原风沙土。主要分布在青海湖北岸和东岸,贵南的木格滩,共和县的沙珠玉、三塔拉等地,土植被覆盖率较高,地表很少见到流沙移动。

(2)半固定草原风沙土。主要见于青海湖北岸和东岸,贵南县的木格滩,共和县的西部等地。半固定草原风沙土是在风蚀、积沙和生物固定流沙中进行的成土过程,半固定草原风沙土风蚀仍很严重,风蚀地貌景观明显。

(3)流动草原风沙土。主要见于青海湖北岸和东岸,属刚察、海晏、共和等县范围,贵南的木格滩、共和的三塔拉、沙珠玉,以及果洛藏族自治州的玛多、玛沁等县。流动风沙草原土处在干旱、少雨、多风的草原地带,大风和沙暴流沙是该地的特点,也是流动草原风沙土主要的成土原因,风吹就流动,地表多堆积成波浪式的沙丘,形状如新月形或成起伏不平的沙梁,沙丘和沙梁很不稳定,经常随风移动。

4. 利用与改良

青海省的风沙土面积仍在不断扩大,但目前农、林、牧业都很少利用,也很难利用。共和县的沙珠玉乡是治沙造林、造田的典范。在风沙土地区平沙种树、种粮,林渠田配套。农田林网化,渠系配套,林灌草综合治理,使荒沙地变良田,取得了很好的效果。保护沙区的植被,封沙育草,草、灌、林综合治理,增加绿色面积,造福人类,对沙区附近的草地和林地应加倍保护,严禁过牧和乱砍乱伐。

(十)棕钙土

1. 分布特征

棕钙土主要分布在海南藏族自治州共和县、兴海县的西部地区的山间盆地、洪积扇、河流两岸阶地和茶卡盆地。

2. 成土条件及成土过程

棕钙土具有明显荒漠土壤特征,主要成土过程是弱腐殖质积累过程和强钙积化过程,其剖面由腐殖质层、钙积层和母质层组成,并伴有一定盐分聚积过程,地表常具砾质化、沙化和荒漠假结皮,剖面构型为 A - B - BC - C。

3. 基本形态

成土母质为黄土状沉积物,土层厚度50～100cm,质地均一,轻壤或中壤较多,层次分异较明显。

4. 利用与改良

棕钙土耕地存在的主要问题有在靠近河边滩地或洪积扇上部土层浅薄,质地粗,砾石含量高,土壤蓄水保肥能力差,同时易受自然条件危害,加之土地沙瘦,渗漏严重或水利设施不配套,导致作物产量较低。针对以上问题,建议今后采取如下措施:加固和扩建防洪堤坝,完善已有的防护林,改造河滩地,尽快增厚土层,提高土壤自身的缓冲性能,合理施用肥料;建立配套的水利设施,排水抑盐,同时应大搞秸秆还田或扩大绿肥种植面积,改善土壤结构,确保高产稳产。

（十一）灌淤土

1. 分布特征

灌淤土是在灌溉条件下经过灌淤、耕作、培肥而形成的高度熟化的耕作土壤，主要分布在青海省东部农业区的海东地区、西宁市郊和黄南尖扎、同仁县的老川水地区，以及海南藏族自治州贵德县等地。

2. 成土条件及成土过程

灌淤土多发育在灰钙土和淡栗钙土地带，气候干旱燥热，降雨量少，只有靠灌溉才能发展种植业。主要特征是有一定厚度的灌淤熟化土层，灌淤层具有均匀性特点，物理性质和化学性质缓慢变化，土层颜色较为均一，呈褐色或淡栗色，土壤结构状况和颗粒组成相一致，多碎块或团块状结构。

3. 基本形态

灌淤土根据受地下水影响的附加成土过程，划分灌淤土和潮灌淤土两个亚类。

（1）灌淤土。灌淤土亚类具有灌淤土类的典型特征，不受地下水影响，全剖面无锈纹锈斑。多位于河流两侧Ⅱ级阶地和高缓坡的阶地，在洪积、冲积扇中下部及沟谷低阶地中亦有零星小片分布，一般采取自流引灌，地面比降坡度大，水源流速较快，排水良好，停灌后，耕地灌淤积水迅速下渗。土壤熟化程度高，结构良好，肥力水平高。

（2）潮灌淤土。潮灌淤土主要分布在东部农业区各县川水地区，多位于河流Ⅰ级阶地、冲积扇缘或沟河交汇三角洲。地势平坦，较低洼，排水不畅，地下水位高，土性潮湿，地温低。潮灌淤土是在地下水位高、长期耕灌种植条件下形成的土壤，故潮灌淤土剖面下部出现锈纹锈斑。潮灌淤土分薄层潮灌淤土和厚层潮灌淤土两个土属。

4. 利用与改良

灌淤土是引黄、湟灌区川水地区的中、高产土壤，主要种植小麦。物理性好，具有良好的土体构型，犁底层不甚明显，有利于作物根系生长发育，因黏粒受淋溶作用在心土层淀积聚积，有一定托水保肥之功能。壤土质地，通透性强，土块较松软发暄，宜耕性好，水、气、热协调，灌淤层深厚，养分总储量多，耕层速效养分含量高，土壤具有创造高额丰产的条件，但部分地区的灌淤土重用轻养，施用农家肥少，用增加化肥来争夺高产，部分水利工程设施不配套，水管工作又较混乱，导致保浇面积和灌水次数逐年减少。改良利用主要措施：深翻改土，提高土壤肥力；扬长避短，因土种植；充分发挥气候、土壤优势，提高复种指数；推广综合性培肥措施，改造中、低产田；加强水利设施的维护管理，做好工程配套。

（十二）沼泽土

1. 分布特征

沼泽土仅在青海湖北部和共和盆地哇玉香卡地区小面积分布。

2. 成土条件及成土过程

在自然条件下，整个土体或其下部某些层段常年或季节性地处于渍水条件下而呈还原状态，渍水或被水饱和是引起土体内还原作用的重要条件。沼泽土的成土过程，主要是腐殖物质的积累过程及潜育化过程。

3. 基本形态

研究区分布草甸沼泽土、泥炭沼泽土和盐化沼泽土3个亚类。

(1)草甸沼泽土。草甸沼泽土地表不积水或仅临时性积水,地表没有明显的泥炭聚积,而常有草皮层,向下为腐殖质层和潜育层,在潜育层上部或腐殖质层下部的结构面、根孔、裂隙常有大量锈色斑块,但一般无结核。

(2)泥炭沼泽土。母质多样,以洪积-冲积物、冰水沉积物、坡积-残积物等最广。植物生长繁茂,覆盖度大,以藏嵩草、小嵩草、薹草为主,马先蒿等杂类草亦不罕见。

(3)盐化沼泽土。盐化沼泽土的成土过程中,除潜育作用外,常伴随有盐积过程,在青海干旱地区的沼泽土具有积盐现象,盐分来源于土体或地下水,在旺盛的地表蒸发中,盐分随上升水流在表土积聚,地表有灰白色盐霜,含盐量差异较大。

4. 利用与改良

沼泽土类土壤有机质丰富,水分充足,牧草繁茂,是农牧业发展良好的土壤资源。但利用时在放牧管理上应注意牲畜种类,一般以放牧牦牛为主,不适羊、马利用,且要注意有关疾病的防治。

(十三)潮土

1. 分布特征

潮土分布范围集中在海东、西宁两地(市)的黄河、湟水河谷及隆务河流域的河漫滩地,是青海省自然条件较优越的土壤。

2. 成土条件及成土过程

潮土形成受地下水、母质和人为耕种活动影响,成土过程包括潮化过程与旱耕熟化过程两个方面,首先是潮化过程,这是潮土形成的主要特点。潮土的成土母质主要为河流洪积-冲积物,少部分为次生黄土和红土。潮土是在河流沉积物上直接耕种熟化而成的,农业生产活动的影响增加了土壤有机物的积累,耕地破坏了砂黏相间的表土沉积层,改善了土体结构并增加了养分。

3. 基本形态

成土母质为河流冲积物,由于第三纪红土和岩石的顶托秃露,含盐的地下水排泄不畅,滞留在土壤表层和中层,地表通常有白色盐霜,呈斑块状分布,春季盐霜尤为明显。盐化潮土除具有潮土特征外,还具有盐化过程,多属轻度和中度盐渍化土壤。盐化潮土主要影响作物的幼苗生长,若注意耕作管理和增施有机肥,则轻度、中度盐化潮土对一般作物没有太大影响;在重度盐化土壤中,烂种严重,作物难以正常生长。

4. 利用与改良

潮土大部分地势平坦,土层较厚,灌溉方便,地下水位高,不易受旱,因此是青海省较好的耕种土壤。但潮土也分别存在地下水位过高、质地轻、含砂量大、土壤有机质含量偏低、土壤受次生盐渍化威胁等不利因素。

为进一步培肥土壤,改良其不良性状,提高潮土生产能力,合理利用开发土壤资源,其改良利用措施有以下几个方面:降低地下水位,防止土壤水渍和次生盐渍化;增厚土层,改良土性;合理耕作,培肥土壤,提高潮土的单位面积产量;合理利用潮土资源,发展农业生产,开展多种经营。

第五节 土地利用现状

根据《青海省遥感土地利用现状图(1∶1 000 000)》,研究区土地利用类型多样,青海省全部29种土地利用类型中除盐田、苇地、冰川及永久积雪、其他园地 4 种土地利用类型外，其余 25 种均有分布，各土地利用类型具体分布如下。

1. 耕地

耕地类型包括水浇地、含砾和菜地 3 种土地利用类型，其具体分布如下。

水浇地：区内水浇地主要分布在水、热条件较好的湟水，黄河及其支流狭长的河流谷地，耕作历史悠久，是区内为数不多的粮食高产区。在青海湖北部的哈尔盖河和沙柳河河口下游有小面积水浇地分布。

旱地：主要分布于研究区东部湟水、黄河两侧中低山丘陵区，呈较大面积的连片分布，在西南过马营地区也有小面积旱地分布。

菜地：仅在西宁市市区东南部有小面积分布。

2. 林地

林地包括果园、有林地、灌林地、疏林地、未成林造林地及苗圃 6 种利用类型，各类林地分布如下。

果园仅在贵德县城西部及官亭东南的黄河边有小面积分布。

有林地在研究区东部的丘陵山区有较大面积分布，以乐都北山、拉脊山及黄河南山地区分布面积最大；灌林地、疏林地、未成林造林地及苗圃主要在中低山丘陵区零星分布。

3. 草地

草地包括天然草地、改良草地、人工草地及荒草地 4 种利用类型，各类型草地具体分布如下。

天然草地在全区分布面积最广，从西北部青海湖边湖积平原及其北部的低山、丘陵区到中部的拉脊山地区和南部黄河南山地区及西львом黄河两侧丘陵地区连片大面积分布。

改良草地主要分布于青海湖周边的甘子河、西海及海晏一带，在倒淌河及过马营周边也有零星分布。

人工草地主要在刚察县南部的湖积平原及过马营周边有零星分布。

荒草地主要分布于研究区东部湟水及黄河两岸丘陵区，这类地区红层发育，植被稀疏。

4. 城镇及特殊用地

该类用地主要包括城镇用地、独立工矿用地及特殊用地。

城镇用地主要包括研究区内各市县城市建设用地，其中以西宁市市区面积最大，其余包括大通、湟中、湟源、互助、平安、乐都、民和、化隆、循化、尖扎、贵德、海晏、西海、刚察等州县城市建设用地。

独立工矿用地在研究区内仅在乐都高庙南部有小面积分布。

特殊用地在西宁市市区东部及青海湖湖边沙岛有小面积分布。

5. 水面及滩涂

该类用地包括湖泊水面、水库水面及滩涂用地。区内湖泊水面主要为青海湖、尕海，水库水面主要为龙羊峡水库和李家峡水库，公伯峡水库及积石峡水库由于水道狭长，水面面积相对较小，未进行统计。滩涂主要在青海湖东部边缘、湟中县西南、拉西瓦北部及贵德县东沟地区沿沟系有小面积零星分布。

6. 其他土地

其他土地利用类型包括盐碱地、沼泽地、沙地、裸土地、裸岩及石砾地共 6 种。

盐碱地和沼泽地研究区内仅在青海湖周边有零星分布；沙地在青海湖东部及过马营西南有较大面积分布；裸土地主要分布于湟水及黄河两岸红层覆盖区；裸岩及石砾地主要零星分布于研究区北部达坂山及中部拉脊山局部地区。

第三章　工作方法

第一节　多目标区域地球化学调查

多目标区域地球化学调查包括土壤、近岸海域沉积物、湖泊沉积物和水地球化学样品等多个方面的野外工作方法，由于青海省目前仅涉及到土壤地球化学样品的采集，故在此仅讨论多目标土壤调查的工作方法。

一、全国多目标土壤调查方法技术

中国地质调查局于1999—2001年在广东、湖北、四川等省开展多目标区域地球化学调查试点工作，从2002年起，全国多目标区域地球化学调查工作正式启动。至2015年，全国共完成多目标区域地球化学调查工作200万km^2，覆盖了我国东、中部平原盆地，湖泊湿地，近海滩涂，丘陵草原及黄土高原等主要农耕区。其野外工作方法也在不断完善，部分技术要点发生了变化。

(一) 前期技术要点

多目标区域地球化学调查工作最初重点放在东、中部农业区，野外工作方法技术标准也以农业区景观条件为主，但对西部也做了一定的要求，具体反映在《多目标区域地球化学调查规范(1∶250 000)》(DD 2005-01)中，方法技术要点如下。

(1) 多目标区域地球化学调查属于基础性地质调查工作范畴，调查区域主要包括第四系发育的平原、盆地、滩涂、近岸海域、湖泊、湿地、草原、黄土高原及丘陵山地等地区。

(2) 表层土壤样品采样密度为1个点/km^2。城区及周边地区，可加密到平均1~2个点/km^2，滩涂(含潮间带)一般采样密度为1个点/$4km^2$；西部景观单一，以草原为主地区采样密度可放稀为1个点/$4km^2$。深层土壤样采样密度为1个/$4km^2$，滩涂(含潮间带)采样密度为1个/$16km^2$，低山丘陵土层覆盖较薄地区，可以适当放稀，但应保证采样大格(4km×4km)有样点分布。

(3) 表层土壤样品的采样深度为0~20cm；深层土壤采样深度应达到150cm以下。

(4) 表层土壤样采样方法：①采样应以采集代表性样品为主要原则，采样位置的选择要合理。②在农业区采样点应布置在农田、菜地、林(果)地、草地及山地丘陵土层较厚地带等。应避开明显点状污染地段、垃圾堆及新近堆积土、田埂等，采样点应离开主干公路、铁路100m以外。采样避开施肥期。③在城镇区采样前注意调查和访问，确定拟采集土壤的来源及土地使用情况。老城区采样位置可以选择在公园、林地以及其他空旷地带等堆积历史较长的土壤。在新城区(或开发区)选择在尚未开发利用的农用地中采样。采样尽量避开外来土。④为提高每个采样点上样品的代表性，应在采样小格中沿路线3~

5 处多点采集组合;或在格子中间部位采样,要求在采样点周围 100m 范围内 3～5 处多点采集组合。

(5)深层土壤样采样方法:①在农业区,采样点布置在农田、菜地、林(果)地、草地及其他没有明显污染的空旷地带。②在城镇区,采样要避开近期搬运的堆积土和垃圾土;采样位置可以布置在人工揭剖面露剖面上,采样时应去除剖面表土。③样品采集使用专门的采样工具。④样品应连续采自地表 150cm 以下土柱,但不应采集到基岩风化层。

(二)后期技术要点

多目标区域地球化学调查工作推进至西部地区之后,在实际工作过程中,碰到许多采样的细节问题,比较突出的是采样代表性和均匀性的矛盾、土壤厚度较薄等问题。由于规范中采样方法技术要求较粗,不同省份在采样时有不同的理解,造成了一定争议。

1. 专项要求

中国地质调查局针对西部工作情况,于 2007 年下发了《关于我国低山丘陵与黄土高原地区多目标区域地球化学调查采样技术有关要求的通知》,提出西部地区景观条件复杂,样品采集工作应以代表性为主要原则,采样布局兼顾均匀性与合理性,最大限度控制测量面积。在规范要求的基础之上,做出如下要求。

(1)表层样品采集以测区内广泛分布的土壤为主。低山丘陵区土壤物质变化较大,黄土高原区沟壑分布,应沿路线多点采样组合,尽量采集到区内的主要土壤类型。采样点布设时应充分收集和利用工作区土壤分布类型与土地利用类型资料。

(2)土壤采样部位应选择在具有代表性的地区。低山丘陵如平缓坡地、山间平坝、灰岩低洼地等,黄土沟壑区如土壤易于汇集的沟谷部位等,当存在多个水系或沟谷,应分别采样组合,采样点位一般定在主要沟系或接近中间部位的采样点上。

(3)采样介质为测区各类成熟土壤。低山丘陵与黄土高原区应以各类发育土壤为主,兼顾分布面积较大的林地、旱地、水田或水浇地等,主要采集表层耕作层或植被层土壤。

(4)深部样品应使采样深度达到 1.5m 以下。低山丘陵区一般选择在土壤覆盖厚度较厚的沟谷地带,以保证样品的原生性,但不宜采集基岩面残坡积物,以保证样品的代表性。

2. 最新规范要求

2014 年,国土资源部发布了此项工作的最新规范《多目标区域地球化学调查规范(1∶250 000)》(DZ/T 0258—2014),其方法技术要点如下。

1)表层土壤样

表层土壤样采集应以代表性为主要原则,采样点布局兼顾均匀性与合理性,最大限度控制调查面积。采样物质为采样单元内主要类型土壤。山地丘陵、黄土高原等土地利用方式较多时,采样单元内应主要采集分布面积较大的农田、林地或未利用地等土壤样品。高寒山区、干旱荒漠成壤作用较弱,样品采集尽量选择在植被较发育的绿洲、林带及水源地等,采集成熟土壤。

2)深层土壤样

深层土壤样采样点应均匀分布。平原、盆地及草原等平缓地区采样点一般布置在格子中间部位,丘陵山区布置在土壤易于汇集的平缓坡地、山间平坝等部位,黄土沟壑区布置在沟谷部位,岩溶区布置在低洼地带等。

深层样的采样深度应避开表层污染,并做到各地区一致。平原盆地、黄土高原及近海滩涂采样深度应达到 150cm 以下。东、中部山地丘陵区采样深度应达到 120cm 以下,当土壤厚度难以到达时,应依据土壤平均厚度确定采样深度。西部及边缘森林沼泽、高寒山区、干旱荒漠、岩溶景观区等地区,采样深度应达到 100cm 以下,具体采样深度应依据土壤平均厚度确定。在规定采样深度地区内,当出现局部采样网格经多处采样仍达不到采样深度时,可根据土壤实际深度采样,并做出标记,记录采样情况。

深层土壤样品应自规定起始深度以下连续采 10～50cm 长的土柱,应避免采集基岩风化层。若符合要求的土层太薄或达不到规定深度时,应一点多坑采样组合,土壤样品原始质量应大于 1 000g。

二、青海多目标土壤调查方法概述

(一)前期工作方法

青海省于 2004 年由青海省国土资源厅安排了省地勘基金项目"青海互助、平安、湟中、大通和西宁市环境地球化学调查",该项目是在东部开展多目标区域地球化学调查工作的背景下,省内设置的试点项目。其工作方法全面参考多目标区域地球化学调查工作的主要技术要求,要点如下。

(1)表层土壤样品采样密度为 1 个点/km^2,深层土壤样采样密度为 1 个/$4km^2$。样点布局强调采样点控制调查面积的均匀性,样点尽量布置在格子中间部位。

(2)采样深度:表层土壤样品的采样深度为 0～20cm,深层土壤样品多采自 120～150cm 之间,最深 180cm,最浅 50cm。

2008 年,青海省开展了"多目标区域地球化学调查(西宁市)"项目,具体研究区在平安—民和一带,野外工作方法根据规范要求执行。由于研究区的景观条件较为复杂,在样品布设和采集时,部分地区实际情况与规范要求存在一定矛盾,具体如下。

(1)样品代表性:工作区黄土覆盖范围较大,其下红层一般于沟谷中剥蚀后出露,二者呈现"黄土盖帽"的地貌景观。样品代表性较好的位置,从地形上看在沟谷中,从土壤母质分布的面积看则在黄土覆盖的梁上。沟谷中土壤为黄土和红层物质混合后形成,梁上土壤则单纯由黄土形成,二者地球化学性质差异较大,不同的采样方法对结果影响明显,由此产生对样品代表性的不同理解。

(2)采样深度:表层土壤样采集按照 0～20cm 执行;深层土壤样在采集时,部分地区无法达到 150cm 以下,具体情况有两种。

一是部分黄土覆盖区,黄土厚度较薄,表层样品采集介质为黄土形成的土壤;而按规范要求的深度采集深层土壤样,则采集到红层物质。二者不是由同一母质形成,表深层样品性质差异明显,这些地区采样深度存在争议。

二是部分河谷平原区,这些地区第四系多为河流冲洪积物,普遍发育二元结构,上部为黄土状物质,下部为砂砾石层;表层样品采集介质为黄土状物质,按规范要求的深度,部分地区深层样品则采集到砂砾石层。二者由同一地质作用形成,但由于分层明显,性质差别较大,由此产生采样深度的争议。

(二)后期工作方法

随着省内多目标区域地球化学调查工作方法的成熟及工作经验的积累,2009 年开展"青海湖北部地区多目标区域地球化学调查"时,对于样品的代表性和深层样采样深度进行了探讨,并在几个方面明确了做法。

(1)首次引入最大限度控制汇水域面积理念,认为样品代表性最好的部位在水流汇聚之处。样品采集位置应选择土壤易于汇集的沟谷部位;当存在多个水系或沟谷,应分别采样组合,采样点位一般定在主要沟系或接近中间部位的采样点上。

(2)在工作区划分了两个不同的深层样采样深度区。在青海湖北部冲湖积平原区,确定深层样采样深度为 100～150cm,其他地区采样深度为 150～200cm。

(3)青海湖北部冲湖积平原区地表 100cm 之下多数为砂砾石层,与表层土壤为同一地质作用形成,二者具有相似性,按统一深度采集即可。

2012年在开展"青海化隆—循化地区多目标区域地球化学调查"项目时,野外工作方法继承了这一思想,并进一步完善了深层样的采样深度。通过对全区土壤厚度的调查,确定了工作区平均土壤厚度,并将全区深层样采样深度统一确定为120～150cm。

三、青海东部多目标土壤测量方法技术的确定

(一)方法确定的思路

从多目标区域地球化学调查规范中工作方法相关规定的变化来看,野外样品采集的技术要点主要集中在样品的代表性、均匀性和采样深度几个方面,具体变化如下。

(1)前期样品的采集以代表性为主,后期逐渐变为代表性和均匀性二者兼顾。

(2)对样品采集均匀性的要求不断加强,新规范中明确规定深层样品要均匀分布。

(3)样品代表性的内涵不断丰富。从单纯要求采样位置的代表性,逐渐增加了土壤类型、土地利用类型、土壤母质和土壤成熟度等内容。

(4)对于西部深层样品采集深度的要求,整体从150cm以下变为100cm以下,各区要求统一深度,同时增加依据土壤平均厚度确定采样深度的要求。

多目标区域地球化学调查野外土壤样品采集方法技术的变化,与此项工作的目的和主要手段密切相关。多目标区域地球化学调查作为一项基础地质调查工作,主要是通过土壤地球化学测量,调查元素及化合物含量特征和空间分布规律,开展基础地质、国土资源和生态环境等方面的应用研究。由此可知,多目标区域地球化学调查最基本的任务是客观真实地反映元素的含量和空间分布特征,其调查对象为土壤,从而形成采样方法确定的基本思路为:在对工作目的和工作对象系统分析的基础上共同确定工作方法。

多目标区域地球化学调查需要查明表层土壤和深层土壤元素的分布规律,其中表层土壤元素分布主要反映生态环境质量现状,深层土壤元素分布主要反映未受人类活动影响的自然背景值,同时还需进行土壤碳库的实测计算,后期对土壤数据进行网格化处理;这就必然要求样品采集尽可能地平均,并且具有统一的采样深度。而土壤本身元素空间分布是不均匀的,受到土壤母质、成土过程、地形地貌、土壤类型、土地利用方式、人类活动等多种因素的影响,并且各种因素影响的程度各不相同,这就要求样品采集具有代表性。

青海多目标区域地球化学调查工作方法技术不断改进,从单纯网格化(均匀性)到强调代表性逐渐变为代表性和均匀性并重,深层样采样深度从不统一到两种深度逐渐变为全区统一深度;整体变化与规范要求的变化一致。并且在采样方法的细节方面取得了许多经验,形成了青海东部特殊景观区多目标区域地球化学调查工作方法体系。

(二)样品代表性

多目标土壤样的采集均代表一定调查面积,其代表性包括两个意思:一是土壤本身的代表性,二是特定调查目的下的代表性。土壤本身的代表性取决于土壤母质、成土过程、气候、地形地貌、土壤类型、土地利用方式、人类活动等因素,调查目的则与项目工作的重点、比例尺等相关。

1. 土壤母质及其形成过程

风化作用使岩石破碎,理化性质改变,形成结构疏松的风化壳,其上部可称为土壤母质。如果风化壳保留在原地,形成残积物,便称为残积母质;如果在重力、流水、风力、冰川等作用下风化物质被迁移形成崩积物、冲积物、海积物、湖积物、冰碛物和风积物等,则称为运积母质。成土母质是土壤形成的物质

基础和植物矿质养分元素（氮除外）的最初来源。母质代表土壤的初始状态，它在气候与生物的作用下，经过上千年的时间，才逐渐转变成可生长植物的土壤。

土壤母质对土壤的物理性状和化学组成均产生重要的作用，这种作用在土壤形成的初期阶段最为显著。成土过程进行得愈久，母质与土壤间性质的差别也愈大；尽管如此，土壤中总会保存有母质的某些特征，其矿物组成和化学组成深受成土母质的影响。

2. 土壤后期影响因素

（1）气候。在土壤形成的过程中，气候要素中的降水、气温、太阳辐射、风等因子，始终在直接影响着岩石风化和成土过程，土壤中的水分、空气、有机物的分解及其产物的迁移也受其影响。土壤的理化性质和性状一般有气候因子的烙印，也是土壤类型形成的重要原因。

（2）地形。地形在土壤形成中的主要作用是影响水热条件的重新分配，从而导致土壤中物质与能量的迁移和转化，产生土壤不同类型的垂直分布和区域性变化。

（3）生物。生物对土壤形成的作用，主要是通过自身的生物化学作用改变母质的组成和性质，特别是绿色植物将分散的、深层的营养元素进行选择性的吸收，集中于地表并积累，促进肥力发生和发展。

（4）时间。时间决定了土壤形成发展的程度和阶段，影响土壤中物质的淋溶和聚积，也是土壤成熟度的重要影响因素。

（5）人类活动。人类有计划、有目的的生产活动，能显著改变土壤的发展方向，会使土壤的性质和特征发生重大变化。耕种土壤土属、土种复杂多样，远非自然土壤所能比拟；工业生产会在短期内造成土壤重金属含量的急剧增高，这些都说明人为因素对土壤形成与发展具有深远影响。

3. 调查目的

多目标区域地球化学调查的目的是开展基础地质、国土资源与生态环境等方面的应用研究，但此项工作的重点逐渐转变为对农耕区土地进行质量评价，这就需要在调查中对农业耕种区有所侧重。

另外，此项工作比例尺为1∶25万，对于生态环境等方面的调查则侧重于区域性土壤污染等较大面积的生态问题，对于局部地段的点状污染，不作为调查重点。这也是样品代表性需要考虑的问题。

（三）采样深度

多目标区域地球化学调查土壤样品的采集，分为表层土壤和深层土壤两种，二者均要求一定深度和一定样长。

表层土壤主要反映生态环境质量现状，植被和人类活动等是主要影响因素，0～20cm的采样深度对这些影响反映较为灵敏，因此表层土壤样规范要求统一采用0～20cm采样深度是合适的。

深层土壤主要反映未受人类活动影响的土壤自然背景，其采样要求有3个要点：一是采用统一深度；二是采集100cm以下的土壤样品，不采集基岩风化物；三是根据平均土壤厚度确定采样深度。其中，平均土壤厚度需对全区土壤厚度进行调查，计算平均土壤厚度，从而确定采样深度。

青海东部地形地貌复杂，由于海拔、气候、生物等差异性较大，因此土壤的发育程度也存在较大差异，不同地形地貌下土壤厚度存在明显差异。以黄河谷地为例，高山区土壤厚度在50～200cm之间；丘陵区土壤厚度变化更大，在30cm至几米之间；平原区土壤总体厚度在2m以上并且较为稳定；草原区土壤厚度在1.5m左右。

（四）青海东部多目标土壤测量方法技术

通过以上分析可知，多目标土壤测量方法技术的确定是在特定的目的下综合考虑影响土壤代表性和深度的各种因素，从而确定出合理的方法技术。由于土壤的各种影响因素之间并不是孤立的，而是相互联系的，并且多目标土壤测量是在空间进行的，不同地区工作方法有相应的特点。因此，我们从两个方面来确定多目标土壤测量方法技术：一是地球化学景观区的划分；二是不同景观区具体的工作方法。

1. 地球化学景观区划分

景观区划分的目的是将具有相似特点的土壤加以划分，从而方便土壤测量工作方法的确定。从土壤代表性、厚度的影响因素来看，成土母质、成土过程、气候、地形地貌、人为影响、厚度等因素都是影响土壤特性的因素，这些因素并不是孤立的，大部分因素对土壤的影响均与地形地貌具有一定相关性。因此，景观区的划分方法以地形地貌为核心，结合成土母质、土壤类型、土地利用方式、土壤厚度、土壤迁移特征等因素，从而划分不同的地球化学景观区。

根据划分方法，将青海东部划分为 6 个景观区，分别为高山残积土壤区、丘陵残积土壤区、丘陵侵蚀土壤区、冲湖积平原区、河谷平原区、风积沙漠区（图 3-1），各景观区特征如下。

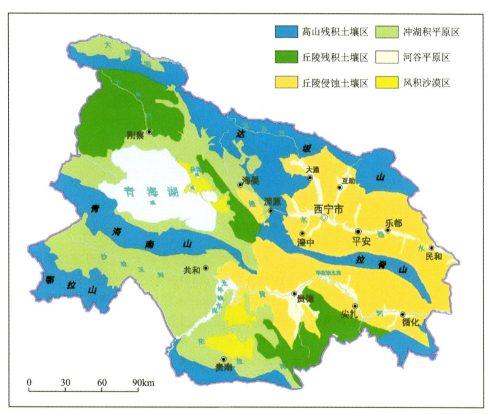

图 3-1　青海东部景观划分图

1）高山残积土壤区

高山残积土壤区主要包括达坂山、拉脊山、青海南山和鄂拉山海拔 3 700～4 500m 以上的脑山地带，高出盆地平原 1 000m 以上。总体山势陡峭，切割较深，"V"形谷发育，寒冻风化也较强烈。

该景观区普遍发育残积土壤，主要由岩石原地风化形成，北中部地区普遍混入了风成黄土，受高寒气候影响，形成高山草甸土、山地草甸土等类型。土壤厚度一般较薄，但在空间上变化较大，总体阴坡大于阳坡，沟谷大于山梁；尤其在沟谷中土壤汇聚，不仅厚度较大，而且具有较好的代表性。高山区多生长灌林和各类草本植物，由于气候寒冷，有机质分解较慢，有机质的大量积累对土壤的性状和地球化学特征也造成巨大影响。

2）丘陵残积土壤区

丘陵残积土壤区主要分布在刚察县北部、日月山以及贵德、尖扎南部地区，总体呈低山缓丘地貌，山体浑圆，沟谷宽缓。

该景观区普遍发育残积土壤，主要由岩石原地风化形成，局部地段为黄土母质，土壤类型以高山草甸土为主。土壤厚度一般较厚,沟谷中土壤汇聚,厚度明显大于山坡,是代表性较好的地区。区内植被以草本植物为主,气候冷凉,有机质分解慢。

3)丘陵侵蚀土壤区

丘陵侵蚀土壤区主要分布在湟水谷地、黄河谷地两侧的丘陵地带,区内丘陵广布,依山势蜿蜒多变,受水系切割支离破碎,多呈红岩低丘、黄土秃梁与"V"形深谷。区内风成黄土广布,总体厚度较大,下部为古近纪、新近纪红层;由于黄土松散堆积易受流水侵蚀,下部红层出露,形成"黄土盖帽"景观,部分地区黄土侵蚀殆尽,呈现以红土丘陵为主的丹霞地貌。

土壤母质以黄土、红层物质为主,在黄土单一覆盖区、红层单一出露区,土壤母质相对单一;部分地区如"黄土盖帽"景观区,山体上部土壤为黄土母质,沟谷中土壤为黄土、红层混合母质。土壤厚度变化较大,沟谷土壤厚度明显大于山梁,区内植被稀疏,多为荒草地。

4)冲湖积平原区

冲湖积平原区主要分布在环青海湖、共和盆地、贵南盆地等地区,总体地势平坦,地表水系紊乱,切割微弱。

土壤母质以冲湖积的亚黏土、亚沙土、砂砾石、卵砾石为主,总体厚度在0.5~2m之间,土壤厚度随阶地级别增加而增大。环青海湖地区多为草原,共和盆地和贵南盆地土壤沙化严重,水源充足地区多为农田,其余大部分地区为荒草地,植被覆盖率低。

5)河谷平原区

河谷平原区主要分布在湟水谷地和黄河谷地,由湟水和黄河的阶地组成。整体地势平坦,但分布面积有限,呈条带状沿主要河流分布。

土壤母质以河流冲洪积物为主,具二元结构,上部为黄土状亚砂土,下部为砂砾石。该区是省内最主要的农业种植区,也是人口、城市、城镇相对集中的分布区。

6)风积沙漠区

风积沙漠区主要分布在青海湖东部和贵南盆地中部,地势有一定起伏,地表呈现沙垄、新月形沙丘、沙山等。

区内成土作用微弱,地表与深层物质组成一致,均由细沙组成。地表植被稀疏,可见零星耐寒灌木。

2. 多目标土壤测量方法技术

1)样点布设

(1)样点布设要兼顾代表性与均匀性,最大限度控制调查面积。

(2)表层土壤样基本密度为1个点/km^2,深层土壤样基本密度为1个点/4km^2。每个采样小格均应布点,不得出现连续空白小格。

(3)高山残积土壤区、丘陵残积土壤区、丘陵侵蚀土壤区样点布设在代表性好的沟谷中,并尽量向格子中央位置靠近。

(4)冲湖积平原区、河谷平原区、风积沙漠区应均匀布点。当格子中农田面积大于1/3时,样点应布设于农田中;当城镇面积大于3/4时,样点应布设于城镇中。

2)采样深度

表层土壤样采样深度为0~20cm,深层土壤样采样深度统一为100~120cm。

3)采样方法

(1)表层土壤样应在点周围100m范围内3~5处多点组合,垂直采集相应深度的样品,样品原始质量大于1 000g。

(2)深层土壤样不需多点组合;垂直采集相应深度的样品,可以在人工揭露剖面上进行采集,但应揭露出新鲜剖面,确保采集到新鲜土壤样品。

(3)高山残积土壤区、丘陵残积土壤区选择沟谷土壤较厚的地区,采集相应深度的样品,应避免采集基岩风化层。

(4)丘陵侵蚀土壤区应根据土壤母质出露情况,相应采集单一或混合母质土壤,但应避免表层、深层土壤样品母质不一致的情况。

(5)冲湖积平原区、河谷平原区选择土壤较厚的地区,深层土壤样应避免采集下部砂砾石层。采样时应远离道路、小村镇等点状污染;农田区应避开施肥和农药喷洒期。

3. 方法技术使用情况

2016年"青海门源—湟中地区1∶25万土地质量地球化学调查"项目中,根据"青海东部多目标土壤测量方法技术",样品布设兼顾了代表性和均匀性,并进一步将深层样采样深度统一确定为100~120cm,取得了良好效果。

第二节 生态地球化学评价

生态地球化学评价主要是研究元素的组成特征、循环转化过程及其对生态环境产生的影响。评价工作一般以多目标区域地球化学调查为基础和出发点,查明异常来源,分析异常成因,评价影响环境质量的关键因素,预测变化趋势。根据这一思路,生态地球化学评价采用多介质、多手段的调查方法,以达到评价目的。

一、1∶50 000 土壤测量

1∶50 000土壤测量主要是为了获得更加详细的土壤元素分布形态,结合地质特征研究其影响因素,同时利用面积性土壤测量进行市县级土地质量地球化学评价,从而为研究区的种植开发和规划利用提供最基础的数据,此项工作也是其他各项研究工作的基础。

1. 样点布设

(1)以正规出版的1∶50 000地形图为底图布点,兼顾样点的代表性和均匀性。

(2)土壤样品采样基本密度为4~6个点/km²。

(3)利用二次土地调查成果,参照不同土地利用类型图斑图进行布点。在农业区加密布点,山区林地、草地等图斑较大地区适当放稀,但每个图斑都有样点控制。

(4)样点布设以代表性为第一原则。根据实际情况,采用最大限度控制测量面积原则,将采样点布设在格子中最具代表性的地方或者布设在采样格内面积最大、能代表格子内主要土壤类型分布的地方。

(5)将0.5km×0.5km的方格网作为采样小格,4个采样小格作为一个采样大格,采样点的布设兼顾均匀性,点位尽量布置在采样小格中间部位。未出现连续4个或4个以上的空白小格。

2. 样品编号

样品编号以1km²为单位的采样大格在工区范围内连续编号,编号顺序自左向右再自上而下。在每个单位格子中划分为4个小格(0.25km²),标号顺序自左向右再自上而下为a、b、c、d,每个采样小格出现两个以上的采样点按自左向右自上而下编为a_1、a_2或b_1、b_2等。

3. 采样方法

(1)采样以采集代表性样品为首要原则。在丘陵地区,采样位置选择在沟系下游,在平原地区,采样位置选择在格子中央部位,采样深度为0～20cm。

(2)为提高样品的代表性,在采样小格中沿路线3～5处多点采集组合,或在格子中间部位采样点周围30m范围内3～5处多点采集组合。

(3)采样时去除表面杂物,垂直采集地表至20cm深的土壤,保证上下均匀采集。样品中弃去动植物残留体、砾石、肥料团块等,样品原始质量大于1 000g。

(4)在河谷平原区应在土层较厚地带采样,较大面积的农田选择在农田中央位置采样,避开施肥期和明显点状污染及新堆积土等,采样点距离主干公路、铁路达到100m以外。

(5)在城镇区采样前注意调查和访问,确定拟采集土壤的来源及土地使用情况;老城区采样位置选择在历史较长的公园、老花园地、老树林带空地、老屋基地、学校操场、大型厂矿区内空旷地等。在新城区(或开发区)选择在尚未开发利用的原农用地中采样。

(6)低山丘陵区多为黄土覆盖,土壤样品采集以格子内广泛分布的土壤类型为主,采样部位选择在具有代表性地区,如平缓坡地下部、山间平坝、相对平整的农用梯田或者沟系汇集之处等。

(7)平缓山区多为草皮覆盖,采样点一般选择在格子中海拔较低处或相对平缓处,土壤易于聚集而厚度较大。

(8)具体采样方法。先在中心子样点取样,取样时先用锹面长21cm的铁锹挖出深21cm的采样坑,在采样坑垂直铲出一个21cm深的断面。然后顺着已切出的断面垂直铲出深度仍为21cm、厚度约为3cm的土块,切去锹尖1cm宽土层,顺着锹面长方向中线,切去土块两侧,留取中间约3cm宽的土柱,土柱规格为3cm×3cm×20cm。要求土柱规格在各方向误差不超过1cm,以保证样品在0～20cm深度的均匀性,去除杂草、草根、砾石、砖瓦块、肥料团块等杂物后倒入写有样品号的布袋中。然后,按此操作步骤根据上述原则再选取3个以上采样点采样,组成1个样品。在铲取切样土块时,需采取有效措施(如用手挡等)防止表层土滑落,农田地要求组合点采自不同的田块,但应避开田埂等地方,原始样品质量大于1 000g。采好后,将布袋口系紧,外面套一层聚乙烯塑料袋。在砾石成分较多的田地采样时,应增加每个子样点的采样重量,以保证加工后的样品重量。

采集的样品要防止污染。新布袋及装过样品的布袋应经过洗涤,保证布袋干净。在城区及可能有严重污染的工业区,装过样品的布袋不能再次使用。无论干样或湿样,样袋外均需套塑料袋使样品相互隔开。

采样注意事项:严禁直接用手抓取或只挖一锹直接取样;不可只取表层浮土,也不能除去表层浮土,采样深度不能大于或小于20cm(误差不超过1cm),保证在0～20cm深度内均匀采集;如采样点地表有草,应拔去,根部土抖落原地,如采样点地表有树叶、秸秆等,均拣去,不可刮除或铲除。

采样时注意避开施肥期及耕作期,无法避开时,在闲置的田地采样。如果采样点周围大面积耕种,没有闲置的田地,则在已耕地的地角、地边等未耕种的地段采样。

4. 定点与记录

(1)定点。以1∶50 000地形图为野外采样工作手图,以设计点位图为指导,采用GPS定位和识图法相结合进行定点,定点误差在同比例尺图上不大于2mm,并在显眼处用红油漆或红布条标记。部分原设计点位无法采样造成移点或弃点的,均及时填写采样点变更统计表,由技术负责人实地查看同意后签字。

(2)记录。统一使用标准化的土壤地球化学采样记录卡,用代码和简明文字记录样品的各种特征。所有内容均在现场用2H或3H铅笔填写。

记录卡填写的内容真实、正确、齐全、字迹工整、清晰,不准重抄或涂改。发现记录有误,只能将原记录代码划去,在其右上方填上正确的代码。

(3)着墨。每天野外工作结束后将采样点着墨。以直径2mm小圆圈标定采样点,写上样品号;同时根据采样时GPS定点坐标,利用MapGIS软件将采样点投影至地形图上,形成采样点位图;并及时将

GPS测定的采样点地理坐标输入计算机储存。

5. 重复样采集

重复样由不同小组在不同时间采集,根据原采样点标记和GPS坐标点选择采样位置,采样质量大于1 000 g。重复采样按土壤地球化学采样记录卡格式填写记录卡。

二、1∶10 000土壤测量

1∶10 000土壤测量主要是为了获取地块级的土壤数据,可以对土地进行精确的统计并登记造册,为土地的合理利用提供依据。同时利用地块级的土壤数据进行乡镇级土地质量地球化学评价,可以为当地农业规划、占补平衡和土地生态管护提供科学建议。

1. 样点布设

(1)以1∶10 000土地利用图为基础,以其划分的土地利用图斑为采样单元进行布点。

(2)主要对水浇地和旱地进行布点采样,其他利用单元可少量布点,基本密度为16个点/km^2。

为了确保现有耕地的评价效果,20亩以上地块(单元或图斑)均有样品控制,地块布点密度如下:20~70亩地块布置1个样品;70~150亩地块布置2个样品;150~250亩地块布置3个样品;250~400亩地块布置4个样品;400~600亩地块布置5个样品。

地块愈大,布置的样品控制密度相对愈稀,多出的样点可以考虑控制那些小于30亩的地段、土壤种类发生变化的地段、地形地理特殊地段,以一个样品能尽量准确有效控制该采样单元的土地地球化学特征为准则。

2. 样品编号

样品编号直接在工区范围内连续编号,编号顺序自左向右再自上而下。

3. 采样与记录

1∶10 000土壤测量的采样方法、定点、记录以及重复样采集与1∶50 000土壤测量相同。

三、1∶2 000地质岩石剖面测量

1∶2 000地质剖面主要是为了查明测区元素富集的主要层位而设,通过对测区地层特别是目标地层的主要物质成分、元素含量和沉积特征的调查,研究元素的来源,并配以水样、底泥等样品,研究元素的迁移特征,从而查明土壤元素空间分布的影响因素。

1. 剖面布设

(1)剖面应布置在岩层及岩相出露较完整、基岩露头好、标志层发育、构造变动较小的地段,在全区应具有代表性。

(2)剖面应基本垂直区域地层或构造线走向,并穿越所控制的地层。在地质情况复杂地段,剖面总方向和地层走向夹角应不小于60°。

2. 剖面测量

(1)首先用GPS将剖面线起点准确标定于地形图上,然后开始用导线法进行剖面测量。

(2)地形剖面和地质测绘应同时进行,按导线顺序详细观察,正确划分层位界线。分层精度要求:原则上以相应比例尺图面为1mm的地质体应予分出,但标志层、矿层等有特殊意义的地质体,虽图面不足1mm,也应分出并夸大表示。

(3)按剖面测制记录表逐项填好各项测量数据,用剖面地质记录本逐层进行地质观察描述。剖面地质记录本与剖面登记表中的相关文字记录应一致。为了便于成图,应同时绘制信手剖面,对导线范围内一些局部的地形变化予以反映;一些特殊的地质现象应在记录本中绘制大比例尺素描图。

(4)逐层采集岩矿石样品。样品按统一图例标注于剖面图及登记表中。

四、水平土壤剖面测量

水平土壤剖面主要是为了研究土壤水平方向的变化特征,通过对剖面元素含量和元素不同形态对比分析,研究不同母质、植被覆盖率和利用方式的差异对土壤元素再分配的影响,查明元素分布空间异质性特征。

1. 剖面布设

(1)水平土壤剖面原则上贯穿异常区,并保证每条剖面有1～2个点落在背景区,同时要涵盖异常区主要的土壤类型。

(2)在异常元素含量极高或极低的地区,布设短剖面。剖面要穿越平原区及其上游物源区,以研究物源区对平原区土壤元素空间分布的影响。

2. 样品采集

水平土壤剖面采集表层0～20cm的土壤样,采样点距20～40m。具体采样方法和记录格式与1:50 000土壤测量方法相同。

3. 定点记录

野外采用GPS定点,使用土壤地球化学测量记录卡进行记录,对样点处成土母质、植被覆盖率、土地利用方式等进行详细描述。

五、垂直土壤剖面测量

垂直土壤剖面主要研究成土过程中元素在土壤垂向上的迁移变化规律、分配特征和母岩成分对土壤元素的控制。

1. 剖面布设

(1)垂直土壤剖面以不同的成土机制为单元,在对研究区土壤形成过程系统分析的基础上,根据研究目的选择相应地段布设。

(2)垂直土壤剖面的布设兼顾到土壤元素含量高、中、低不同区域。

2. 样品采集

剖面深度一般为 2m 左右或见到成土母岩。土壤垂向分层明显的剖面采集成土母质、母质层、淀积层、淋溶层和腐殖层，土壤垂向分层不明显的，以 1 个样/10cm 的密度等间距采样。样品质量大于 1 000g。

3. 定点记录

野外采用 GPS 定点，使用标准化土壤地球化学采样记录卡。垂直土壤剖面采样记录应附简单土壤柱状剖面图，对土壤质地和第四系堆积类型进行划分，表明分层界线，描述土壤颜色、粒径、砾石成分、有机质、生物碎屑、钙质结核含量等特征。

六、水样采集

水是元素迁移的重要载体，也为其他迁移载体如悬浮物、水系沉积物、底泥等介质提供动力，同时也是人群家畜元素摄入的重要来源。水地球化学样品在研究元素迁移转化等方面具有重要的作用。

1. 样品布设

（1）主干河流和主要支流水系均布置采样点，对部分提供水源的地下水、井水、泉水、自来水也进行了采样。另外对于农田系统布设灌溉水采样点，以主要灌溉水系（水渠）为布点依据。

（2）各支流在上、中、下游分别布置采样点，汇入主干河流后在下方位置布置采样点。

（3）根据不同目的，分枯水期和丰水期分别进行采样。

2. 采样方法

（1）采水容器用已过滤的水样清洗 3 次。采样时尽量轻扰动水体，将取样器沉入水中 30cm 处取样，泉水直接在涌水口采集。

（2）对于测定不同元素的水样，加入相应的保护剂，并按有关要求及时送实验室分析测试。

（3）水地球化学样品按照野外样品数量的 10% 采集重复样或平行样，同时同点采集。

3. 定点记录

以地形图和手持 GPS 相结合的办法定点，使用水地球化学采样记录卡，按要求填写。

七、悬浮物采集

悬浮物是指水样通过孔径为 $0.45\mu m$ 的滤膜，截留在滤膜上并于 $103\sim105℃$ 烘干至恒重的物质。由于悬浮物可以长时间在水中悬浮，随水体迁移距离较远，因而也是元素迁移的一种重要介质，可以借其研究元素的迁移途径和形式。

1. 样品布设

（1）主干河流和主要支流水系均布置采样点。各支流应在上、中、下游分别布置采样点，汇入主干河流后在下方位置布置采样点。

（2）研究元素迁移的样品，同点采集水系沉积物，并加采过滤后的清水样品。

2. 样品采集

(1)悬浮物采集选择在河流开阔、水流平稳处,采水容器在采样前润洗3次。

(2)采样位置选择在河流中洪线上,在距水表面以下30cm处采集水样,尽量不扰动水体和掺入水底沉积物。如有漂浮或浸没的树枝、枯叶等杂质,则除去。

(3)对采集的水样过滤后提取悬浮物,每次采集水样体积为10L。如悬浮物样品重量不足,应以10L水体积倍增,直到重量满足要求。

(4)滤膜在使用前,在室内烘干、称重、记录重量并反复进行,直至两次称重差值不大于0.5mg。将恒重的滤膜平铺于布氏漏斗中并检查整个抽滤系统的密封情况。

(5)用布氏漏斗对水样进行过滤,提取悬浮物。每次取水时,将水样充分摇匀,避免容器底部有悬浮物沉积。

(6)过滤完成后,将滤膜阴干至半干燥状态,带上一次性聚乙烯手套拆叠滤膜,并将滤膜边部折叠,每张滤膜装入一个塑料袋后送实验室。每个单位留两张空白滤膜做空白分析。

(7)悬浮物样品干样质量为2g左右,并按照野外样品总数量的10%采集重复样,同时同点采集。

3. 定点记录

野外以地形图和手持GPS相结合的办法定点,采用悬浮物采集记录表,按要求记录。

八、底泥及水系沉积物采集

底泥和水系沉积物是水流在物质搬运过程中形成的重要介质。底泥相对于水系沉积物,颗粒更加细小,并且在水底受到了不同程度的物理、化学、生物作用。对底泥和水系沉积物进行采样分析,不仅可以了解元素迁移的形式,也可以调查特定元素富集的粒级。

1. 样品采集

(1)底泥及水系沉积物采样点一般与悬浮物或水样同点采集。
(2)样品采集部位选择在水流变缓处,采集表层物质。
(3)样品要具有代表性,并避开明显人为污染地段。
(4)水系中细粒淤泥物质作为底泥样品,粗粒砂砾物质作为水系沉积物样品。

2. 定点记录

野外采样手持GPS进行定点,使用水系样品采集记录表填写相关内容。

九、岩石和土壤样采集

元素迁移在空间上大体按照岩石—风化岩石—土壤—水系沉积物—悬浮物—水体等途径进行,通过对这些介质元素含量变化的研究,确定元素由岩石、风化岩石到水系中各相态分布特征,从而查明由河流携带元素进行迁移的途径和比例。而岩石和土壤是元素重要的物质来源,在此项研究中是首先要调查的内容。

1. 样点布设

在追踪元素迁移时，岩石和土壤样一般与水系沉积物、水样等同点采集或在其附近采集，对于支流水系，在其上游采样控制。

2. 样品采集

（1）岩石样品包括新鲜样品和半风化样品，样品质量大于1 000g。

（2）土壤样品采集0~20cm表层土壤，样品质量1 000g。在土壤覆盖面积大、基岩出露较少的地区，可进行土壤垂向剖面测量，深度以见到成土母质为准。

3. 定点记录

野外以地形图和手持GPS相结合的办法定点，采用土壤地球化学测量记录卡，按要求记录。

十、大气干湿沉降样品采集

大气干湿降尘主要反映人为影响下，降尘对土壤元素含量的影响程度。通过对不同来源降尘进行特征元素分析，查明降尘的空间分布规律，研究其对土壤和人体可能造成的影响。

1. 样点布设

大气干湿沉降样点布置以地理单元和不同行政区为依据，空间上要求样点能覆盖整个研究区，均匀布点。

2. 样品采集

（1）大气干湿沉降样品采集周期为一年，降尘量较大的地区，按不同季节采集。

（2）集尘缸放置在屋顶平台上，采样口距平台1m左右，避免扬尘的影响。

（3）集尘缸上用尼龙网罩盖，多雨季节注意缸内积水情况，一旦有水满溢出的情况，需及时更换新缸，本次工作未出现此类情况。

（4）采样时，将沉降缸放置2~3d使上部溶液澄清。用虹吸法吸取上清液至另一容器，测定上清液的重量，将剩余悬浊液转移至合适容器，测定总体积和重量。上清液加入相应保护剂和悬浊液密封后送至实验室。

3. 定点记录

野外布设集尘缸是用GPS定点，并使用大气干湿沉降采样记录表，按要求填写。

十一、天降水及下渗水样品采集

天降水是元素进入农田表层土壤的途径之一，还包括灌溉水、大气干湿沉降、肥料、毛细作用等；而下渗水是表层土壤元素流失的途径之一，类似的还有农作物收割等途径。对这些样品进行采样测试分析，可以计算表层土壤中元素的通量。

1. 样点布设

(1) 样点布置以不同景观和不同行政区为依据,空间上要求样点能覆盖整个研究区,均匀布点。

(2) 天降水和下渗水一般同点布设,天降水接收器放置于屋顶平台,下渗水接收器埋设于附近农田。

2. 样品采集

(1) 天降水和下渗水一般于雨季开始之前布设,雨季结束时采集。

(2) 天降水接收器采用双层结构,上部起到接收、过滤和防止蒸发作用,下部容器盛放天降水。采样时将全部水样称重后,取1L水样按测试项目加相应保护剂后送实验室。

(3) 下渗水接收器埋于地表20cm以下,容器顶部铺细沙以过滤杂质。采样时用泵将容器中水溶液吸出。测定体积或重量后取1L水样送实验室。

(4) 采集下渗水时,同点采集土壤样。

3. 定点记录

野外布设集尘缸是用GPS定点,并使用天降水和下渗水采样记录表,按要求填写。

十二、植物样及根系土样品采集

植物是元素从土壤到人体和家禽家畜重要的转化途径,对各类植物进行系统的调查研究,不仅可以为种植开发提供依据,也是研究土壤元素有效利用的重要途径。另外,对植物样品的调查研究,也可以为有益有害元素标准的制定提供基础的数据。

1. 样品布设

(1) 对区内各类植物进行系统的统计,对粮食类、蔬菜类、调料类、水果类、牧草类等各种植物均进行样点布设,原则上每一种植物样品数量不少于30件。

(2) 对区内大面积种植的作物,选择有代表性的进行不同品种的调查,每个品种样品数量一般不少于30件。

(3) 选择部分植物布置不同部位样品的采集,一般为对同一株植物上的不同部位分别进行采样。

(4) 样品布设要兼顾不同元素含量地区,在异常区、正常区、低值区分别布置样品。

(5) 植物样同点布设根系土样品。

2. 样品编号

对作物及根系土样品进行统一编号。编号原则为:样品种类代码(作物—ZW、根系土—GX)+采样物质代码(辣椒—LJ、小麦—XM)+采集部位(茎叶—JY、籽实—ZS)+区县代码+片区号+测区内连续编号(作物与根系土对应相同)表示。

3. 样品采集

(1) 样株要有充分代表性,采样时要避开株体过大过小、遭受病虫害或机械损伤以及田边路旁的植株。

(2) 对于面积性种植的作物,首先了解整个田块面积、地形及长势,目测密度、高矮及成熟度等,根据这些情况进行分类,把整齐度一致的植株划为一类,估算出各类别的面积比例,然后分类选点取样。

(3) 不同大小的瓜果蔬菜,采集数量不同。较小的果实,如青椒应不少于40个;番茄、洋葱、马铃薯不少于 20 个；黄瓜、茄子（大蒜、胡萝卜）不少于 15 个；大的瓜果（白菜球、橄榄球、萝卜）不少于 10 个。数量多时切取果实的 1/4（或 1/6、1/8）组成平均样品，总鲜重以 1 000g 左右为宜。

(4) 牧草样品要求在广泛的地块中选取 3~5 个有代表性的样方采集，留茬高度一致，约为 1~3cm。

(5) 根系土与植物样配套采集，同时采集相同点位的植物根系土。

4. 定点记录

野外使用 GPS 进行定点，在显眼处用红油漆或红布条等标记。统一使用标准化的植物及根系土采样记录卡，用代码和简明文字记录样品的各种特征。

十三、人发及家禽样采集

元素在进入人体之后，一部分会在人发中随着年龄增长不断富集，一部分则会被排出体外。以对人发和尿液的采样测试，结合粮食、饮水和人群健康寿命等情况，可以研究不同元素含量地区人群健康寿命与元素摄入量的关系，从而研究元素对人群的影响。家禽家畜对元素的吸收与人体相似，同时也是人体元素摄入的途径之一。

1. 样品布设

(1) 人发、尿液样品布设兼顾到异常区和低值区，以方便对比。

(2) 家禽及蛋奶样品侧重异常区，为查明异常成因和后期利用或防治提供依据。

2. 样品采集

(1) 人发样采集选择当地长久居住的 30 岁以上的成年人，每个调查村分男、女两组，采集枕部 2cm 处的头发，每个样品重 2~5g。

(2) 家禽家畜样品采集选择当地较为普遍的鸡、羊、猪等，选取同一部位的肉样，质量约 500g。

(3) 肉样不易采集的家畜，可以选择采集家畜毛替代。

(4) 蛋奶样品采集时，选择采样点附近 3 处以上新鲜牛奶 500mL 或禽蛋，混合后送实验室。

3. 定点记录

野外使用手持 GPS 定点，统一使用生物地球化学采样记录卡，按记录卡要求填写。

十四、粮食及饲料样品采集

粮食和饲料是人体和家禽家畜摄入元素的主要途径，不同的食物结构对人体和家禽家畜健康具有明显的影响，通过对异常区及背景区人群和家禽家畜主要食物的调查，研究元素摄入状态，从而研究高值环境对人体和家禽家畜健康的影响。

1. 样点布设

(1) 样点主要布设在异常区和低值区人口相对密集的村镇。

(2) 粮食及饲料样一般随人发样、家禽样同点布置。

2. 样品采集

(1) 粮食及饲料样与人发样、家禽样同时采集。
(2) 样品质量一般大于500g。

3. 定点记录

野外使用手持GPS定点，统一使用粮食及饲料采样记录卡，按记录卡要求填写。

十五、化肥样采集

化肥是现代农业大量使用的肥料，也是农田元素输入的重要途径。作为化工产品，部分元素在化肥中具有极高的含量，有可能对土壤产生较大的影响。对区内使用的主要肥料进行调查，不仅可以对元素的输入进行了解，也可以为土地质量评估提供依据。

1. 样点布设

(1) 化肥样品主要布设在农耕区，能控制整个研究区，均匀布点。
(2) 在使用农家肥的地区，布置农家肥样品。

2. 样品采集

(1) 化肥样品采集种类代表研究区化肥种类的90%以上。
(2) 化肥样采集可以分片集中购买或分散到农户购买。
(3) 每件样品质量1 000g。

3. 定点记录

野外使用手持GPS定点，统一使用化肥样采样记录卡，按记录卡要求填写。

十六、人群健康寿命调查方法

人群健康寿命情况是异常生态效应的综合反映，是研究异常生态效应必不可少的环节。结合影响人群健康寿命的各种因素的调查，可以初步探讨异常对人群的影响。

1. 样点布设

人群健康寿命调查选择在异常区、背景区人口密集的村镇进行。

2. 调查方法

调查包括村庄整体情况说明，人员组合、年龄比例，常见病例及与健康有关的其他现象；选择具有代表性的人群访问，避开不长期居住本地的居民及不食用本农田生产的蔬菜、粮食人群。

3. 定点记录

野外使用手持GPS定点，统一使用健康寿命调查记录表，按记录表要求填写。

第三节　综合研究方法

一、数据库建设

（一）建库原则

（1）数据库的建设要全面反映以往工作形成的各类数据。
（2）对于不同项目、不同地区、不同比例尺、不同介质的数据要分别建库，首先形成独立的数据库，之后对性质相同的数据进行合并建库，形成系统的数据库集。
（3）对各类数据库补充完善各类属性，包括坐标、地质、土壤、行政区、土地利用方式和成土母质等。
（4）对数据库内各项参数进行统一，包括样品号、坐标单位、元素排列顺序等。

二、建库方法

（1）数据库主要采用 Excel、GeoExplor、MapGIS 等软件分类制作，形成 Excel 形式的数据库。
（2）不同介质的数据分别建库，并按照地区统一编号。
（3）数据坐标采用带号＋坐标的形式整理，利用 GeoExplor 软件形成全省的系统坐标，分不同比例尺、不同介质形成全省数据库。
（4）根据不同比例尺选择相应的地理、地质、土壤类型、土地利用现状图、土壤母质图，利用 MapGIS 等软件给每个数据点赋予相应的属性，并添加在数据库中。
（5）数据点属性的赋予还要考虑不同单元分布的面积及其总体数量，对于分布面积小的单元，将其归并到相近年代或相似成因的单元中，以保证每个单元中分布的数据点具有一定的数量，一般大于 30 个。对于有特殊意义的单元，适当放宽至 15 个。
（6）数据库中各元素数据按照字母顺序排列，数据精确度参考元素检出限、绝对数值大小，确定统一的精确度。

三、参数统计

（一）特征值统计

对全部数据中元素（指标）的原始数据统计样品总数（N）、平均值（$\overline{X}$）、标准离差（S）、变异系数（CV）等。对全域数据集进行离群点的迭代处理，以 $\overline{X} \pm 3S$ 进行迭代形成背景数据集，计算标准离差（S）、变异系数（CV）等参数。另外统计计算表、深层土壤元素均值与全国土壤丰度值的比值 K_1 等。

（二）各单元特征参数统计

根据土壤样品在不同土壤母质、土壤类型中的分布情况，分别统计元素（指标）的平均值、离差等参数,作为研究不同单元土壤元素分布特征的基础和土壤碳库计算的基础。

(三) 多变量统计

多变量统计分析利用 GeoExplor 软件对数据进行聚类分析和因子分析,以揭示元素的亲疏关系及空间分布特征。对于植物与土壤间元素的相互关系,主要采用相关性分析,来研究土壤元素对植物的影响。

(四) 风化淋溶强度

风化淋溶强度主要利用盐基阳离子相关的 K_2O、Na_2O、CaO 和 MgO 总量同 Al_2O_3 的比即土壤的风化淋溶系数 ba 来衡量,其表达式为:

$$ba = \frac{K_2O + Na_2O + CaO + MgO}{Al_2O_3}$$

该比值愈小说明风化淋溶强度愈强,反之愈弱。

四、土壤背景值

(一) 分布形态检验

检验数据的分布形态主要检验数据是否属于正态分布或近似正态分布,在此将数据进行对数转换,验证数据是否属于对数正态分布或近似对数正态分布。将数据用 GeoMDIS 软件进行分布检验,并制作直方图。以数据的偏度来衡量数据是否符合对数正态分布或近似对数正态分布。

偏度是指次数分布非对称的偏态方向程度。为了精确测定次数分布的偏斜状况,统计上采用偏斜度指标。在对称分布条件下,$\overline{X}$(平均值) $= M_e$(中位数) $= M_0$(众数);在偏态分布条件下,三者存在数量(位置)差异。其中,M_e 居于中间,$\overline{X}$ 与 M_0 分居两边,因此,偏态可用 $\overline{X}$ 与 M_0 的绝对差额(距离)来表示,即:

$$偏态 = \overline{X} - M_0$$

式中,$\overline{X}$ 与 M_0 的绝对差额越大,表明偏斜程度越大;$\overline{X}$ 与 M_0 的绝对差额越小,则表明偏斜程度越小。当 $\overline{X} > M_0$,说明偏斜的方向为右(正)偏;当 $\overline{X} < M_0$,则说明偏斜的方向为左(负)偏。

由于偏态是以绝对数表示的,具有原数列的计量单位,因此不能直接比较不同数列的偏态程度。为了使不同数列的偏态值可比,可计算偏态的相对值,即偏度(α)又称为偏态系数,就是将偏态的绝对数用其标准差除之。公式为:

$$\alpha = \frac{\overline{X} - M_0}{\sigma} = \frac{3(\overline{X} - M_e)}{\sigma}$$

偏度是以标准差为单位的算术平均数与众数的离差,故 α 范围在 0 与 ± 3 之间说明数据近似正态分布。α 为 0 表示标准正态分布,α 为 $+3$ 与 -3 分别表示极右偏态和极左偏态。

(二) 统计单元的确定

土壤是在其成土母质基础上发育起来的,成土母质对土壤的形成、发育及理化性质具有决定性的影响。后期自然和人为的各种因素对土壤的影响仍然是叠加在土壤母质之上的,并且与土壤母质有着一定的对应关系,所以成土母质单元是一个既包含了地学意义,又反映了自然地理、气候和人为因素的统计单元。

岩石地层的沉积环境、结构构造、矿物组成等决定土壤母质特征,进而影响土壤的性质。不同的地理环境同时也影响土壤对岩石地层及土壤母质地球化学继承性。在山区母岩的结构构造和岩石地球化学组成对成土母质及土壤的影响最大,在母岩—成土母质—土壤间存在深刻的承袭性关系;冲洪积平原为运积母质堆积区,堆积物经过不同程度的搬运,故元素地球化学专属性不明显。基于以上认识,以地质图为基础,参考地形地貌、土壤类型、土地利用类型等资料,将研究区成土母质划分为八大类10种类型,作为背景值统计单元。

(三)背景值和基准值计算

土壤地球化学背景值即为元素在人类活动影响较大的人为环境中的背景值,这里定义为第Ⅱ环境中样品即表层样中元素含量算术平均值$\overline{X}_1$经$\overline{X}_1\pm3S_1$反复剔除异常值后的平均值$\overline{X}_2$。它反映元素现状实际值的特征,作为衡量今后环境质量变化的参照系。

土壤地球化学基准值是指未受人类活动影响的土壤原始沉积环境地球化学含量。在地球化学元素含量满足正态分布的情况下,统计单元的土壤地球化学基准值可以用本单元的地球化学元素背景均值表示。这里定义为第Ⅰ环境中样品即深层样中元素含量算术平均值$\overline{X}_1$经$\overline{X}_1\pm3S_1$反复剔除异常值后的平均值$\overline{X}_2$。它反映元素本底值的特征,作为衡量区域元素变化的基准。

五、综合异常确定

综合异常是指在空间上密切相伴、同种成因的所有元素异常的集合表现。综合异常的确定一般包括异常下限确定、元素组合确定、异常分类、参数统计、图件制作等多个方面,是反映地球化学信息的一个重要手段,因其过程相对复杂,受到人为认识水平、工作习惯等因素影响的程度也较大。

多目标区域地球化学调查的特点是以土壤地球化学调查为基础,但要达到基础地质、国土资源和生态环境多方面应用研究的目的。测试指标较多,不同的指标反映的地球化学信息经常不是单一的,而是多方面的,这就给综合异常的确定带来一定难度。从多目标区域地球化学调查成果应用的主要方面和研究方法手段,提出综合异常下限确定的方法。

(一)综合异常分类

根据研究目的,将异常分为两类,一是有益元素综合异常,二是有害元素综合异常。

(二)综合异常分类方法

综合异常的分类体现在主元素上。有益元素综合异常一般以B、Mo、Mn、Cu、Zn、Sr、Ge、Se、I为主元素,反映对人体或植作物有益的异常;有害元素异常一般以Cd、Hg、Pb、As、Cr、Ni、Cu、Zn、Sb、Co、F、Th、U、Tl等为主元素,反映对人体或植作物有害的异常。

(三)异常下限的确定

不同元素的异常要反映特定的含义。首先对所有元素进行分类,其次根据其反映的地质、环境等意义,结合参数统计结果,确定异常下限。

1)有益元素

有益元素包括B、Mo、Mn、Cu、Zn、Sr、Ge、Se、I 9种元素,根据区域调查结果,结合不同元素对人体或植作物产生有益影响的含量界限值,参考部分元素如富硒的地方标准,确定相应的异常下限。

2)有害元素

有害元素包括Cd、Hg、Pb、As、Cr、Ni、Sb、Co、F、Th、U、Tl 12种元素,主要参考土壤环境质量标准以及国内外研究成果,确定异常下限,异常反应土壤污染。

3)土壤指示元素

土壤中大部分的元素均能反映特定的地质意义,根据元素地球化学性质、空间分布及多种地质因素,确定不同元素对土壤指示意义,从而确定异常下限。

土壤质地:SiO_2、Na_2O 异常下限反映土壤沙化时元素含量,Al_2O_3 异常下限反映土壤壤化程度高,黏粒物质占比极大。

植被覆盖:N、P、TC、Corg 异常下限反映土壤植被覆盖较好,有机质含量较高。

沉积环境:Cl、S、Br、CaO 异常下限反映土壤母质形成于咸水沉积环境,土壤中膏盐含量较高。

火山岩母质:Ba、Sc、Ti、V、Fe、MgO 异常下限反映土壤由中基性火山岩风化形成,其中 MgO 亦能反映土壤的碳酸盐母质和成土母质咸水沉积环境。

中酸性岩母质:Ce、Ga、La、Li、Nb、Rb、Y 异常下限反映土壤由中酸性岩浆岩风化形成。

4)其他元素

成矿元素:Ag、Au 为分散元素,其富集主要受成矿作用影响,异常下限反映成矿的可能性。

意义不明元素:Be、Bi、K_2O、Sn、W、Zr 在土壤中分布的影响因素不明,主要以参数统计的方式确定异常下限。

5)参数计算

将浅层和深层土壤组合样分析数据转换为相应对数值,求其对数平均值($\overline{X}_L$)和对数标准离差(S_L),用 $\overline{X}_L \pm 3S_L$ 标准依次剔除其离群数据,得到背景数据集。用该背景数据计算出各元素 $\overline{X}_L$ 和 S_L 值,再用背景均值加 2 倍离差确定的各元素、氧化物和有机质的异常下限值作为参考值。

(四)组合元素的确定

综合异常组合元素包括土壤指示元素和其他元素。利用异常下限圈定异常,根据综合异常不同元素空间组合关系,将综合异常区分布的组合元素异常全部纳入综合异常。组合元素的排列顺序为:反映土壤母质及其沉积环境的元素、反映土壤本身质地的元素、反映植被覆盖情况的元素和其他元素。

六、土地质量评价方法

土地质量地球化学评价是对土地质量、潜在价值及生态风险进行评价,以服务于土地质量与生态管护和土地资源合理利用为宗旨,为土地资源的规划利用提供依据。本次评价比例尺为 1:250 000,目的是全面掌握评价区土地质量的宏观状况,为土地资源规划、经济社会可持续发展政策制定等提供依据。

本次评价综合利用青海省东部地区已有调查数据,评价土壤元素的地球化学分布特征及其对土地生产功能和生态安全的影响程度,划分土壤质量地球化学等级;依据土地质量地球化学评价结果,结合异常查证情况,提出土壤质量预警和检测建议。

(一)数据准备

本次评价工作引用多个多目标项目数据,利用前需对项目整体数据进行检查,统一数据单位、格式,对不同项目数据进行调平。

本次评价以地形图内 2km×2km 网格为评价单元。当评价单元仅有 1 个数据时,该实测数据即为该评价单元的数据;当评价单元有 2 个以上数据时,用实测数据的平均值对该评价单元进行赋值。

(二)单指标评价

单指标评价包括对土壤养分指标和土壤环境指标进行单指标分级。

1. 土壤养分地球化学等

土壤养分指标包括有机质、氮、磷、钾全量及土壤中的硼、钼、锰、铜、铁、锌、硒、碘、氟等。其中,氮、磷、钾含量对植物影响最大,其分级标准主要参照了全国第二次土壤普查养分分级标准(六等),将第五级标准与第六级标准进行了合并,划分为五级或五级以下的养分分级标准不变。土壤养分不同等级的含义、颜色与 R∶G∶B 见表 3-1。

表 3-1 土壤养分不同等级含义、颜色与 R∶G∶B

等级	一级	二级	三级	四级	五级
含义	丰富	较丰富	中等	较缺乏	缺乏
颜色					
R∶G∶B	0∶176∶80	146∶208∶80	255∶255∶0	255∶192∶0	255∶0∶0

2. 土壤环境地球化学等

土壤环境包括土壤酸碱度(pH 值)及砷、镉、铬、铅、汞、镍、铜、锌等重金属元素。土壤酸碱度(pH 值)从强酸性—强碱性划分为五级(表 3-2)。

土壤养分元素含量,砷、镉、铬、铅、汞、镍、铜、锌等有害重金属元素环境质量等级划分标准同 GB 15618 中二级标准值,按照式(3-1)计算土壤中污染物指标 i 的单项污染指数 P_i:

$$P_i = \frac{C_i}{S_i} \tag{3-1}$$

式中,C_i 为土壤中 i 指标的实测浓度;S_i 为污染物(重金属)i 在 GB 15618 中给出的二级标准值。土壤单项污染指数环境地球化学等级划分界限值见表 3-2。

表 3-2 土壤环境地球化学等级划分界限及图示

等级	一级	二级	三级	四级	五级
土壤环境	$P \leqslant 1$	$1 < P \leqslant 2$	$2 < P \leqslant 3$	$3 < P \leqslant 5$	$\geqslant 5$
	清洁	轻微污染	轻度污染	中度污染	重度污染
颜色					
R∶G∶B	0∶176∶80	146∶208∶80	255∶255∶0	255∶192∶0	255∶0∶0

(三)多指标综合评价

多指标综合评价包括土壤养分地球化学综合指标、土壤环境地球化学综合指标及土壤质量地球化学综合指标。

1. 土壤养分地球化学综合指标

在氮、磷、钾土壤单指标养分地球化学等级划分基础上,按照式(3-2)计算土壤养分地球化学综合得分 $f_{养综}$。

$$f_{养综} = \sum_{i=1}^{n} k_i f_i \tag{3-2}$$

式中,$f_{养综}$ 为土壤 N、P、K 评价总得分,$1 \leqslant f_{养总} \leqslant 5$;$k_i$ 分别为 N、P、K 权重系数,分别为 0.4、0.4 和

0.2；f_i 分别为土壤 N、P、K 的单元素等级得分。五等、四等、三等、二等、一等所对应的 f_i 得分分别为 1 分、2 分、3 分、4 分、5 分。

土壤养分地球化学综合评价等级划分见表 3-3。土壤养分地球化学综合等级含义与图示同表 3-1。

表 3-3　土壤 $f_{养综}$ 养分地球化学等级划分表

等级	一等	二等	三等	四等	五等
$f_{养综}$	≥4.5	4.5～3.5	3.5～2.5	2.5～1.5	<1.5

2. 土壤环境地球化学综合指标

在单指标土壤环境地球化学等级划分基础上，评价单元土壤环境地球化学综合等级等同于单指标环境等级最差的等级。如 As、Cr、Cd、Cu、Hg、Pb、Ni、Zn 划分出的环境地球化学等级分别为四等、二等、三等、二等、二等、三等、二等、二等，该评价单元的土壤环境地球化学综合等级为四等。土壤环境地球化学综合等级含义与图示同表 3-2。

3. 土壤质量地球化学综合指标

土壤质量地球化学综合等级由评价单元的土壤养分地球化学综合等级与土壤环境地球化学综合等级叠加产生；土壤质量地球化学综合等级的表达图示与含义见表 3-4。

表 3-4　土壤质量地球化学综合等级的图示与含义

土壤质量	土壤环境地球化学综合等级				
	清洁	轻微污染	轻度污染	中度污染	重度污染
土壤养分地球化学综合等级 丰富	一等	三等	四等	五等	五等
较丰富	一等	三等	四等	五等	五等
中等	二等	三等	四等	五等	五等
较缺乏	三等	三等	四等	五等	五等
缺乏	四等	四等	四等	五等	五等

注1：一等为优质，表明土壤环境清洁，土壤养分丰富—较丰富。
注2：二等为良好，表明土壤环境清洁，土壤养分中等。
注3：三等为中等，表明土壤环境清洁，土壤养分较缺乏或土壤环境轻微污染，土壤养分丰富—较缺乏。
注4：四等为差等，表明土壤环境清洁或轻微污染，土壤养分缺乏或土壤环境轻度污染，土壤养分丰富—缺乏。
注5：五等为劣等，表明土壤环境中度和重度污染，土壤养分丰富—缺乏。

（四）重要土地质量地球化学问题评价

通过对评价区内重要污染异常的查证，查明异常形成的原因及其对当地人群和总作物的影响，评价其生态效应。结合不同历史时期土壤中重金属元素含量的分布特征和变化趋势，对土壤污染趋势进行预测，提出生态环境预警。

七、图件制作

本次编制的图件主要有基础类图件和推断解释类两大类。基础类图件包括地质图、土壤类型图、土地利用类型图、土壤母质分布图等,主要反映基础地质和土壤的信息,用于多目标区域地球化学调查和生态评价的各项研究。推断解释类图件主要是针对不同研究目的编制的各类图件,包括地球化学图、综合异常图、土地质量评估图、土壤碳密度分布图、土壤环境质量预警图等。

各类图件总体采用的比例尺为1∶500 000,全区性的图件采用统一的比例尺、地理底图,空间坐标采用统一的坐标系和参数。不同研究区的推断解释类图件可采用合适的比例尺和范围,另外,根据不同研究目的制作相应的插图。

(一)基础类图件

地质图、土壤类型图、土地利用类型图利用全省1∶1 000 000相应图件,采用统一的范围裁剪,放大为1∶500 000修编而成。

土壤母质图以地质图为基础,结合土壤类型、土地利用类型和自然地理景观,划分不同的土壤母质区,形成土壤母质图。

(二)地球化学图

地球化学图以图册形式出版,包括表层土壤地球化学图(54种元素与指标)、深层土壤地球化学图(54种元素与指标),采用1∶1 500 000比例尺。图件以单元素组合样数据使用GeoMIDS软件勾绘等量线成图,数据网格化表层土壤样品采用2km网格距、深层土壤样品采用4km网格距,插值计算模型为指数加权,搜索半径为表层土壤样品5km、深层土壤样品10km。

地球化学图由图名、地球化学图、图例和角图构成。图面要求简洁、美观,图面负担不宜过重。

1. 图名

图名由采样深度+采样介质+中文元素名称,英文符号+地球化学图构成。中文元素名称字体用楷体加黑20pt(6.5mm×6.5mm)。英文元素符号字体用加黑Bookman Old Style 16pt。

图名的放置位置可根据调查区的形状及图面的结构灵活掌握。

2. 地球化学图色区

为了从图面上更直观地反映异常、划分背景,元素全部采用累积频率的分级方法作图,采用0.5%、1.5%、4%、8%、15%、25%、40%、60%、75%、85%、92%、96%、98.5%、99.5%分级间隔对应的含量作等量线勾绘(表3-5)。地球化学图由线文件和区文件共同组成,线文件颜色与区文件颜色一致。

采用累积频率分级成图时,若数据起伏变化较小,出现系统误差或台阶现象时,可适当调整或放宽累积频率间隔。

表3-5 调查区地球化学图颜色分级及配色方案

	1	2	3	4	5	6	7	8	9	10	11	12	13	14	15
R	40	48	80	92	121	183	217	255	250	245	239	231	213	177	139
G	57	100	150	182	197	220	233	251	221	196	154	119	82	57	29
B	108	152	200	199	197	178	158	156	133	112	90	68	72	70	67
C	90	80	60	50	40	20	10	0	0	0	0	0	0	0	0
M	70	40	15	0	0	0	0	0	10	20	40	60	80	90	100
Y	0	0	0	15	20	30	40	40	50	60	70	80	70	60	40

续表 3-5

	1	2	3	4	5	6	7	8	9	10	11	12	13	14	15
K	30	15	5	3	0	0	0	0	0	0	0	0	5	20	40
累积频率15级	0.5	1.5	4	8	15	25	40	60	75	85	92	96	98.5	99.5	100
大众库颜色	246	37	239	239、708	701	98	375	511	562	136	164	254	1121	1130	1281

在利用累积频率分级法制作 pH 图时，按土壤酸碱性划分标准进行分级，各分级及配色方案见表 3-6。

表 3-6 调查区土壤酸碱度颜色分级及配色方案

	1	2	3	4	5	6
pH	<4.5	4.5~5.5	5.5~6.5	6.5~7.5	7.5~8.5	>8.5
R	160	227	253	201	89	48
G	68	102	236	225	168	96
B	98	65	135	106	209	145
C	0	0	0	15	50	80
M	80	70	5	0	0	40
Y	20	80	50	70	0	0
K	30	0	0	0	10	20

3. 角图

角图为元素含量直方-累积频率图，包括全区数据直方图和主要地质单元数据直方-累积频率图。数据直方图作图原则规定如下。

(1) 直方图组距规定为 $0.1\lg C$（10^{-6}、10^{-9}、10^{-2}），组端正负值依据实测数据的实际情况而定。部分常量元素选取算术等间隔组距。直方图颜色为 $C=0$，$M=0$，$Y=60$，$K=20$。

(2) 直方图应标注地质代码、平均值（$\overline{X}$）/（正态分布）、标准离差（S）、变异系数（CV）、统计样品数（N）。

4. 图例

色区图例主要为色阶。色区色阶的分级数值取决于地球化学色区图的分级方法，色区图例中的分级值应与地球化学成图采用的含量间隔值一致。色区色阶的起始值为调查区某元素的最小值，终止值为某元素的最大值。有效数字与分析检出限一致。色阶随图面的空间位置以竖直方向设置。

(三) 综合异常图

综合异常图分表层土壤、深层土壤分别制作。

根据前文中异常下限确定方法，分别确定各元素的异常下限。在原始数据图上根据异常下限圈定各元素异常，按照有益元素和有害元素分别将异常叠加在一起，并将土壤指示元素和其他元素同时叠加于两类异常上。之后,将空间上密切相伴、同种成因的所有元素异常归并为一个综合异常。每个综合异常代表几组异常的集合表现,用线圈闭异常范围,标注编号和元素组合。

对于全区中的单点异常及异常元素组合差、意义不清的异常,进行选择性地剔除。另外,对个别分布面积较大的综合异常,根据地质条件及其数据相互连接薄弱处,对其进行人为分割,形成若干个相对独立的综合异常。

有益元素综合异常(代码为L)和有害元素综合异常(代码为W)均分别形成表层土壤综合异常图(代码为Tb)和深层土壤综合异常图(代码为Ta)。

第四章 土壤固碳潜力

第一节 青海东部土壤碳储量

土壤碳库是地球系统中一个重要的碳储存系统,土壤碳库变化对于全球温室效应、全球碳循环有着重大的影响。人类活动的不断影响致使土壤碳库渐成碳源,而生态系统的碳汇功能正在减弱。因此,研究土壤碳库变化,利用土壤碳库固碳减排意义重大。

利用多目标区域地球化学调查取得的有机碳、全碳指标,计算单位土壤碳量,进行土壤碳储量计算,摸清工作区碳储量"家底",对指导土地利用、农业种植和环境评估有重大意义。

一、单位土壤碳量计算方法

单位土壤碳储量计算方法参照《全国土壤碳储量及各类元素(氧化物)储量实测计算暂行要求》,以多目标区域地球化学调查土壤表层样品碳含量(分析单元为 $4km^2$ 网格)及其对应的深层样品碳含量(分析单元为 $16km^2$),分别计算单位表层土壤碳含量与深层土壤碳含量。依据表层和深层土壤碳含量分布模式,计算得到单位土壤碳量,对单位土壤碳量进行加和计算取得土壤碳储量。

土壤碳含量由土壤表层至深层主要存在两类分布模式:有机碳分布为指数模式,按照指数公式计算;无机碳分布为直线模式,按照直线公式计算。

土壤碳储量采用单位土壤碳量为单元进行加和计算。USCA 表示的是单位土壤碳量,按照深层($0 \sim 1.5m$)、中层($0 \sim 1.0m$)和表层($0 \sim 0.2m$)3 种深度分别计算有机碳(TOC)、无机碳(TIC)和全碳(TC)储量。

(一)有机碳单位土壤碳量($USCA_{TOC}$)计算方法

1. 深层有机碳单位土壤碳量($USCA_{TOC,0 \sim 1.5m}$)计算

计算公式:

$$USCA_{TOC,0 \sim 1.5m} = TOC \times D \times 4 \times 10^4 \times \rho$$

式中,$USCA_{TOC,0 \sim 1.5m}$ 为 $0 \sim 1.5m$ 深度单位土壤有机碳量,t;TOC 为有机碳含量,%;D 为采样深度,为 $1.5m$;4 为单位土壤面积,km^2;10^4 为单位土壤面积换算系数;ρ 为土壤容重,t/m^3。TOC 计算公式为:

$$TOC = \frac{(TOC_{表} - TOC_{深}) \times (d_1 - d_2)}{d_2(\ln d_1 - \ln d_2)} + TOC_{深}$$

式中,$TOC_{表}$ 为表层土壤有机碳含量;$TOC_{深}$ 为深层土壤有机碳含量,%;d_1 取表层土壤中间深度 $0.1m$,d_2 取 $1.5m$(工作区实际采样深度)。

2. 中层有机碳单位土壤碳量[$USCA_{TOC,0\sim1.0m(深h)}$]计算

计算公式：
$$USCA_{TOC,0\sim1.0m(深1.5m)} = TOC \times D \times 4 \times 10^4 \times \rho$$

式中，$USCA_{TOC,0\sim1.0m(深1.5m)}$ 为采样深度 1.5m 时计算 1.0m 深度有机碳量。TOC 计算公式为：
$$TOC = \frac{(TOC_表 - TOC_深) \times [(d_1 - d_3) + d_3 \times (\ln d_3 - \ln d_2)]}{d_3 (\ln d_1 - \ln d_2)} + TOC_深 \times \frac{d_2}{d_3}$$

式中，$d_3 = 1.0m$，其他参数同前。当实际采样深度为 1.0m 或小于 1.0m 时，仍应采用深层有机碳单位土壤碳量计算公式。

3. 表层有机碳单位土壤碳量（$USCA_{TOC,0\sim0.2m}$）计算

计算公式：
$$USCA_{TOC,0\sim0.2m} = TOC \times D \times 4 \times 10^4 \times \rho$$

式中，TOC 取表层土壤实测含量值。

（二）无机碳单位土壤碳量（$USCA_{TIC}$）计算方法

1. 深层无机碳单位土壤碳量（$USCA_{TIC,0\sim1.5m}$）计算

计算公式：
$$USCA_{TIC,0\sim1.5m} = [(TIC_表 + TIC_深) \div 2] \times D \times 4 \times 10^4 \times \rho$$

式中，$TIC_表$ 与 $TIC_深$ 分别由全碳实测数据减有机碳取得，%。其他参数同前。

2. 中层无机碳单位土壤碳量[$USCA_{TIC,0\sim1.0m(深h)}$]计算

计算公式：
$$USCA_{TIC,0\sim1.0m(深1.5m)} = [(TIC_表 + TIC_{1.0m}) \div 2] \times D \times 4 \times 10^4 \times \rho$$

式中，$USCA_{TIC,0\sim1.0m(深1.5m)}$ 为采样深度 1.5m 时计算 1.0m 深度无机碳量；D 为 1.0m；$TIC_{1.0m}$ 采用内插法确定；$TIC_表$ 与 $TIC_深$ 由全碳实测数据减有机碳取得；当实际采样深度为 1.0m 或小于 1.0m 时，仍采用深层无机碳单位土壤碳量计算公式。

3. 表层无机碳单位土壤碳量（$USCA_{TIC,0\sim0.2m}$）计算

计算公式：
$$USCA_{TIC,0\sim0.20m} = TIC_表 \times D \times 4 \times 10^4 \times \rho$$

式中，$TIC_表$ 由全碳实测数据减有机碳取得。

（三）全碳单位土壤碳量（$USCA_{TC}$）计算方法

1. 深层全碳单位土壤碳量（$USCA_{TC,0\sim1.5m}$）计算

计算公式：
$$USCA_{TC,0\sim1.5m} = USCA_{TOC,0\sim1.5m} + USCA_{TIC,0\sim1.5m}$$

2. 中层全碳单位土壤碳量[$USCA_{TC,0\sim1.0m(深h)}$]计算

计算公式：
$$USCA_{TC,0\sim1.0m(深1.5m)} = USCA_{TOC,0\sim1.0m(深1.5m)} + USCA_{TIC,0\sim1.0m(深1.5m)}$$

3. 表层全碳单位土壤碳量($USCA_{TC,0\sim0.2m}$)计算

计算公式：
$$USCA_{TC,0\sim0.2m} = USCA_{TOC,0\sim0.2m} + USCA_{TIC,0\sim0.2m}$$

二、土壤碳储量统计计算

（一）统计分类

统计分类按照土壤类型、成土母质类型、流域、生态系统、地貌景观以及土地利用类型6类分别进行统计。

（二）计算结果

所有数据按照6类分类结果对土壤碳储量进行了计算，具体统计表如下：
(1)不同土壤类型碳库统计表(表4-1)。
(2)不同成土母质类型碳库统计表(表4-2)。
(3)不同流域碳库统计表(表4-3)。
(4)不同生态系统碳库统计表(表4-4)。
(5)不同地貌景观碳库统计表(表4-5)。
(6)不同土地利用类型碳库统计表(表4-6)。

表4-1 不同土壤类型碳库统计表

碳形态	土壤类型	面积(km^2)	深层 碳储量(t)	深层 平均碳储量(t/km^2)	中层 碳储量(t)	中层 平均碳储量(t/km^2)	表层 碳储量(t)	表层 平均碳储量(t/km^2)
有机碳	高山草甸土	1 620	67 203 747	41 484	106 713 752	65 873	13 732 891	8 477
	山地草甸土	3 420	107 595 132	31 461	170 900 949	49 971	21 627 257	6 324
	高山草原土	1 024	51 150 788	49 952	59 568 591	58 172	13 652 241	13 332
	灰褐土	624	25 913 174	41 528	37 882 732	60 710	5 401 062	8 656
	黑钙土	4 292	98 172 367	22 873	130 401 552	30 382	18 100 391	4 217
	栗钙土	11 764	201 878 520	17 161	241 559 253	20 534	43 800 826	3 723
	灰钙土	1 512	15 998 334	10 581	21 041 412	13 916	2 962 710	1 959
	灌淤土	484	4 460 142	9 215	7 629 390	15 763	707 987	1 463
	潮土	48	1 010 817	21 059	998 374	20 799	181 495	3 781
	沼泽土	452	26 029 795	57 588	25 155 350	55 653	6 249 154	13 826
	风沙土	344	2 929 931	8 517	4 038 535	11 740	578 600	1 682
	汇总	25 584	602 342 749	23 544	805 889 890	31 500	126 994 614	4 964

续表 4-1

碳形态	土壤类型	面积(km²)	深度					
			深层		中层		表层	
			碳储量(t)	平均碳储量(t/km²)	碳储量(t)	平均碳储量(t/km²)	碳储量(t)	平均碳储量(t/km²)
无机碳	高山草甸土	1 620	23 388 528	14 437	14 014 275	8 651	2 903 788	1 792
	山地草甸土	3 420	56 025 698	16 382	31 586 927	9 236	6 341 720	1 854
	高山草原土	1 024	20 952 798	20 462	13 371 080	13 058	2 603 956	2 543
	灰褐土	624	15 009 728	24 054	8 741 795	14 009	1 767 547	2 833
	黑钙土	4 292	118 841 074	27 689	70 836 866	16 504	14 140 896	3 295
	栗钙土	11 764	371 451 208	31575	229 238 756	19 486	45 287 795	3 850
	灰钙土	1 512	52 022 971	34 407	33 068 337	21 871	6 535 010	4 322
	灌淤土	484	12 248 934	25 308	6 880 400	14 216	1 378 889	2 849
	潮土	48	1 471 194	30 650	961 056	20 022	184 315	3 840
	沼泽土	452	12 288 878	27 188	7 805 287	17 268	1 477 789	3 269
	风沙土	344	10 555 368	30 684	536 5041	15 596	1 064 081	3 093
	汇总	25 584	694 256 379	27 136	421 869 821	16 490	83 685 786	3 271
全碳	高山草甸土	1 620	90 592 275	55 921	120 728 027	74 523	16 636 679	10 270
	山地草甸土	3 420	163 620 830	47 842	202 487 876	59 207	27 968 977	8 178
	高山草原土	1 024	72 103 586	70 414	72 939 671	71 230	16 256 197	15 875
	灰褐土	624	40 922 902	65 582	46 624 527	74 719	7 168 609	11 488
	黑钙土	4 292	217 013 442	50 562	201 238 418	46 887	32 241 287	7 512
	栗钙土	11 764	573 329 729	48 736	470 798 007	40 020	89 088 622	7 573
	灰钙土	1 512	68 021 305	44 988	54 109 749	35 787	9 497 720	6 282
	灌淤土	484	16 709 076	34 523	14 509 789	29 979	2 086 876	4 312
	潮土	48	2 482 011	51 709	1 959 430	40 821	365 810	7 621
	沼泽土	452	38 318 673	84 776	32 960 637	72 922	7 726 942	17 095
	风沙土	344	13 485 299	39 201	9 403 576	27 336	1 642 681	4 775
	汇总	25 584	1 296 599 127	50 680	1 227 759 708	47 989	210 680 401	8 235

表 4-2 不同成土母质类型碳库统计表

碳形态	成土母质类型	面积(km²)	深度					
			深层		中层		表层	
			碳储量(t)	平均碳储量(t/km²)	碳储量(t)	平均碳储量(t/km²)	碳储量(t)	平均碳储量(t/km²)
有机碳	冲洪积物	13 928	309 841 696	22 246	476 412 910	34 205	61 322 746	4 403
	残坡积物	5 288	189 104 642	35 761	206 931 164	39 132	45 278 000	8 562
	湖积物	364	8 521 716	23 411	8 003 627	21 988	2 357 055	6 475
	风成砂	468	3 721 522	7 952	5 065 759	10 824	741 909	1 585
	黄土	5 536	91 153 172	16 466	109 476 428	19 775	17 294 903	3 124
	汇总	25 584	602 342 749	23 544	805 889 888	31 500	126 994 614	4 964
无机碳	冲洪积物	13 928	357 195 656	25 646	213 821 744	15 352	42 575 100	3 057
	残坡积物	5 288	127 376 637	24 088	75 837 242	14 341	14 611 915	2 763
	湖积物	364	13 035 673	35 812	8 369 023	22 992	1 718 541	4 721
	风成砂	468	12 648 399	27 026	6 659 047	14 229	1 306 362	2 791
	黄土	5 536	184 000 015	33 237	117 182 764	21 167	23 473 869	4 240
	汇总	25 584	694 256 379	27 136	421 869 821	16 490	83 685 787	3 271
全碳	冲洪积物	13 928	667 037 352	47 892	690 234 654	49 557	103 897 847	7 460
	残坡积物	5 288	316 481 279	59 849	282 768 406	53 474	59 889 914	11 326
	湖积物	364	21 557 389	59 224	16 372 650	44 980	4 075 596	11 197
	风成砂	468	16 369 921	34 978	11 724 807	25 053	2 048 271	4 377
	黄土	5 536	275 153 185	49 703	226 659 192	40 943	40 768 773	7 364
	汇总	25 584	1 296 599 128	50 680	1 227 759 709	47 989	210 680 401	8 235

表 4-3 不同流域碳库统计表

碳形态	流域	面积(km²)	深度					
			深层		中层		表层	
			碳储量(t)	平均碳储量(t/km²)	碳储量(t)	平均碳储量(t/km²)	碳储量(t)	平均碳储量(t/km²)
有机碳	湟水河流域	10 236	456 182 208	44 566	641 857 863	62 706	88 160 590	8 613
	黄河流域	12 216	41 394 103	3 389	63 863 907	5 228	8 582 459	703
	青海湖流域	3 132	104 766 437	33 450	100 168 118	31 982	30 251 564	9 659
	汇总	25 584	602 342 749	23 544	805 889 888	31 500	126 994 614	4 964

续表 4-3

碳形态	流域	面积(km²)	深度					
			深层		中层		表层	
			碳储量(t)	平均碳储量(t/km²)	碳储量(t)	平均碳储量(t/km²)	碳储量(t)	平均碳储量(t/km²)
无机碳	湟水河流域	10 236	324 601 403	31 712	208 805 242	20 399	41 948 799	4 098
	黄河流域	12 216	282 332 216	23 112	158 468 343	12 972	31 507 516	2 579
	青海湖流域	3 132	87 322 761	27 881	54 596 235	17 432	10 229 472	3 266
	汇总	25 584	694 256 379	27 136	421 869 821	16 490	83 685 787	3 271
全碳	湟水河流域	10 236	780 783 611	76 278	850 663 104	83 105	130 109 389	12 711
	黄河流域	12 216	323 726 319	26 500	222 332 251	18 200	40 089 975	3 282
	青海湖流域	3 132	192 089 198	61 331	154 764 353	49 414	40 481 036	12 925
	汇总	25 584	1 296 599 128	50 680	1 227 759 709	47 989	210 680 401	8 235

表 4-4 不同生态系统碳库统计表

碳形态	生态系统	面积(km²)	深度					
			深层		中层		表层	
			碳储量(t)	平均碳储量(t/km²)	碳储量(t)	平均碳储量(t/km²)	碳储量(t)	平均碳储量(t/km²)
有机碳	城镇	256	4 366 844	17 058	4 470 421	17 463	867 172	3 387
	农田	6 928	121 252 969	17 502	144 492 770	20 856	22 051 983	3 183
	草原	16 600	419 613 231	25 278	560 396 507	33 759	92 923 331	5 598
	沙漠	372	2 472 594	6 647	2 629 965	7 070	550 934	1 481
	森林	1 428	54 637 111	38 261	93 900 227	65 756	10 601 193	7 424
	汇总	25 584	602 342 749	23 544	805 889 888	31 500	126 994 614	4 964
无机碳	城镇	256	8 601 154	33 598	5 575 909	21 781	1 104 485	4 314
	农田	6 928	232 359 204	33 539	147 264 839	21 256	29 731 882	4 292
	草原	16 600	415 905 573	25 055	248 567 684	14 974	48 778 270	2 938
	沙漠	372	10 798 254	29 028	5 679 838	15 268	1 112 811	2 991
	森林	1 428	26 592 192	18 622	14 781 552	10 351	2 958 338	2 072
	汇总	25 584	694 256 379	27 136	421 869 821	16 490	83 685 787	3 271
全碳	城镇	256	12 967 999	50 656	10 046 330	39 243	1 971 658	7 702
	农田	6 928	353 612 173	51 041	291 757 607	42 113	51 783 867	7 475
	草原	16 600	835 518 805	50 332	808 964 191	48 733	141 701 600	8 536
	沙漠生	372	13 270 849	35 674	8 309 803	22 338	1 663 745	4 472
	森林	1 428	81 229 303	56 883	108 681 779	76 108	13 559 531	9 495
	汇总	25 584	571 646 442	45 630	661 448 689	52 798	87 271 182	6 966

表 4-5 不同地貌景观碳库统计表

碳形态	地貌景观	面积(km²)	深度					
			深层		中层		表层	
			碳储量(t)	平均碳储量(t/km²)	碳储量(t)	平均碳储量(t/km²)	碳储量(t)	平均碳储量(t/km²)
有机碳	河谷盆地	3 224	63 108 891	19 575	84 232 296	26 127	13 242 458	4 107
	河谷平原	1 256	22 179 129	17 659	24 941 296	19 858	5 128 084	4 083
	丘陵	13 680	286 474 603	20 941	327 116 450	23 912	60 482 500	4 421
	湖积平原	364	8 525 797	23 423	8 007 433	21 998	2 358 634	6 480
	草原	1 984	50 986 157	25 699	78 672 401	39 653	12 085 683	6 092
	高山	4 772	169 128 647	35 442	281 082 420	58 902	33 242 263	6 966
	沙漠	304	1 939 525	6 380	1 837 593	6 045	454 992	1 497
	汇总	25 584	602 342 749	23 544	805 889 888	31 500	126 994 614	4 964
无机碳	河谷盆地	3 224	93 122 068	28 884	56 422 939	17 501	11 124 107	3 450
	河谷平原	1 256	36 548 921	29 099	22 743 897	18 108	4 537 787	3 613
	丘陵	13 680	411 753 128	30 099	256 497 593	18 750	50 997 714	3 728
	湖积平原	364	13 047 460	35 845	8379 501	23 021	1 721 684	4 730
	草原	1 984	44 474 263	22 416	24 975 467	12 588	4 717 367	2 378
	高山	4 772	85 534 920	17 924	47 773 541	10 011	9 596 433	2 011
	沙漠	304	9 775 619	32 157	5 076 881	16 700	990 695	3 259
	汇总	25 584	694 256 379	27 136	421 869 821	16 490	83 685 787	3 271
全碳	河谷盆地	3 224	156 230 959	48 459	140 655 236	43 628	24 366 565	7 558
	河谷平原	1 256	58 728 051	46 758	47 685 194	37 966	9 665 869	7 696
	丘陵	13 680	698 227 731	51 040	583 614 043	42 662	111 480 214	8 149
	湖积平原	364	21 573 258	59 267	16 386 933	45 019	4 080 318	11 210
	草原	1 984	95 460 420	48 115	103 647 869	52 242	16 803 050	8 469
	高山	4 772	254 663 567	53 366	328 855 961	68 914	42 838 696	8 977
	沙漠	304	11 715 144	38 537	6 914 474	22 745	1 445 687	4 756
	汇总	25 584	1 296 599 128	50 680	1 227 759 709	47 989	210 680 401	8 235

表4-6 不同土地利用类型碳库统计表

碳形态	土地利用类型	面积(km²)	深度					
			深层		中层		表层	
			碳储量(t)	平均碳储量(t/km²)	碳储量(t)	平均碳储量(t/km²)	碳储量(t)	平均碳储量(t/km²)
有机碳	水浇地	1 436	21 602 293	15 043	24 351 660	16 958	4 380 744	3 051
	旱地	4 636	82 698 819	17 838	103 361 057	22 295	14 741 091	3 180
	菜地	8	126 986	15 873	126 225	15 778	19 790	2 474
	裸岩	348	8 827 514	25 366	13 485 076	38 750	1 314 422	3 777
	天然草地	14 140	381 037 864	26 948	512 654 330	36 256	85 173 295	6 024
	改良草地	244	5 356 028	21 951	5 281 937	21 647	1 599 442	6 555
	人工草地	100	2 168 112	21 681	2 438 251	24 383	596 928	5 969
	灌木林	2 008	25 806 506	12 852	29 204 452	14 544	4 644 927	2 313
	疏林地	1 040	40 366 730	38 814	64 635 523	62 150	7 819 177	7 518
	有林地	60	1 470 698	24 512	1 868 351	31 139	204 343	3 406
	未成林林地	776	23 987 128	30 911	38 364 684	49 439	4 683 535	6 035
	苗圃	8	75 479	9 435	73 468	9 184	17 615	2 202
	城镇	44	586 754	13 335	566 458	12 874	123 631	2 810
	滩涂	108	1 454 008	13 463	2 210 915	20 471	296 189	2 742
	沙地	320	2 092 120	6 538	2 275 245	7 110	456 745	1 427
	城镇	236	4 214 968	17 860	4 324 611	18 325	824 142	3 492
	盐碱地	40	151 156	3 779	135 370	3 384	36 164	904
	沼泽地	20	254 604	12 730	226 469	11 323	74 218	3 711
	汇总	25 584	602 342 749	23 544	805 889 888	31 500	126 994 614	4 964
无机碳	水浇地	1 436	48 210 446	33 573	30 434 457	21 194	6 054 289	4 216
	旱地	4 636	154 219 366	33 266	96 377 837	20 789	19 394 635	4 183
	菜地	8	285 285	35 661	183 540	22 943	34 048	4 256
	裸岩	348	9 282 650	26 674	5 542 134	15 926	1 152 159	3 311
	天然草地	14 140	336 272 268	23 782	198 856 357	14 063	38 931 071	2 753
	改良草地	244	6 645 166	27 234	4 039 593	16 556	782 845	3 208
	人工草地	100	2 538 941	25 389	1 604 160	16 042	325 184	3 252
	灌木林	2 008	72 949 954	36 330	47 457 883	23 634	9 533 136	4 748
	疏林地	1 040	20 779 060	19 980	12 322 655	11 849	2 452 990	2 359
	有林地	60	1 841 610	30 694	976 006	16 267	200 270	3 338

续表 4-6

碳形态	土地利用类型	面积(km²)	深度					
			深层		中层		表层	
			碳储量(t)	平均碳储量(t/km²)	碳储量(t)	平均碳储量(t/km²)	碳储量(t)	平均碳储量(t/km²)
无机碳	未成林造林地	776	17 675 813	22 778	10 496 351	13 526	2 139 436	2 757
	苗圃	8	280 317	35 040	188 801	23 600	38 529	4 816
	城镇	44	1 564 174	35 549	976 806	22 200	200 911	4 566
	滩涂	108	2 712 073	25 112	1 524 355	14 114	307 117	2 844
	沙地	320	8 978 740	28 059	4 738 387	14 807	926 740	2 896
	城镇	236	7 936 733	36 744	5 151 138	23 848	1 026 802	4 754
	盐碱地	40	1 571 724	39 293	777 902	19 448	153 989	3 850
	沼泽地	20	634 225	31 711	326 870	16 344	63 190	3 160
	汇总	25 584	694 256 379	27 136	421 869 821	16 490	83 685 787	3 271
全碳	水浇地	1 436	69 812 738	48 616	54 786 117	38 152	10 435 034	7 267
	旱地	4 636	236 918 185	51 104	199 738 895	43 084	34 135 726	7 363
	菜地	8	412 271	51 534	309 765	38 721	53 838	6 730
	裸岩	348	18 110 165	52 041	19 027 210	54 676	2 466 581	7 088
	天然草地	14 140	717 310 131	50 729	711 510 688	50 319	124 104 364	8 777
	改良草地	244	12 001 194	49 185	9 321 530	38 203	2 382 287	9 763
	人工草地	100	4 707 053	47 071	4 042 411	40 424	922 112	9 221
	灌木林	2 008	98 756 460	49 182	76 662 335	38 178	14 178 063	7 061
	疏林地	1 040	61 145 790	58 794	76 958 178	73 998	10 272 167	9 877
	有林地	60	3 312 309	55 205	2 844 357	47 406	404 612	6 744
	未成林造林地	776	41 662 941	53 689	48 861 035	62 965	6 822 971	8 792
	苗圃	8	355 797	44 475	262 269	32 784	56 145	7 018
	城镇	44	2 150 928	48 885	1 543 265	35 074	324 542	7 376
	滩涂	108	4 166 081	38 575	3 735 269	34 586	603 307	5 586
	沙地	320	11 070 860	34 596	7 013 632	21 918	1 383 485	4 323
	城镇	236	12 151 702	56 258	9 475 750	43 869	1 850 944	8 569
	盐碱地	40	1 722 880	43 072	913 273	22 832	190 153	4 754
	沼泽地	20	888 829	44 441	553 339	27 667	137 407	6 870
	汇总	25 584	1 296 599 128	50 680	1 227 759 709	47 989	210 680 401	8 235

三、土壤碳储量特征

(一)有机碳储量

研究区表层(0~0.2m)土壤有机碳储量为 1.3×10^8 t,平均有机碳储量为 5.0×10^3 t/km^2;中层(0~1m)土壤有机碳储量为 8.1×10^8 t,平均有机碳储量为 3.2×10^4 t/km^2;深层(0~1.8m)土壤有机碳储量为 6.0×10^8 t,平均有机碳储量为 2.4×10^4 t/km^2。

(二)无机碳储量

研究区表层(0~0.2m)土壤无机碳储量为 8.4×10^7 t,平均无机碳储量为 3.3×10^3 t/km^2;中层(0~1m)土壤无机碳储量为 4.2×10^8 t,平均无机碳储量为 1.6×10^4 t/km^2;深层(0~1.8m)土壤无机碳储量为 6.9×10^8 t,平均无机碳储量为 2.7×10^4 t/km^2。

(三)全碳储量

西宁—青海湖地区表层(0~0.2m)土壤全碳储量为 2.1×10^9 t,平均碳储量为 8.2×10^3 t/km^2;中层(0~1m)土壤全碳储量为 1.2×10^9 t,平均碳储量为 4.8×10^4 t/km^2;深层(0~1.8m)土壤全碳储量为 1.3×10^9 t,平均碳储量为 5.1×10^4 t/km^2。

(四)单位土壤碳储量分布

以计算的单位土壤碳储量(4km^2)为基础数据,应用软件 GeoExplor 进行 2km×2km 的网格化(搜索半径为5km)处理,按照累计频率的方法绘制等值线图,用来体现单位碳储量空间分布规律。

从表层土壤有机碳密度分布图上可以看出(图 4-1),有机碳密度呈现沿青海湖周边沙漠区、湟水河流域及黄河流域周边土壤中分布较低,而在刚察县北部草原区、拉脊山林草地区较高的特点。

无机碳密度空间分布特征与有机碳密度正好相反(图 4-2),呈现沿青海湖周边沙漠区、湟水河流域及黄河流域区相对较高,林草地分布区密度较低的特点。

全碳密度整体分布特征与有机碳分布相近。

四、不同单元碳储量特征

(一)不同成土母质碳储量特征

研究区成土母质主要有黄土、湖积物、冲洪积物、残坡积物以及风成砂共5种类型。将区内不同成土母质平均碳储量数据作比较分析(图 4-3),可以看出无论深度如何变化,有机碳密度特征为:残坡积物＞冲洪积物＞湖积物＞黄土＞风成砂;有机碳密度高值区多为残坡积物、冲洪积物分布区,林草地覆盖率较高,腐殖层较厚,致使有机碳储量处于较高水平,黄土及风成砂中微生物等极少,有机碳密度处于较低水平。

无机碳密度特征为:湖积物＞黄土＞风成砂＞冲洪积物＞残坡积物;湖积物在早期湖盆退缩过程中有较多的碳酸盐沉积。

全碳则受有机碳分布影响较大,与有机碳密度相似,残坡积物＞湖积物＞黄土＞冲洪积物＞风成砂。

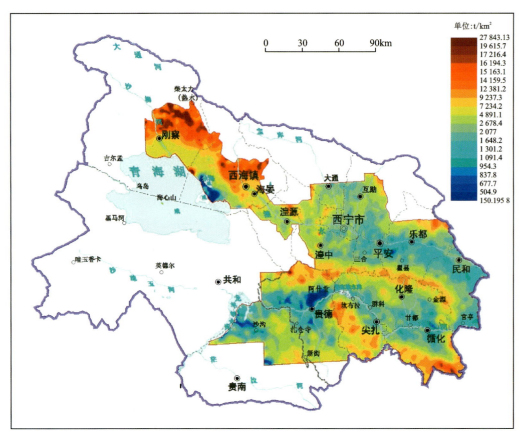

图 4-1　研究区表层土壤有机碳密度分布图

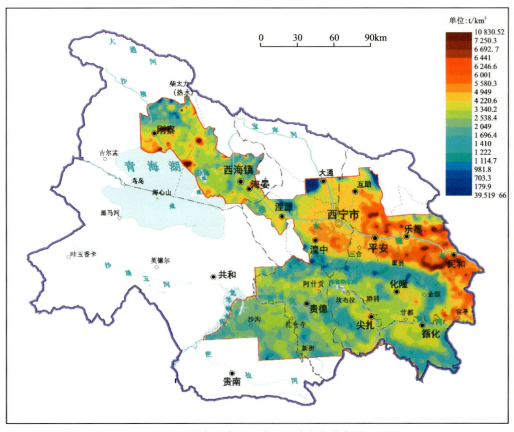

图 4-2　研究区表层土壤无机碳密度分布图

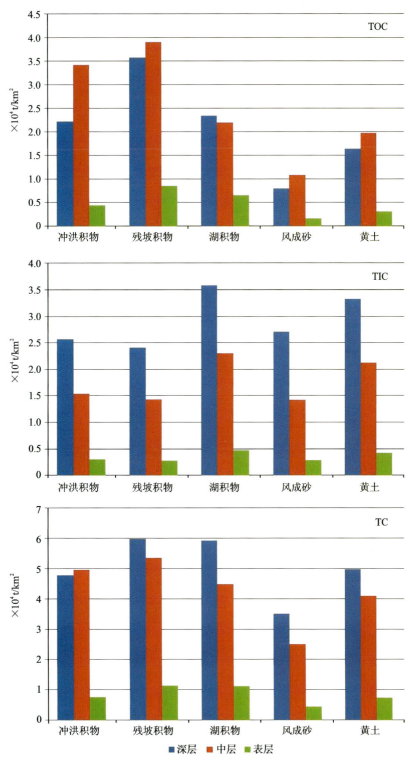

图 4-3 不同成土母质碳密度柱状对比图

(二)不同土壤类型碳储量特征

研究区土壤类型主要有高山草甸土、高山草原土、山地草甸土、栗钙土、灰褐土、黑钙土、灰钙土、灌淤土、潮土、沼泽土及风沙土共 11 种,栗钙土分布面积较大,占据总面积的 46%。将不同类型土壤平均碳储量数据作比较分析(图 4-4),可以看出以下特征。

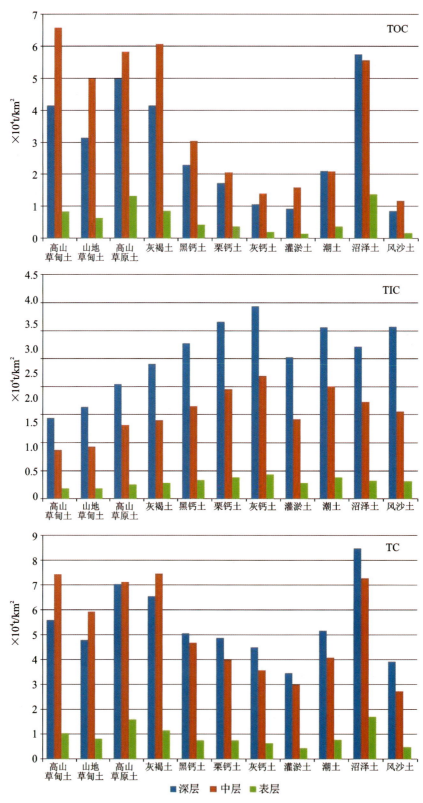

图 4-4　不同土壤类型碳密度柱状对比图

(1) 有机碳密度 (0～1.8m) 各土壤类型排序为: 沼泽土＞高山草原土＞灰褐土＞高山草甸土＞山地草甸土＞黑钙土＞潮土＞栗钙土＞灰钙土＞灌淤土＞风沙土。沼泽土中含有较多的微生物群落, 有机碳密度处于高值,高山草原土、灰褐土、高山草甸土、山地草甸土、黑钙土等多分布于高海拔的中低山、高山丘陵区,林草地发育致使腐殖质较厚沉积,积累有机质速率较大,有机碳密度较高。而海拔相对较低,多分布在丘陵与河谷地带的栗钙土、灰钙土及灌淤土平均有机碳储量相对较低,显示其由于受农业耕种影响,有机质含量呈现逐渐降低的趋势。

(2)无机碳密度(0～1.8m)各土壤类型排序为:灰钙土＞栗钙土＞风沙土＞潮土＞黑钙土＞沼泽土＞灌淤土＞灰褐土＞高山草原土＞山地草甸土＞高山草甸土。无机碳密度整体呈现与有机碳密度大致相反的特征,灰钙土尤其明显,无机碳密度最高,而有机碳密度较低。灰钙土、栗钙土等无机碳密度高与土壤母质沉积过程中积累了较多的碳酸盐类物质密切相关。

(3)全碳密度(0～1.8m)各土壤类型排序为:灌淤土＞风沙土＞灰钙土＞山地草甸土栗钙土＞黑钙土＞潮土＞高山草甸土＞灰褐土＞高山草原土＞沼泽土。

(三)不同地貌碳储量特征

研究区地貌景观主要有河谷盆地、河谷平原、湖积平原、丘陵、草原、高山、沙漠等。将不同地貌土壤平均碳储量数据作比较分析(图4-5),可以看出以下特征。

(1)有机碳密度(0～1.8m)各地貌景观排序为:高山＞草原＞湖积平原＞丘陵＞河谷盆地＞河谷平原＞沙漠。

(2)无机碳密度(0～1.8m)各地貌景观排序为:湖积平原＞沙漠＞丘陵＞河谷平原＞河谷盆地＞草原＞高山。

(3)全碳密度(0～1.8m)各地貌景观排序为:湖积平原＞高山＞丘陵＞河谷盆地＞草原＞河谷平原＞沙漠。

(四)不同生态系统碳储量特征

西宁—青海湖地区主要生态系统有城镇、农田、草原、沙漠和森林5种。将不同生态系统土壤碳密度数据作比较分析(图4-6),可以看出以下特征。

有机碳密度大小比较为:森林＞草原＞农田＞城镇＞沙漠,无机碳密度比较为:农田＞城镇＞草原＞森林＞沙漠,全碳密度与有机碳密度大小排列大致相同。

(五)不同流域碳储量特征

西宁—青海湖地区有黄河流域、湟水河流域及青海湖流域三大流域系统。将不同流域土壤碳密度数据作比较分析(图4-7),可以看出以下特征。

有机碳密度和无机碳密度在湟水河流域最高,青海湖流域次之,黄河流域最低。

(六)不同土地利用类型碳储量特征

西宁—青海湖地区主要土地利用类型有水浇地、旱地、裸土地、有林地、灌木林、疏林地、天然草地、改良草地、人工草地、荒草地、城镇、水面、滩涂、沙地等。将不同土地利用类型土壤碳密度数据作比较分析(图4-8),可以看出以下特征。

农用地中有机碳密度在林地中最高,在草地中次之,耕地中最低。盐碱地和沙地本身含碳微生物较少,有机碳密度处于低位。无机碳密度却基本相反,在盐碱地中最高,与该土地中含有较多的钙类物资有关。

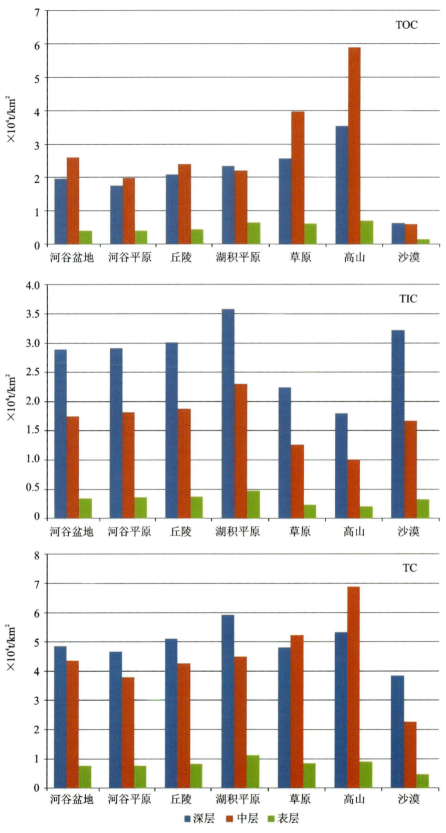

图 4-5 不同地貌碳密度柱状对比图

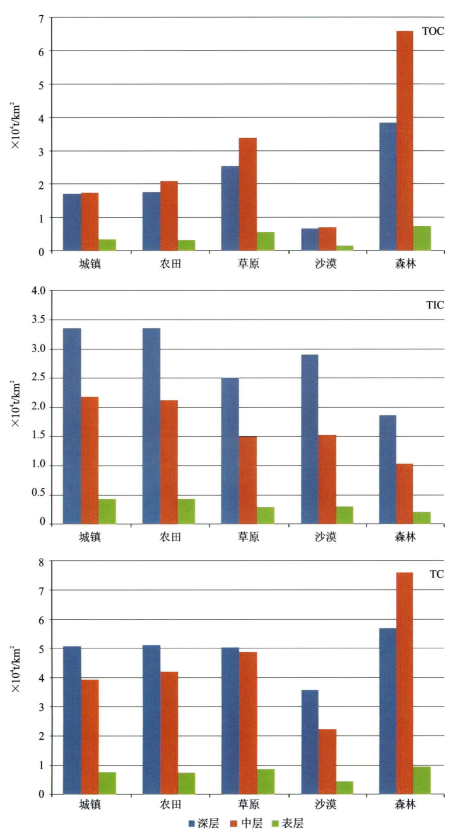

图 4-6 不同生态系统碳密度柱状对比图

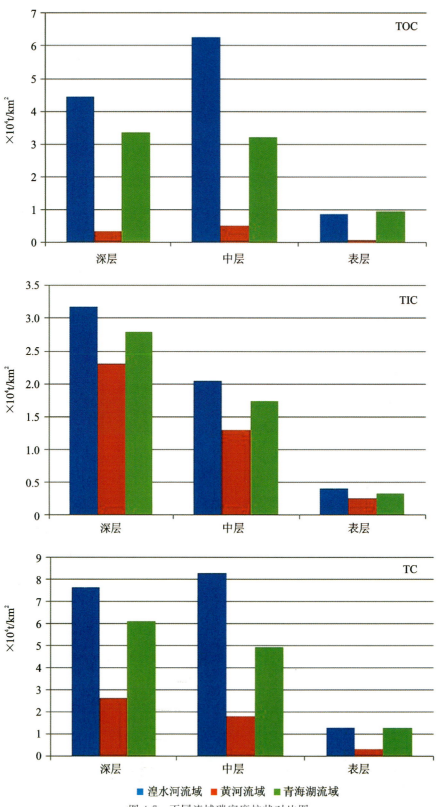

图 4-7　不同流域碳密度柱状对比图

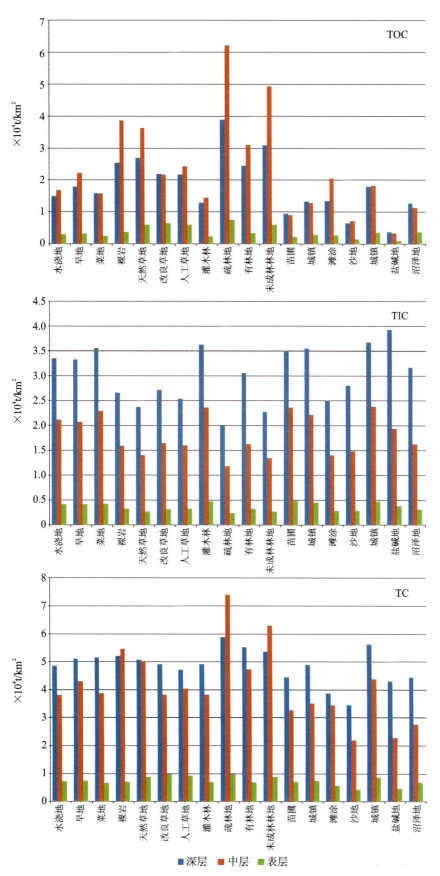

图 4-8 不同土地利用类型碳密度柱状对比图

第二节 土壤碳库变化趋势

一、土壤碳量变化计算方法

青海省第二次土壤普查(二普)成果资料主要为《青海土种志》,"青海省有机质含量图"在相关部门都无此资料存档,无法搜集到。所以,本次报告二普资料主要为第二次土壤普查的典型剖面。

用《青海土种志》中收录的典型剖面实际数据进行插值后计算得出,多目标调查区二普有机碳含量基本处于一个等值区,所以将同一土壤类型的典型剖面表层土中有机质取平均值作为该土壤类型的有机碳值。

碳汇源潜力标准计算:用碳储量计算方法分别计算多目标调查时的碳储量和二普时期的碳储量,然后相减计算它们之间的差值。

二、近20年来碳量变化

利用全省第二次土壤普查土壤剖面有机碳数据,经过插值处理,得到二普时期的有机碳含量值,通过与多目标区域地球化学调查结果对比分析,从而确定20年来土壤碳含量变化情况(图4-9)。

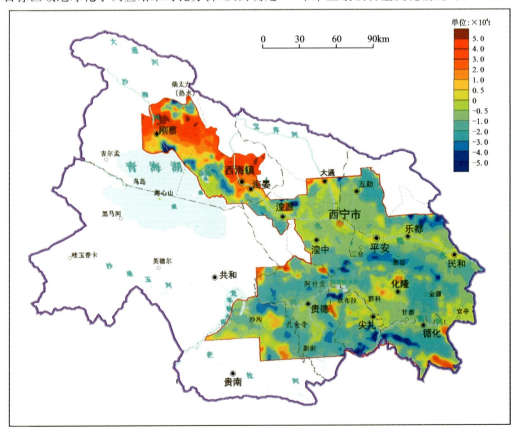

图4-9 研究区表层土壤有机碳密度变化图

图中蓝色—黄绿色部分为负值区(多目标期—二普期),代表碳源区,图中蓝色部分主要分布在区内东北部山区、东南部山区以及海晏—湟源一带的山区,这些区域由于水土流失、气候变暖等,属于一个巨大的碳源区域。其次为黄绿色区域,主要分布在青海西宁市周边农耕区,农业耕种使得适量的碳被生物从土壤中带出,土壤有机碳含量有一定的降低。黄色—红色部分为正值区,代表碳汇区,主要分布在环青海湖北部的草原区,草原区有大量的牧草生长,并腐化成有机质在本地堆积,固定了大量空气中的碳。

用二普时期典型剖面各类土壤类型有机碳的平均值和多目标调查数据分别计算不同时期各土壤类型中有机碳的储量值,并比较其储量变化情况,统计和划分碳汇碳源功能区。统计表见表4-7。结果显示,栗钙土、灰钙土、高山草原土、沼泽土、风沙土和潮土6种土壤类型在20年来,随着时间增长,表层土壤有机碳含量处于增长的趋势,其分布区域被划分为碳汇区;其他土壤类型处于减少的状态,被划分为碳源区。

表4-7 青海二普时期与多目标调查期不同土壤类型有机碳储量统计表

土壤类型	面积(km^2)	二普有机碳储量($\times 10^6 t$)	多目标有机碳储量($\times 10^6 t$)	差值($\times 10^6 t$)(多目标—二普)	功能区
高山草甸土	1 620	18.44	13.73	−4.71	碳源区
山地草甸土	3 420	37.37	21.63	−15.74	碳源区
高山草原土	1 024	3.80	13.65	9.85	碳汇区
灰褐土	624	14.57	5.40	−9.17	碳源区
黑钙土	4 292	37.78	18.10	−19.68	碳源区
栗钙土	11 764	43.25	43.80	0.55	碳汇区
灰钙土	1 512	2.60	2.96	0.36	碳汇区
灌淤土	484	1.05	0.71	−0.34	碳源区
潮土	48	0.12	0.18	0.06	碳汇区
沼泽土	452	4.26	6.25	1.99	碳汇区
风沙土	344	0.46	0.58	0.12	碳汇区
汇总	25 584	163.7	126.99	−36.71	碳源区

三、碳储量变化速率

2010—2012年间,"中国主要农耕区土壤碳库及固碳潜力研究"行业专项基金项目子课题"栗钙土固碳机制试验研究"通过在青海栗钙土中选择了9块试验田进行有机碳监测研究工作,根据项目监测数据可以进一步研究青海主要土壤类型栗钙土中有机碳储量变化机理。

项目计算得出2010年、2011年和2012年3年共9块试验田的有机碳储量和平均有机碳密度统计数据(表4-8),并作各年度平均有机碳储量分布柱状图(图4-10—图4-12)。由表和柱状图可以看出以下特征。

表 4-8　试验田表层土壤有机碳储量及有机碳密度统计表

序号	试验田代码	2010年 有机碳储量(g)	2010年 有机碳密度(g/m²)	2011年 有机碳储量(g)	2011年 有机碳密度(g/m²)	2012年 有机碳储量(g)	2012年 有机碳密度(g/m²)	平均增长率(%)
1	HZA	517.2	16.2	631.3	19.7	624.9	19.5	10.29
2	HZB	518.3	16.2	570.8	17.8	584.4	18.3	6.34
3	HZC	1 330.7	41.6	1 406.4	43.9	1 348.7	42.1	0.71
4	ZJA	1 097.8	34.3	1 295.9	40.5	1 381.4	43.2	12.37
5	ZJB	1 103.0	34.5	1 096.6	34.3	1 155.5	36.1	2.33
6	ZJC	658.2	20.6	850.5	26.6	751.0	23.5	8.74
7	DTA	1 198.8	37.5	1 274.0	39.8	1 312.5	41.0	4.57
8	DTB	1 196.2	37.4	1 306.9	40.8	1 328.3	41.5	5.40
9	DTC	569.4	17.8	610.5	19.1	621.6	19.4	4.44

注：HZ、ZJ、DT 分别指湟中、站家、大通实验田；A、B、C 分别指耕地、休耕地、荒地。

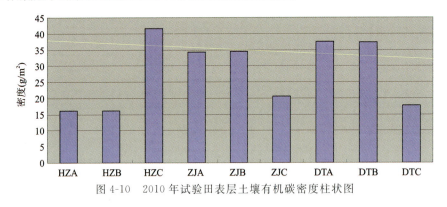

图 4-10　2010 年试验田表层土壤有机碳密度柱状图

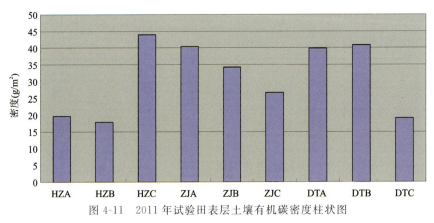

图 4-11　2011 年试验田表层土壤有机碳密度柱状图

(1)湟中试验田中荒地有机碳密度最高，耕地和休耕地储量相当；而站家试验田中荒地有机碳密度最低，耕地和休耕地储量相当；大通试验田有机碳密度同样在荒地中最低，在耕地和休耕地中基本一致。

(2)从 3 年的监测结果来看，耕地有机碳密度平均以 9.08％的速率增长，休耕地有机碳密度平均以 4.69％的速率增长，荒地有机碳密度平均以 4.63％的速率增长。

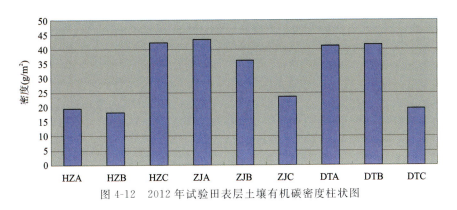

图 4-12　2012 年试验田表层土壤有机碳密度柱状图

（3）被荒的时间越长，其有机碳密度增长越快。3 块荒地中湟中荒地（HZC）被荒时间大于 10 年，而其他荒地（ZJC 和 DTC）被荒 5 年左右，湟中荒地的有机碳密度相比站家荒地和大通荒地的有机碳密度多约 100%～130%。

第三节　土壤固碳潜力

一、土壤固碳潜力计算

土壤的固碳潜力（碳容量）是指在一定的气候、地形、母质条件和土地利用方式下，土壤碳从现有状态达到一个新的稳定状态时的差值。

现根据多目标调查数据分单位统计有机碳累计频率为 97.5% 的对应值，将其作为该土壤类型或土地利用类型若干年后所能达到的最大值。各单位所能达到的有机碳最大容量值统计见表 4-9。

将最大有机碳容量值与现状态下的有机碳含量值相减得出有机碳的潜力值，根据潜力表征方法进而计算土壤固碳潜力值。具体步骤和公式如下。

土壤固碳潜力的表征方法为：在一定条件下，土壤碳将来可能达到的饱和水平或土壤可能容纳的最大碳量——"当前"碳量。

土壤固碳潜力的表征方式为：

$$C_p = \Delta C \times (S \times H) \times \rho$$

式中，ΔC 为土壤有机碳饱和水平与当前有机碳量的差值；S 为面积；H 为深度；ρ 为土壤容重。

通过计算得出，青海多目标调查区不同土壤类型的固碳潜力值统计见表 4-9。

表 4-9　研究区不同土壤类型固碳潜力值统计表

土壤类型	面积（km²）	容重（t/m³）	单位有机碳最大容量值（×10⁻² t）	表层有机碳潜力值（×10⁶ t）	备注
高山草甸土	1 620	0.89	9.33	13.17	
山地草甸土	3 420	0.88	7.998	26.51	
高山草原土	1 024	1.27	9.085	9.98	
灰褐土	624	1.29	8.706	8.61	

续表 4-9

土壤类型	面积(km²)	容重(t/m³)	单位有机碳最大容量值($\times 10^{-2}$ t)	表层有机碳潜力值($\times 10^6$ t)	备注
黑钙土	4 292	1.19	5.877	41.93	
栗钙土	11 764	1.22	6.158	132.96	
灰钙土	1 512	1.30	1.949	4.70	
灌淤土	484	1.29	1.842	1.59	
潮土	48	1.41	1.83	0.07	
沼泽土	452	0.63	11.04	0.04	
风沙土	344	1.58	2.384	2.01	
汇总	25 584	/	/	241.58	

二、土壤碳汇时间

根据土壤碳量年增长率统计得出，9 块栗钙土试验田平均增长率为 6.13%，按照这个增长率计算，栗钙土有机碳储量能达到饱和所需要的时间为 22.84 年。

三、土壤固碳措施

根据青海东部地区 20 年来土壤有机碳变化和栗钙土固碳实验结果，提出增加土壤固碳和增加土壤碳库的措施。

(1)退耕还林还草是有效增加土壤碳储量的方式。

(2)农业耕作中秸秆还田可以有效增加土壤碳储量。

第五章 土壤环境质量评价

土地是农业、林业和牧业最基本的生产资料,也是人们生产和生活的基本场所,因此土地质量的好坏直接影响到农、林、牧业的生产效益和人们的生活质量。土地质量是维持生态系统生产力、植物健康而不发生土壤退化及其他生态环境问题的能力,是土地的生产、环境保护与管理等多方面功能的综合。土地具有不同等级的质量,这是与自然作用和人为作用引起的动态变化有关的一种固有的属性。从狭义的角度来讲,土地质量也指土壤在生态系统的范围内,维持生物的生产能力、保护环境质量及促进动植物健康的能力,是以土壤养分质量、土壤环境质量为主,大气沉降物环境质量、灌溉水环境质量为辅,综合考虑与土地利用有关的各种因素的综合量度。

本章从地球化学角度,以土壤养分质量和土壤环境质量综合评价本区土壤地球化学质量,对区内污染较严重、环境影响较大的区域进行重点剖析,评价其污染来源及生态效应,对青海省东部土壤质量提出预警及检测建议。

第一节 土壤质量地球化学评价

从狭义的角度来讲,土地质量也指土壤在生态系统的范围内,维持生物的生产能力、保护环境质量及促进动植物健康的能力,也即土壤养分质量、土壤环境质量方面的综合量度。土壤养分质量是土壤提供植物养分和生产生物物质的能力,是保障粮食生产的根本;土壤环境质量是土壤影响或促进人类和动植物健康的能力。

本次土壤质量地球化学评价综合利用青海省东部地区已有调查数据,以影响土地质量的土壤养分指标、土壤环境指标为主,综合考虑与土地利用有关的各种因素,以实现土壤质量的地球化学评价。

一、土壤养分指标地球化学特征及其等级划分

土壤养分指植物所必需的主要由土壤来提供的营养元素。土壤养分的丰缺程度及供应能力直接影响作物的生长发育和产量。了解土壤养分元素的地球化学特征,客观分析土壤的养分水平、养分的空间分布规律,正确定位土壤的肥力水平,对于提出合理的施肥建议,充分发挥土壤的潜力无疑是十分重要的。

本次评估按《土地质量地球化学评价规范》(DZ/T 0295—2016)选取对土壤养分影响最重要的氮(N)、磷(P)、钾(K)来评价土壤养分等级。

(一)土壤 N、P、K 含量特征及养分等级

土壤养分元素与指标包括氮、磷、钾 3 项,这 3 项元素指标按《土地质量地球化学评价规范》(DZ/T

0295—2016)中的分级标准(表5-1),将评估区土壤划分为五级(表5-2)。

表5-1 养分指标分级标准

指标	一级	二级	三级	四级	五级
	非常丰富	丰富	适中	稍缺乏	缺乏
全氮(g/kg)	>2	1.5～2	1～1.5	0.75～1	≤0.75
全磷(g/kg)	>1	0.8～1	0.6～0.8	0.4～0.6	≤0.4
全钾(g/kg)	>25	20～25	15～20	10～15	≤10

表5-2 养分指标分级统计表

指标	样品数/比例	一级	二级	三级	四级	五级
		非常丰富	丰富	适中	稍缺乏	缺乏
全氮	样品个数	2 423	553	1 098	853	1 511
	比例(%)	37.64	8.59	17.05	13.25	23.47
全磷	样品个数	1 311	2 106	2 371	565	85
	比例(%)	20.36	32.71	36.83	8.78	1.32
全钾	样品个数	93	3 511	2 726	106	2
	比例(%)	1.44	54.54	42.34	1.65	0.03

注:将测试数据中 K_2O 含量按原子量换算为全钾含量。

1. 氮

土壤全氮量通常用于衡量土壤氮素的基础肥力。研究区全氮含量跨度大,含量从0.036～11.39g/kg不等,平均值为2.03g/kg。土壤全氮量分布规律明显,评估区西北刚察—海晏—湟源—大通一带、中部拉脊山地区及南部的过马营—新街—岗察—道帏一带为草原或森林覆盖,土壤全氮含量丰富,为一级或二级土壤,占总面积的46.23%;湟水河及黄河两侧谷地和中低山丘陵区、尕海及龙羊峡东南沙漠覆盖区土壤全氮含量较低,呈稍缺乏或缺乏的四级和五级土壤,占总面积的36.72%。

2. 磷

评估区土壤全磷的含量范围为0.21～3.42g/kg,平均值为0.84g/kg。研究区土壤全磷含量较丰富,其分布与土壤全氮分布趋势一致,其中土壤全磷含量丰富的一级、二级土壤面积约占调查区面积的53.08%,主要分布于评估区西北刚察—海晏—湟源—大通一带、中部拉脊山地区及南部的过马营—新街—岗察—道帏一带;磷含量较为缺乏和缺乏的四级、五级土壤主要分布于湟水河及黄河两侧局部谷地和中低山丘陵区、尕海及龙羊峡东南沙漠覆盖区,占总面积的10.1%;黄河两侧地区土壤主要为含磷适中的三级土壤,占总面积的36.83%。

3. 钾

评估区土壤测试 K_2O 含量,根据其原子量换算为全钾含量,范围为0.33～3.68g/kg,平均值为2.02g/kg。研究区土壤全钾含量丰富,一级、二级土壤面积约占调查区面积的55.98%,三级适中区域占总面积的42.34%,于评估区东部大面积分布;含量较缺乏或缺乏的四级、五级土壤占总面积的

1.68%,主要分布于评估区西部尕海周边沙漠区。

(二)土壤养分地球化学综合等级

按《土地质量地球化学评价规范》(DZ/T 0295—2016),土壤养分地球化学综合评价等级划分见表5-3。土壤养分地球化学综合等级含义与图示同表3-1。

表5-3 土壤 $f_{养综}$ 养分地球化学等级划分表

等级	一等	二等	三等	四等	五等
$f_{养综}$	$f_{养综} \geq 4.5$	$4.5 > f_{养综} \geq 3.5$	$3.5 > f_{养综} \geq 2.5$	$2.5 > f_{养综} \geq 1.5$	$f_{养综} < 1.5$

通过式(3-2)和表5-3,将评估区土壤养分地球化学等级划分为五级(表5-4)。从表5-4中可以看出,评估区土壤养分整体适中,一等、二等养分充足区域面积占49.86%,主要分布于评估区西北刚察—海晏—湟源—大通一带、中部拉脊山地区及南部的过马营—新街—岗察—道帏一带的草原或森林覆盖区,该区植被发育,土壤有机质含量较高,土壤养分较丰富。湟水河及黄河谷地为主要农耕区,长期的耕作及其他人为活动对土壤养分的流失有着重要影响;两侧中低山丘陵区红层发育、植被稀疏;谷地及两侧中低山丘陵区土壤养分为适中—较缺乏的三等和四等土壤。尕海周边沙漠覆盖区土壤养分较低,为养分缺乏的五级土壤,占总面积的0.98%。

表5-4 土壤 $f_{养综}$ 养分地球化学等级划分结果表

等级	一等	二等	三等	四等	五等
样品个数	1 007	2 203	1 861	1 304	63
比例(%)	15.64	34.22	28.91	20.25	0.98

二、土壤环境地球化学特征及等级

近年来,各地区、各部门积极采取措施,在土壤污染防治方面进行探索和实践,取得一定成效。但是由于我国经济发展方式总体粗放,产业结构和布局仍不尽合理,污染物排放总量较高,土壤作为大部分污染物的最终受体,其环境质量受到显著影响。土壤中的污染物来源广、种类多,一般可分为无机污染物和有机污染物。无机污染物以重金属为主,如镉、汞、砷、铅、铬、铜、锌、镍,局部地区还有锰、钴、硒、钒、锑、铊、钼等。有机污染物种类繁多,包括苯、甲苯、二甲苯、乙苯、三氯乙烯等挥发性有机污染物,以及多环芳烃、多氯联苯、有机农药类等半挥发性有机污染物。

本书以Cd、Hg、As、Cu、Pb、Cr、Zn、Ni等土壤无机污染物为指标,对土壤环境质量进行评价;另外,由于pH值的高低影响作物对有害元素的吸收,故将其划分为土壤环境指标。其中Cu和Zn元素在含量水平较低时,是作物的有益元素,当含量超过一定值时,则是有害元素,因此,这些元素对于作物生长具有双阈值。查清这些元素和化合物的含量范围、赋存状态和影响因素对于保证粮食品质安全生产具有重要的指导意义。

(一)土壤pH地球化学等级

按《土地质量地球化学评价规范》(DZ/T 0295—2016)土壤pH分级标准,将评估区土壤划分为五级(表5-5)。

表 5-5 土壤酸碱度分级标准

pH 值	<5.0	5.0～6.5	6.5～7.5	7.5～8.5	>8.5
等级	强酸性	酸性	中性	碱性	强碱性
颜色					
R∶G∶B	192∶0∶0	227∶108∶10	255∶255∶192	0∶176∶240	0∶112∶192
样品个数	2	41	701	4719	975
比例(%)	0.03	0.64	10.89	73.30	15.14

从表 5-5 可以看出，全区土壤从强酸性到强碱性都有分布。

土壤 pH 值以碱性和弱碱性为主，占全区总面积的 88.44%，分布于全区大部分地区，青海湖与尕海之间的沙漠区为强碱性区域。

酸性和强酸性土壤面积极小，仅占总面积的 0.67%，主要分布于刚察、西海、湟源、大通北部山区、中部拉脊山地区及南部黄河南山地区。这些地方草原、森林发育，土壤有机质丰富，腐殖酸含量较高可能是引起土壤酸碱度较低，pH 值呈中性—酸性的重要原因；酸性土壤会增加有害元素的活性。

(二) 土壤 As、Cd、Hg 等有害元素环境质量等级

工作区土壤 pH 值从强酸性—强碱性都有分布，以碱性和弱碱性为主，按照评估从严的原则，采用《土壤环境质量标准》(GB 15618—1995)中二级标准最小值作为本次评估的标准值(表 5-6)。根据式(3-1)计算出各有害元素单项污染指数 P_i，并按表 3-2 划分有害元素等级(表 5-7)。

表 5-6 有害元素二级标准值(mg/kg)(GB 15618—1995)

元素	镉	汞	砷	铜	铅	铬	锌	镍
标准值	0.3	0.3	20	50	250	150	200	40

注：砷、铜、铅等元素不同土地利用类型有不同的标准值，此处从严采用最低值作为评估的标准值。

表 5-7 有害元素含量分级统计表

元素	样品数/比例	一级	二级	三级	四级	五级
镉	样品个数	6 240	183	11	1	3
	比例(%)	96.92	2.84	0.17	0.02	0.05
汞	样品个数	6 365	72	0	1	0
	比例(%)	98.86	1.12	0	0.02	0
砷	样品个数	6 124	271	30	9	4
	比例(%)	95.12	4.21	0.47	0.14	0.06
铜	样品个数	6 380	54	3	0	1
	比例(%)	99.10	0.83	0.05	0	0.02
铅	样品个数	6 434	4	0	0	0
	比例(%)	99.94	0.06	0	0	0

续表 5-7

元素	样品数/比例	一级	二级	三级	四级	五级
铬	样品个数	6 293	107	20	14	4
	比例(%)	97.75	1.66	0.31	0.22	0.06
锌	样品个数	6 433	5	0	0	0
	比例(%)	99.92	0.08	0	0	0
镍	样品个数	5 869	472	50	27	20
	比例(%)	91.16	7.33	0.78	0.42	0.31

从表 5-7 可以看出，评估区土壤总体环境指标良好，但有部分样品有害元素含量较高。区内土壤汞、铜、铅、铬、锌含量均较低，各自超过 97% 的样品均为一级清洁等级。镉、砷、镍高含量区面积稍大，占总面积的 3.08%～8.84%，以镍高含量区面积最大。

汞元素仅有 0.02% 样品含量较高，位于平安区三合镇南部山区，0.03% 的样品为轻微偏高。其余 99.95% 的土壤为无污染的清洁土壤。

铜元素有 0.9% 样品含量较高，主要位于中部拉脊山的群加和金源一带，黄河南部山区有零星土壤轻微偏高，西宁市有小面积土壤轻度偏高。其余 99.1% 的土壤为无污染的清洁土壤。

铅元素仅有 0.06% 的样品为轻微偏高，主要位于尖扎县西部山区。其余 99.94% 的样品清洁无污染。

铬元素约 0.59% 的样品达到为轻度—中度偏高，位于评估区中部的群加、昂思多、峡门及金源的拉脊山一带。其余 97.75% 的样品清洁无污染。

锌元素约 0.08% 的样品为轻微偏高，位于湟中县西部的甘河滩地区及尖扎西部山区。其余 99.92% 的样品清洁无污染。

镉高含量区主要位于湟中县西北部的甘河滩地区；西宁市有小面积土壤为轻度偏高；在尖扎县西部山区局部土壤为轻微—重度偏高；湟源东部山区、中部拉脊山地区及南部山区有较大面积土壤轻度偏高。

土壤砷元素局部含量在研究区较高，0.67% 的样品为轻度—重度偏高，主要位于评估区中部群加、扎巴、金源一带的拉脊山山区，在研究区西部的拉西瓦以西及新街、常牧、尖扎滩等地山区也有小面积轻微—中度高值区出现。约 95.12% 的土壤为一级清洁土壤，广泛分布于全区。

镍元素高含量区面积最大，轻微—重度含量偏高土壤面积占总面积的 8.84%，主要分布于评估区中部的群加—昂思多—峡门—金源的拉脊山一带；湟源东部及黄河南部山区有零星轻微偏高土壤分布。

(三)土壤环境地球化学质量综合等级

在单指标土壤环境地球化学等级划分基础上，每个评价单元的土壤环境地球化学综合等级等同于单指标划分出的环境等级最差的等级。

对土壤环境地球化学质量进行等级划分(表 5-8)及成图后发现，全区土壤环境较好，一等清洁土壤面积比例达到 85.41%，广泛分布于全区；三等、四等及五等轻度—重度偏高土壤面积比例仅占 2.26%，主要分布在评估区中部拉脊山山区；在评估区中部的湟中县西甘河滩、西部的拉西瓦西、西南的新街、常牧及尖扎滩局部山区也有小面积高含量土壤分布。整体上，高含量土壤主要位于拉脊山及黄河南山等地区，与地质背景有较大关系；湟中甘河滩及西宁市较高的 Cd、Cu 分布则可能主要受人类活动的影响。

表 5-8 土壤环境地球化学质量等级划分表

等级	一等	二等	三等	四等	五等
样品个数	5 499	793	82	37	27
比例(%)	85.41	12.32	1.27	0.57	0.42

三、土壤质量地球化学综合等级

土壤质量地球化学综合等级由评价单元的土壤养分地球化学综合等级与土壤环境地球化学综合等级叠加产生,结果见表 5-9。

从表 5-9 可以看出,评估区一等、二等优良土壤,占比达到 65.75%,广泛分布于全区;土壤环境清洁、养分中等至丰富。环境质量较差的四等、五等土壤面积比例仅占 3.24%,主要分布于尕海及龙羊峡东南沙漠覆盖区、中部拉脊山的群加—昂思多—峡门—金源地区,在西宁市、甘河滩及罗汉堂西有小面积分布。尕海及龙羊峡东南沙漠覆盖区土壤环境清洁但养分缺乏,为四等土壤;拉脊山局部地区土壤环境轻度—重度含量偏高,土壤养分丰富,为四等—五等土壤;西宁市及甘河滩地区土壤环境轻度—中度含量偏高,土壤养分中等;罗汉堂西土壤环境较差,土壤养分较缺乏。

表 5-9 土壤质量地球化学综合等级划分表

等级	一等	二等	三等	四等	五等
样品个数	2 586	1 647	1 996	145	64
比例(%)	40.17	25.58	31.00	2.25	0.99

整体上,评估区土壤质量较好,人口及农业密集的湟水河和黄河两岸多为三等中等——一等优质土壤。四等差等—五等土壤主要分布于评估区中部的拉脊山地区,与地质背景关系较大,且该区主要为林地及牧草地,对农牧业生产影响较小。

第二节 重点区域土壤环境质量评价

我国的土壤环境质量是在经济社会发展过程中长期累积形成的,主要原因包括 4 个方面。

(1)工矿企业生产经营活动中排放的废气、废水、废渣是造成其周边土壤环境问题的主要原因。尾矿渣、危险废物等各类固体废物堆放等,导致其周边土壤重金属含量较高。汽车尾气排放导致交通干线两侧土壤铅、锌等重金属和多环芳烃含量较高。

(2)农业生产活动是造成耕地土壤环境问题的重要原因。污水灌溉,化肥、农药、农膜等农业投入品的不合理使用和畜禽养殖等,导致耕地土壤出现环境问题。

(3)生活垃圾、废旧家用电器、废旧电池、废旧灯管等随意丢弃,以及日常生活污水排放,造成土壤质量下降。

(4)自然背景值高是一些区域和流域土壤重金属含量较高的主要原因。

土壤环境质量的风险主要包括 3 个方面:一是耕地质量影响农产品质量。土壤环境质量影响农作物生长,造成减产。农作物可能会吸收和富集某些重金属和有机物质,影响农产品质量,给农业生产带来经济损失;长期食用超标农产品可能严重危害人体健康。二是危害人居环境安全。住宅、商业、工业等建设用地土壤重金属可能通过经口摄入、呼吸吸入和皮肤接触等方式危害人体健康。环境质量有问题的地块未经治理修复就直接开发,会给有关人群造成长期的危害。三是威胁生态环境安全。土壤环境质量影响植物、动物(如蚯蚓)和微生物(如根瘤菌)的生长和繁衍,危及正常的土壤生态过程和生态服务功能,不利于土壤养分转化和肥力保持,影响土壤的正常功能。土壤中的重金属和有机物质,可能发生转化和迁移,继而进入地表水、地下水和大气环境,影响其他环境介质,可能会对饮用水源造成影响。

评估区大部分环境质量较差的土壤主要分布于山区,多由地质背景引起,对人类生产和生活影响不大。甘河滩工业园区为青海东部地区最大的工业基地,其重金属高含量的出现,对今后青海省生态环境的保护和治理、类似工业园区的规划具有重要的启示意义;西宁市作为青海省政治、经济和文化中心,分析其1991年和2004年土壤中重金属元素含量的变化,对西宁市今后的变化和青海省大中型城市规划及生态环境的发展变化均具有重要的警示和借鉴意义。

一、甘河滩重金属高值区生态效应评价

甘河滩位于湟中县西北,地形平缓,海拔在2 680～2 696m之间。区内有一小水系自南向西流过。此地是青海省内最大的工业园区之一(甘河滩工业园区),主要厂矿有青海钢厂、化肥厂、西部矿业等,是以有色金属冶炼、新型材料和高耗能产业为主的工业基地。

(一)地质背景及土壤类型概况

污染区地理坐标:东经101°30′—101°39′,北纬36°29′30″—36°36′。污染区主要地层为西宁组(Ex)砂岩、粉砂岩及石膏岩互层,另出露有贵德群(NG)泥岩、砾岩、砂岩及泥灰岩和第四系冲洪积物。土壤类型主要为高山草甸土和黑钙土。

(二)土壤质量现状

该区表层土壤中重金属超过《土壤环境质量标准》(GB 15618—1995)二级标准的元素有Cd、Hg元素,Cd高值土壤面积约38km²,峰值为$4.8×10^{-6}$,均值为$0.67×10^{-6}$;Hg高值土壤总面积4km²,含量为$628×10^{-9}$。深层土壤无异常。

为了进一步确定异常中心位置,对该区43件样品进行了单点样分析,针对区域异常特征,主要分析了Cd、Hg、Zn、As、Cr、Sb六元素。与《土壤环境质量标准》(GB 15618—1995)中二级标准相比,本区异常元素主要是Cd、Hg、Zn、Pb。相对来说,As和Cr在本区土壤中是清洁的,除了As有3个点比值为1.01、1.05、1.07外,其余均小于1。从各元素特征参数表(表5-10)中看出,本区主要重金属元素是Cd,与《土壤环境质量标准》(GB 15618—1995)中一级标准相比,43件样品中有32件样品超标。Zn、Pb的异常平均值均大于全国一级土壤标准。按一般农业不能容忍下限标准(二级土壤标准)界限,Cd、Zn、Hg元素分别有12个和2个样品超标。

表5-10 甘河滩地区单点样($n=43$)参数特征表

元素	异常点数	全国土壤标准		含量区间	$X_{本区}/X_{全国标准}$比值			
		一级	二级		相对倍数		超标点数(个)	
					一级	二级	一级	二级
Cd	33	0.2	0.6	0.15～21	5.13	1.03	32	12
Zn	15	100	300	52.6～1 070	1.3	0.43	11	2

续表 5-10

元素	异常点数	全国土壤标准		含量区间	$X_{本区}/X_{全国标准}$ 比值			
		一级	二级		相对倍数		超标点数(个)	
					一级	二级	一级	二级
Pb	26	35	350	16.7~158	1.05	0.11	9	0
Hg	10	150	1 000	15~2 000	0.76	0.13	3	2
As	3	15	25	10~16	0.83	0.50	0	0
Cr	1	90	250	43.2~78.4	0.65	0.23	0	0

注：二级标准值采用 pH>7.5 对应值。

(三)重金属来源分析

为查明本区土壤重金属物质来源，分两处由西向东作了两条总长 10km 的化探综合剖面(甘 P1、甘 P2)。本区作为西宁市的重点工业区，工厂排污情况是本次工作关注重点，在甘河滩水系取了 4 个水样，并同点采集水系沉积物样。

1. 化探综合剖面

从剖面资料来看，本地土壤表层(0~20cm)重金属元素有 Cd、Zn、Pb、Sb、Hg，中层(40~60cm)有 Cd、Sb、Cu、Zn，深层(80~100cm)有 Cd、Zn(图 5-1、图 5-2)。

从图 5-1 可以看出，以青海钢厂为中心，周边土壤表层—中层—深层均出现强烈的重金属高值段；但西部大石门水库及东部东尖岭地区土壤重金属元素含量较低，多表现为背景起伏。从图 5-2 可以看出，甘河滩地区表层和中层土壤中重金属含量较高；元山尔地区位于甘河滩工业园东部边缘，其表层、中层及深层土壤也表现出较高的重金属含量；至前跃村(甘河滩工业园区外)附近，土壤重金属含量表现为背景起伏。

从区域来看，异常中心位于甘河滩工业园区，其南北及东西方向土壤重金属元素含量均较低；从剖面结果来看，高值区也集中于甘河滩工业园区，与其地质背景相似的大石门水库、东尖岭、前跃村等地重金属含量较低；表层、中层和深层土壤不同的重金属分布特征也表明该区重金属元素来源与地质背景关系不大。

据水样及水系沉积物分析结果(表 5-11)，甘河滩地区水样和水系沉积物中重金属元素含量明显高于上游清洁区；随水流的稀释和扩散，上游地区水系沉积物中重金属元素含量明显高于下游地区。在异常区所采的 3 件水样和水系沉积物样品中，Cd、Hg、Zn、Pb 在水系样品中含量很高，在水样中 Cd 均有检出。据此认为本地 Cd、Zn 异常是工业污水排放所致，水系沉积物样品中的极高含量已表明，此地的重金属是当地长期的工业生产排污而积累的。因为在一般情况下，天然水中是不含 Cd 的，水中的 Cd 来源常常为电镀、采矿、冶炼、染料、电池和化学工业等排放的废水。据有关资料，地面水中 Cd 正常值在 0.01~0.03μg/L 之间，当农灌水中含 Cd 0.007mg/L 时，即可造成含量增高。

根据以上分析，我们可以肯定，甘河滩地区重金属元素主要来源于工业园区废水、废气的排放。工业废弃物的排放已引起当地土壤和水体重金属含量增高，可能对生态环境造成重大影响。

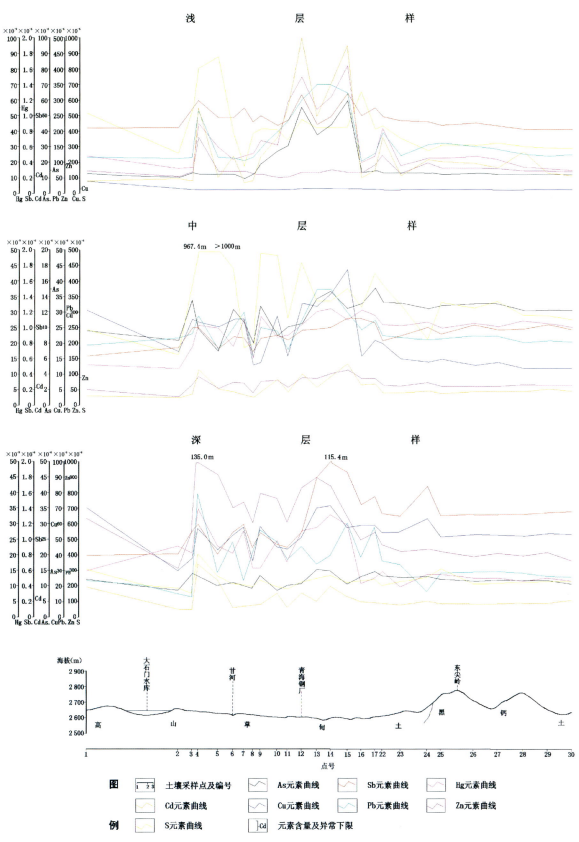

图 5-1 甘河滩地区土壤剖面(甘 P1)

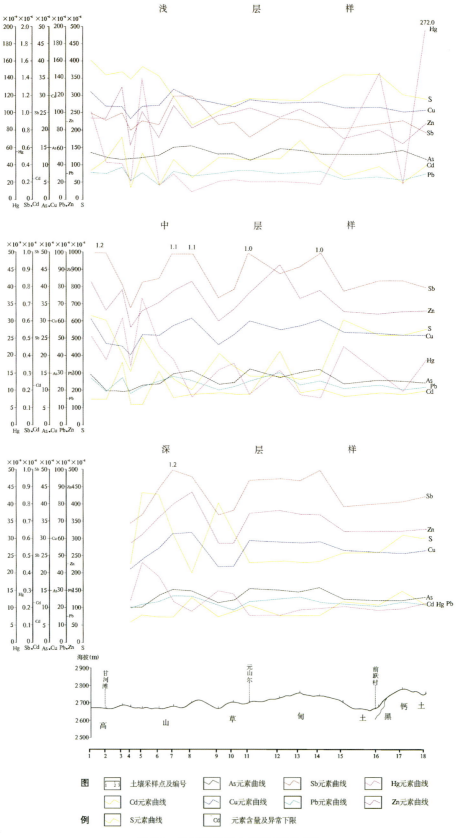

图 5-2 甘河滩地区土壤剖面(甘 P2)

表 5-11 甘河滩水样及水系沉积物样分析结果表

分析元素	样品号及样品种类							
	甘1		甘2		甘3		甘4	
	SW	Sh	SW	Sh	SW	Sh	SW	Sh
As	6.4	0.02	17	1.42	9.2	1.82	6.5	0.68
Se	0.14	0.26	0.79	0.07	0.33	0.05	0.25	0.23
Hg	71	0.014	>2 000	0.018	>2 000	0.02	>2 000	0.21
Cd	0.75	0.000	25.8	0.88	110	1.88	45.5	0.88
U	1.1	3.0	3.1	5.3	2.7	6.8	2.2	6.4
Fe_2O_3	4.22	0.014	5.06	0.14	4.5	0.036	3.91	0.00
Mn	497.5	1.62	405.2	20.0	403	30.0	427.2	20.0
Cu	18.1	1.12	57.3	5.75	41.3	4.25	26.9	2.12
Zn	64.9	3.75	910	40.0	1 949.8	40.0	864.4	30.0
Pb	16.6	3.75	150.5	5.00	115.0	5.38	66.7	5.88
采样区	清洁区		上游污染区→下游污染区					

注:①水系沉积物样(SW)Fe_2O_3 为 $n×10^{-2}$,其他均为 $n×10^{-6}$。②水样(Sh)Fe_2O_3 为 mg/L,其他均为 μg/L。

(四)生态效应评价

为了查明该区异常所带来的生态效应,在甘河滩采集了小麦、油菜、土豆样品中的可食部分。本区植作物中重金属元素超标较严重(表 5-12、表 5-13)。Cd、Pb、Zn、Sb、Hg 在 3 种作物籽实中均有超标,其中小麦中 Cd、Zn 超标分别达所采样品的 100% 和 93%,油菜中 Zn、Pb 超标严重,分别达 100% 和 57%。土豆中主要是 Hg 超标,达 70%。

表 5-12 甘河滩植物(籽实)样参数统计表

元素	小麦(30件)				油菜(30件)				土豆(30件)			
	S	Min	Max	X	S	Min	Max	X	S	Min	Max	X
As(t)	1.918	10.500	18.8	12.95	1.664	10.200	16.400	13.367	1.338	10.800	16.000	13.817
As(z)	0.052	0.014	0.23	0.089	0.161	0.017	0.680	0.175	0.010	0.001	0.045	0.023
Sb(t)	0.293	1.000	2.30	1.363	0.209	1.000	1.900	1.353	0.155	1.000	1.700	1.307
Sb(z)	0.027	0.017	0.14	0.041	0.031	0.024	0.145	0.063	0.009	0.001	0.041	0.019
Hg(t)	0.904	0.042	2.00	0.960	0.792	0.051	2.000	0.631	0.611	0.040	2.000	0.340
Hg(z)	0.007	0.006	0.05	0.010	0.004	0.006	0.022	0.012	0.008	0.003	0.036	0.015
Cd(t)	12.798	0.880	52.4	9.831	12.734	0.770	57.700	7.981	12.702	0.660	67.300	5.454
Cd(z)	0.222	0.110	0.88	0.522	0.123	0.110	0.790	0.254	0.044	0.017	0.268	0.040
Cu(t)	5.482	24.400	47.1	30.99	4.429	25.900	43.700	31.307	2.611	25.300	35.200	29.843
Cu(z)	0.604	2.740	5.43	4.348	0.247	2.150	3.420	2.537	0.450	1.080	3.650	1.536

续表 5-12

元素	小麦(30 件)				油菜(30 件)				土豆(30 件)			
	S	Min	Max	X	S	Min	Max	X	S	Min	Max	X
Pb(t)	70.057	34.500	312	108.4	58.006	42.000	267.00	91.927	29.921	33.300	177.00	64.967
Pb(z)	1.207	0.049	4.14	1.102	2.553	0.120	10.800	2.378	0.052	0.003	0.250	0.049
Zn(t)	853.06	163.00	3890	769.2	537.14	164.00	2370.0	536.43	390.29	122.00	1750.0	361.46
Zn(z)	14.606	74.000	132	97.14	11.057	54.300	113.00	69.503	2.772	3.850	19.970	5.510

注：含量单位为 $n \times 10^{-6}$。(t)表示土壤样,(z)表示植物样。

表 5-13 甘河滩植物样各元素含量特征

地区	元素	参数				
		样品数/超标数	S	Min	Max	X
甘河滩小麦	Pb	30/8	1.227 3	0.049	4.14	1.102
	Cd	30/28	0.226 2	0.11	0.88	0.522
	Cu	30/—	0.613 8	2.74	5.43	4.348
	Zn	30/30	14.855 2	74	132	97.14
	As	30/—	0.053 2	0.014	0.233	0.089
	Sb	30/2	0.027 1	0.017	0.14	0.041
	Hg	30/1	0.007 2	0.006	0.047	0.010
甘河滩油菜	Pb	30/17	2.596 9	0.12	10.8	2.378
	Cd	30/6	0.124 7	0.11	0.79	0.254
	Cu	30/—	0.251 2	2.15	3.42	2.537
	Zn	30/30	11.245 6	54.3	113	69.50
	As	30/—	0.163 9	0.017	0.68	0.175
	Sb	30/3	0.031 1	0.024	0.145	0.063
	Hg	30/2	0.004 1	0.006	0.022	0.012
甘河滩土豆	Pb	30/—	0.052 7	0.002 5	0.25	0.049
	Cd	30/1	0.044 5	0.017	0.268	0.040
	Cu	30/—	0.457 8	1.08	3.65	1.536
	Zn	30/—	2.819 5	3.85	19.97	5.510
	As	30/—	0.010 2	0.000 8	0.044 7	0.023
	Sb	30/—	0.008 7	0.001	0.041	0.019
	Hg	30/21	0.008 1	0.003	0.036	0.015

续表 5-13

地区	元素	参数				
		样品数/超标数	S	Min	Max	X
水滩小麦	Pb	5/—	0.006 9	0.002 5	0.018	0.006
	Cd	5/—	0.001 4	0.008 5	0.012	0.010
	Cu	5/—	0.650 3	3.71	5.44	4.572
	Zn	5/—	2.668 9	29.4	36.7	33.66
	As	5/—	0.087 5	0.018	0.25	0.137
	Sb	5/2	0.076 0	0.018	0.17	0.090
	Hg	5/—	0.000 7	0.006	0.008	0.007
水滩豆类	Pb	6/—	0.000 0	0.002 5	0.002 5	0.003
	Cd	6/—	0.002 5	0.011	0.017	0.014
	Cu	6/2	1.083 2	7.91	11	9.717
	Zn	6/—	4.358 2	30.2	42.2	35.48
	As	6/—	0.160 0	0.028	0.425	0.143
	Sb	6/—	0.020 1	0.008 7	0.063	0.036
	Hg	6/—	0.000 5	0.007	0.008	0.008
食品中某元素最高允许量（$\times 10^{-6}$）		蔬菜	粮食	豆类		
	Cd	/	0.2			
	Cu	/	10	20		
	Zn	20	50	100		
	As	0.5	0.7	/		
	Pb	1.0	1.0			
	Sb	0.1	/	/		
	Hg	0.01	0.02	0.01		

（五）综合评价

甘河滩地区水—土—植物样品分析数据表明，甘河滩地区土壤和水中已形成了较为严重的重金属富集，来源主要为当地的工矿企业，主要元素依次为 Cd、Zn、Hg、Pb。当地种植的农作物已吸附了这些有毒、有害的重金属，其品质已受到严重影响，并且很可能对本地人体健康构成威胁。所以本区的土地利用类型的调整及环境综合治理是当务之急。

二、西宁市土壤重金属含量变化

西宁市是青海省政府所在地和居民生活密集中心及青海省重、轻工业布局密集区,同时也是青海省政治文化活动中心。根据土壤环境地球化学等级划分结果,西宁市及周边地区有总面积约 28km² 的 Cd 高值区,同时有小面积的 Hg、Cu 高值区,位置与 Cd 高值区位置重合。1991 年"青海省西宁地区水土植物多元素地球化学评价研究"项目曾对西宁及周边地区土壤重金属元素进行了分析,现对比 1991 年和 2004 年西宁及周边地区表层土壤中 Cd、Hg 的含量,用以研究重金属含量在土壤中的变化趋势。

(一)土壤 Cd 含量变化

如图 5-3 所示,1991 年全区 Cd 含量峰值为 0.15×10^{-6},均处于全国土壤一级标准以下,西宁市周边部分地区 Cd 含量达到 0.13×10^{-6} 以上,该区域内的相对高含量源于早期的汽车制造厂、拖拉机制造厂;2004 年全区 Cd 含量峰值达到 0.7×10^{-6},较 1991 年增加了 4 倍,在西宁市区 Cd 含量远高于全国二级标准,受影响面积达 28 km² 以上。

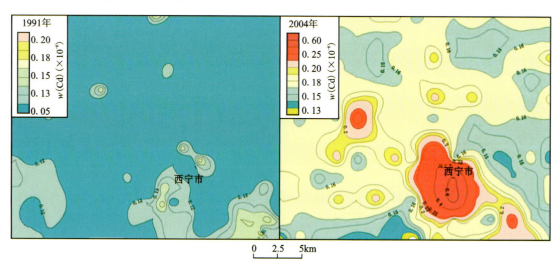

图 5-3 西宁及周边地区表层土壤 Cd 污染形势变化

镉含量增加速度明显加快,除了区域工业布局和规模扩展的原因外,消费结构变化带来的问题正在加重。有色金属选冶构成甘河滩 Cd、Hg、Pb、Zn 的重要来源。在传统消费中,颜料(如镉红—硫化镉+硒化镉+硫酸钡,镉黄—硫化镉+硫酸钡)、电镀、电焊、冶金去氧剂、防锈蚀合金、家用电器的某些部件制造、标准电池等都要用到镉。全球镉消费形势的最新统计表明,可充电和可回收镍镉电池生产对镉的需求量已达镉市场需求量的 80%,颜料占镉需求量的 11%,其他方面的需求已下降至 10% 以内。电池、电器垃圾和装修颜料涂料可能是城镇镉含量增高的又一重要原因。

(二)土壤 Hg 含量变化

和 Cd 相似,土壤 Hg 在西宁市及周边地区出现明显的点状高值区。为了查明 Hg 的形势变化,同样比较了 1991 年和 2004 年表层土壤中 Hg 的分布状况(图 5-4),1991 年和 2004 年 Hg 的含量峰值均为 250×10^{-9},高值出现在西宁市区,超出全国二级标准。但是高值面积由 1991 年的 150km² 缩减为 2004 年的 8km²,在范围上有缩小的趋势。这可能是由于随着社会的发展,人们的环保意识增强,调整了一些消费习惯,缓解了 Hg 的输入,说明土壤重金属的问题是可以治理和改善的。

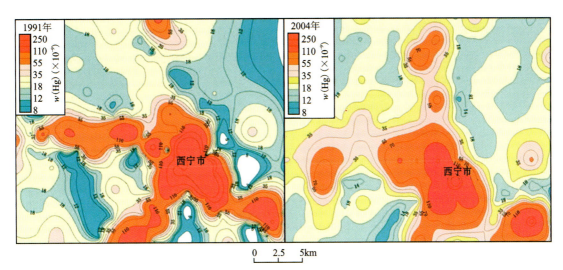

图 5-4 西宁及周边地区表层土壤 Hg 污染形势变化

(三)综合评价

据以上分析,西宁及周边地区土壤重金属含量较高的主要为 Cd、Hg 元素。对比 1991 年和 2004 年土壤 Cd、Hg 含量,发现 Hg 含量有所降低,而 Cd 高值面积及强度明显增加,这可能与人们的生活习惯有关。

随着人们生活水平的提高,燃煤使用的减少可能是西宁市土壤中 Hg 降低的重要原因之一;国家对仪器、仪表等含汞量的控制也是土壤 Hg 含量降低的重要原因之一。土壤中镉含量之所以明显增高,除了区域工业布局和规模扩展的原因外,消费结构变化带来的问题正在加重。

重金属对人类健康危害性极大,由于土壤一旦重金属含量增高,修复土壤所耗费的人力、财力、时间都相当多,所以治理重金属应坚持预防为主、防治结合的原则。西宁市及周边地区土壤中 Hg 元素含量的降低,说明通过各种手段可以对土壤重金属问题进行治理和改善。

三、土壤中重金属沉积速率

(一)河漫滩沉积柱采集

河漫滩是位于河床主槽一侧或两侧底部较平坦的、平水期无水、洪水期被淹没的滩地,它由河流的横向迁移和洪水漫堤的沉积作用形成。由于横向环流作用,"V"字形河谷展宽,冲积物组成浅滩,枯水期大片露出水面成为雏形河漫滩。雏形河漫滩上不断沉积洪水期流水携带的细粒物质,逐步转化成为河漫滩。如在宽阔的河谷或平原地区,河漫滩具有典型的二元相沉积,即上部由洪水泛滥时沉积下来的细粒物质组成,称河漫滩相沉积,多为亚砂土或亚黏土;下部由河床侧向移动过程中沉积下来的粗粒物质组成,称河床相沉积,多为砂、砾。层理连续而稳定、沉积颗粒物致密细小(保证较弱的水动力条件),且具有较高沉积速率(一般大于 1 mm/a)的河漫滩沉积剖面能较好地反映过去河流生态系统中元素的迁移与沉积规律。

采集自雨润镇的河漫滩沉积柱(PACJZ01)位于湟水河干流的北侧,地形平坦,周围植有较多的树苗,人为活动的影响相对较小。由于下部积水严重,该沉积柱总挖掘垂深 74cm,总分层为 10 层。总体颜色为黄棕色—灰色,结构较松软,黄棕色的粉砂与灰棕色黏土相间分布,土壤较湿。全柱中有较多的根系分布,且在距表层约 20cm 处分层较为明显。上部以砂质为主,下部为砂-黏质互层。

采自深沟村的河漫滩沉积柱(PACJZ02)则位于湟水河干流南侧的一荒废草地上,周围种植有白杨树与玉米等。沉积柱的总挖掘垂深为96cm,总分层为8层。沉积物总体颜色为黄棕色—灰色,整体结构较疏松,土壤中含水量较高。全柱由表层至深层主要表现为泥—沙—砾石变化趋势。沙土部分可见明显的石英、云母等细颗粒,且碳质成分较高,局部(距表层约42cm处)可见泥炭层。在距表层约62cm处见现代生活废弃物(编织袋),距表层28cm内存在较粗壮的根系。

(二)沉积速率估算

20世纪70年代以来,利用^{210}Pb过剩法与^{137}Cs时标法估算现代沉积物的年龄已经比较成熟。^{210}Pb是天然放射性铀系的成员之一,是放射性^{222}Rn(气体)的子体,它可随大气沉降落入地球表面,并被细粒硅酸岩所吸附。固着在沉积物中的^{210}Pb活度按其半衰期(22.3年)呈指数衰减,因此它是测定江、河、湖海近代沉积物百年尺度沉积时间的有利工具,并可以此为依据进一步测定近百年内现代沉积速率和沉积通量。

在假设^{210}Pb向沉积物的沉积通量恒定且其中的^{226}Ra与子体^{210}Pb处于长期平衡状态,沉积物中的^{210}Pb在沉积体系内未发生后期迁移,并根据自身衰变规律随时间衰变的前提下,可应用^{210}Pb比活度的CIC模式(恒定初始浓度)或CRS模式(恒定补给率)来推算沉积物年龄及沉积速率。

此外,自1945年大气层核试验以来,核爆炸产生的大量人工放射性核素(如^{137}Cs)随大气参与全球环流。大气中的^{137}Cs主要随降水进入水体,吸附在水中的悬浮微粒上,随悬浮物一起沉降到水底沉积物中,并逐年累积在湖底,利用^{137}Cs来进行年龄标定也是一种有效的手段。在1954年开始出现较大的^{137}Cs散落量。全世界大气层核试验集中在1961—1963年,因此1963年再一次出现了^{137}Cs散落量的最大峰值。此外,在局部地区沉积物中还可能存在若干其他标志层,如未参加核禁试条约国家的地上核试验使1971—1974年成为^{137}Cs淀积的又一相对集中时期,该散落沉降对应于1975年的沉积物层节。1986年出现的^{137}Cs沉降峰值是切尔诺贝利核事故的产物。总体而言,核试验反映在沉积物中的^{137}Cs峰值时间自下而上分别为1954年、1963年、1975年和1986年。在^{235}U裂变中产生的^{137}Cs占核素的6%,有效半衰期为30.17年。

如图5-5所示,取自雨润镇的河漫滩沉积柱PACJZ01的^{210}Pb$_{ex}$测年曲线近等幅摆动,未见明显的衰减趋势。而取自深沟村的河漫滩沉积柱PACJZ02的^{210}Pb$_{ex}$测年曲线呈较好的指数分布。

根据衰变方程与拟合曲线:
$$^{210}Pb_z = {}^{210}Pb_o \cdot e^{-\lambda t} = {}^{210}Pb_o \cdot e^{-\lambda Z/S}$$
$$^{210}Pb_{ex} = 1.0829 \cdot e^{-0.027 \cdot Z}$$

其中,Z表示剖面深度;S表示平均沉积速率;$\lambda=0.03114$。则计算可得平均沉积速率约为1.15 cm/a。

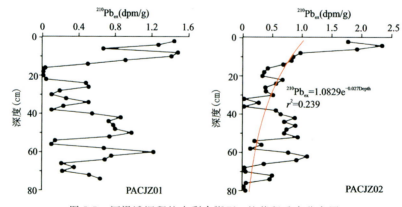

图5-5 河漫滩沉积柱中剩余^{210}Pb$_{ex}$的蓄积垂直分布图

(三)土壤中重金属元素沉积速率

在求得河漫滩平均沉积速率的基础上,将不同深度的沉积物换算为不同年份的沉积物,来研究河漫滩土壤中重金属元素含量在不同时期的变化规律。以 Cd 和 Hg 为例,制作年度沉积物含量曲线图(图 5-6、图 5-7),研究不同时期重金属的沉积速率。

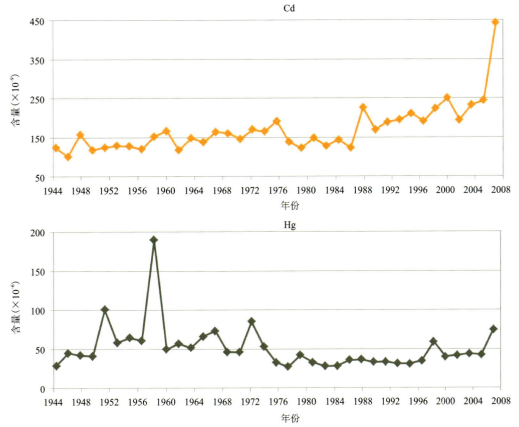

图 5-6　河漫滩沉积柱 PACJZ01 元素年度沉积含量曲线图

从图 5-6、图 5-7 中可以看出,不同地区的河漫滩沉积柱中,Cd 和 Hg 含量随时间的变化具有大体相似的特征,反映了沉积物中重金属输入量的年度变化,并且与当地社会经济发展的进程较为吻合。

(1)1950 年前后沉积物中 Hg 含量有一小幅度但明显的上升,这与中华人民共和国的成立较为一致。中华人民共和国成立前沉积物中 Hg 处于较低的含量水平,中华人民共和国成立后工农业生产逐步正常,Hg 含量的小幅增高应该是这一事件的反映。

(2)1958 年前后沉积物中 Hg 含量急剧增加,1960 年之后含量逐年下降。据平安县境内大气干湿沉降监测资料显示,土壤中的 Hg 主要以干沉积的形式进入。由此推断 1958 年席卷全国的"大炼钢铁"运动使研究区的燃煤排放急剧增加,从而使土壤中 Hg 含量急剧攀升,1960 年之后随着运动的结束土壤中 Hg 含量也呈下降趋势。

(3)1955 年之后沉积物中的 Cd 含量较之前处于稍高的含量水平,但基本维持在 0.2 mg/kg 水平以下,2002 年之后沉积物中 Cd 含量呈急剧攀升的趋势。据资料显示,土壤中 Cd 的来源主要为大气干湿沉降、工业废水排放和肥料使用。21 世纪以来湟水河流域工业生产发展迅猛,排放大量的 Cd,这一时期沉积物中 Cd 含量急剧增加。

从以上分析来看,沉积物中 Hg 呈逐年下降的趋势,这与人们生活习惯的改变、环保意识的增强密切相关,如无汞电池的使用等措施,总体上形成了较好的效果。但沉积物中 Cd 含量在 2002 以后短时期内的急剧上升,说明工业生产形成的重金属输入速度快、强度高,短时期增加的量足以超越农业社会几十年甚至上百年形成的分布现状。

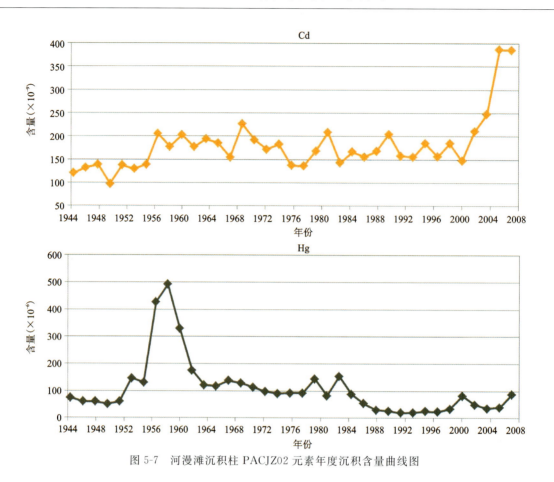

图 5-7 河漫滩沉积柱 PACJZ02 元素年度沉积含量曲线图

第三节 土壤环境安全预警及监测

土壤是构成生态系统的基本要素之一,是经济社会可持续发展的物质基础,而且与大气、水域和生物环境之间不断进行着物质和能量的交换,保护好土壤环境是推进生态文明建设和维护国家生态安全的重要内容。2014 年由环保部和国土资源部联合发布的《全国土壤污染状况调查公报》显示,我国土壤环境状况总体不容乐观,部分地区土壤污染较重,耕地土壤环境质量堪忧,工矿业废弃地土壤环境问题突出。一旦土壤环境受到污染,将通过"土壤—植物(水体)—人体"间接对人体健康造成潜在危害。

随着我国工业化和城镇化进程加快,人们社会活动产生大量污染物渗入土壤,一些长期累积的环境问题开始暴露。我国已经进入环境事件频发期,环境管理逐渐从污染物排放浓度控制、总量控制向环境风险防控与预警过渡。

土壤环境安全是整个环境安全的一个关键组成部分,土壤环境安全是保障整个生态环境安全的重要物质基础。土壤环境安全预警,是对土壤环境质量和土壤生态系统逆化演替、退化、恶化以及土壤污染暴露对人体健康的危害的及时报警。它同其他环境安全预警一样,具有先觉性、预见性的超前功能,具有对演化趋势、方向、速度、后果的警觉作用。《国家环境保护"十二五"规划》将防范环境风险列为"十二五"期间国家环境保护的主要任务之一。

2016 年 5 月 28 日颁布的《土壤污染防治行动计划》,全面贯彻党的十八大和十八届三中、四中、五中全会精神,将土壤环境安全提升到建设"蓝天常在、青山常在、绿水常在"的美丽中国的新高度。首次提出"以改善土壤环境质量为核心,以保障农产品质量和人居环境安全为出发点,坚持预防为主、保护优先、风险管控","建立土壤环境质量状况定期调查制度,每10年开展1次;统一规划、整合优化土壤环境质量监测点位,2017年底前,完成土壤环境质量国控监测点位设置,建成国家土壤环境质量监测网络,充分发挥行业监测网作用,基本形成土壤环境监测能力。"

据此,我们对青海省东部地区的海晏、西宁、甘河滩及拉脊山地区提出土壤环境安全预警,对甘河滩、西宁及周边地区、平安—乐都—民和地区提出土壤环境安全监测的建议。

一、土壤环境安全预警

根据全区土壤环境地球化学等级特征及对重点区域土壤环境安全的评价和动态变化分析,提出青海省东部地区土壤环境安全预警区。

(一)预警原则

同一元素同一量级的异常,在不同的环境条件下,其生态效应或生态响应程度是不同的;类似环境条件下,对不同的生物群的效应也是不同的。以人类经济和健康利益的维护为主要出发点,结合青海省东部地区实际情况,在预警区筛选尺度的把握上遵循以下原则或考量。

(1)参与筛选的是表层土壤中重金属污染地区。

(2)偏碱性钙质土中,Zn、Cu等元素的局部过量,只要不与其他重金属元素污染区叠加,是可以容忍的。在本区,需要明确警示的目标元素是Cd、Pb、As、Hg、Ni。

(3)便于预警区量化描述,重金属元素预警区段界定,以元素二级土壤值范围为警示界限。

(4)警示级别分为黄、橙、红三级。

黄色警示:单个或多个重金属元素含量高于二级土壤最低允许值但低于三级土壤允许值的区域,高含量由地质背景等非人为因素引起,该区已不适合绿色种植,但适合农林业正常生产和植物正常生长,看作"一般农牧产地"。

橙色警示:单个或多个重金属元素含量高于二级土壤最低允许值但低于三级土壤允许值的区域,高含量由人为因素引起,高值区存在进一步扩大和增强的可能,视为"不宜绿色农牧产地",应加强环境保护、治理措施或调整土地利用类型。

红色警示:单个或多个重金属元素含量高于三级土壤允许值,高含量程度为较严重—严重,视为"不适宜农牧区",调整土地利用类型,避免由土壤重金属高含量引起的生态环境事件。

(二)预警地段

根据预警原则,结合土地质量评价和重点区域土壤环境质量评价结果,划分研究区土壤环境安全预警区。共划分5个土壤环境安全预警区,其中红色预警区3个、橙色预警区1个、黄色预警区1个。

1. 海晏县区橙色预警区

该区已经存在地方性动物白肌病发病区,且曾发生氟中毒事件,牧草低硒含量加上氟高值存在,对其区域进行警示,对其高值地区进行生物修复和外源补硒。

警示级别:橙,不宜绿色农牧产地。

2. 西宁市及周边地区黄色预警区

以$Hg>0.23\times10^{-6}$计,面积$44km^2$。Hg的峰值为302×10^{-6},接近绿色产地最高允许值350×10^{-6}。Cd异常均值为0.38×10^{-6},近等于绿色产地最高允许值0.4×10^{-6},峰值为0.7×10^{-6},处于绿色产地和Ⅱ级土壤最高允许值$(0.4\sim1.0)\times10^{-6}$之间。有害元素Pb的峰值为$66.5\times10^{-6}$,也高于绿色产地

最高允许值50×10^{-6}。

该区所处地质背景是第四纪冲洪积物、河床淤积物。推测Hg异常主要由生活污染造成；Cd、Pb、Cu异常不排除有局部工业污染的可能。

警示级别：黄色，不适宜绿色农牧。

3. 甘河滩红色预警区

以$Cd>0.23\times10^{-6}$计，警示面积$60km^2$，其中包含$Hg>55\times10^{-9}$的面积$32km^2$，$Zn>90\times10^{-6}$的面积$28km^2$，$Pb>30\times10^{-6}$的面积$16km^2$。Cd的均值为0.8×10^{-6}，超过绿色产地最高允许值0.4×10^{-6}，接近Ⅱ级土壤限值1.0×10^{-6}，其峰值达4.8×10^{-6}。

Hg的峰值为628×10^{-9}，超过绿色产地限值350×10^{-9}。Zn的均值为164×10^{-6}，峰值为345×10^{-6}，超过食用农产品产地环境质量评价标准限值300×10^{-6}。Pb的峰值为58×10^{-6}，超过绿色产地限值50×10^{-6}。Cd的有效态也明显超标，多大于0.04×10^{-6}，最高1.0×10^{-6}。

异常所处地质背景为第四纪粉砂砾级冲积物，东、西两侧山地为第三纪砂质泥岩、砂岩。发育高山草甸土，CaO含量为2.5%~10%，有机质含量为1%~3.4%；pH值多为8~8.5，局部地段小于8；可溶性P含量水平较高，大于15×10^{-6}。

异常中心区分布有色金属选冶厂、化肥厂等工业企业，异常由工业排污所引起。异常中心区小麦、油菜和马铃薯及其生长地土壤取样分析结果显示，3种作物可食部分Zn、Cd、Hg、Pb有比较严重的超标。该区段已不适宜农业种植。

警示级别：红色，不宜农牧区。

4. 化隆县昂思多北红色预警区

该区以异常面积大、套合元素多、异常浓度不高为特征，其中Ni、Cr和As元素含量较高。按$Ni>60\times10^{-6}$计，警示面积$96km^2$。Ni的平均值为143.24×10^{-6}，峰值为481×10^{-6}，是土壤环境二级标准值（60×10^{-6}）的8倍。Cr的均值为328.44×10^{-6}，峰值为1011×10^{-6}，超过土壤环境二级标准值（250×10^{-6}）的4倍。As的均值为29.12×10^{-6}，峰值为47.97×10^{-6}，超过土壤环境二级标准值（20×10^{-6}）的2倍。

异常区所处的地质背景主要为第三纪咸水河组的泥岩、砾岩和砂砾岩，部分地区出露临夏组砂砾岩、泥岩和泥灰岩及少量花岗岩。该区发育耕种暗栗钙土和耕种黑钙土，有机质含量较高。该区表层、深层土壤中都存在Ni、Cr和As的异常，结合地质背景，该异常由其上游拉脊山地区中基性岩引起。

考虑到该区农业较发达、人口密集、土壤中的重金属元素含量较高，可能通过食物链进入人体，容易引起较大的生态问题，因此将该区列为红色警示区。在该区应注意保持土壤中的有机质含量，以保持对有害元素的吸附，减少土壤中游离的重金属元素离子。

警示级别：红色，不宜农牧区。

5. 化隆县金源红色预警区

该区与德加地区类似，土壤中Ni、Cr和As元素含量较高。按$Ni>60\times10^{-6}$计，警示面积$76km^2$。Ni的平均值为100.7×10^{-6}，峰值为339×10^{-6}，是土壤环境二级标准值（60×10^{-6}）的5倍以上。Cr的均值为208×10^{-6}，峰值为675×10^{-6}，超过土壤环境二级标准值（250×10^{-6}）的2倍以上。As的均值为39.47×10^{-6}，峰值为104×10^{-6}，约是土壤环境二级标准值（20×10^{-6}）的5倍。

异常区所处的地质背景主要为第三纪临夏组砂砾岩、泥岩和泥灰岩。该区发育山地黑钙土、耕种黑钙土及山地草甸土，有机质含量较高。该区表层、深层土壤中都存在Ni、Cr和As的异常，结合地质背景，该异常由其上游拉脊山地区中基性岩引起。

该区大部以牧业为主，土壤中的重金属元素含量较高，可能通过食物链进入人体，容易引起较大的生态问题,因此将该区列为红色警示区。

警示级别:红色,不宜农牧区。

二、土壤环境安全监测

由于土壤污染物的累积与净化作用是伴随着土壤生态环境变化同时进行的,是两种相反作用的辩证统一过程,且处于一定的相对动态平衡状态,如土壤对污染物存在吸附、过滤、胶化、沉淀等作用不断使其在土壤中累积;同时污染物又通过稀释、扩散、分解和吸收等作用而净化。因此,土壤环境安全预警仅是基于当前数据对今后几年土壤环境质量的推测和治理建议,随着城市及工业的发展、土壤环境的保护和治理、土地利用类型的改变,土壤中重金属元素的含量会随之升高或降低,到时,重新采样检测及评价土壤环境质量尤为必要,此即土壤环境安全检查。

根据青海省东部地区土壤环境质量评价结果,结合对多巴镇甘河滩工业园区重金属来源的分析和西宁及周边表层土壤中 Cd 和 Hg 元素 15 年来的变化趋势,我们对青海省东部地区以下几个区域提出进行土壤环境安全监测的建议。

(一)甘河滩工业园区及周边地区

甘河滩工业园区于 2002 年 7 月由青海省政府批准设立,位于西宁市湟中县鲁沙尔镇,甘河由南向北纵贯全境,距离西宁市 35km、湟中县城 6km,规划面积 10km^2。

园区依托青海矿产资源、电力资源及天然气资源的优势,按照特色资源与高新技术相结合的原则,大力发展循环经济,加快了有色金属加工和天然气化工产业的发展,已初步形成以有色金属冶炼和加工等为主的材料工业集群。其目标是把甘河工业园区建成为西北乃至我国重要的铅、锌铜、铝等有色金属和镍、铟、金银等稀有金属冶炼及延伸加工生产基地,成为基础设施配套、服务功能完善、产业特色明显、具有较大产业规模的新型工业园区。

根据 2004 年土壤调查结果,甘河滩地区已形成以 Cd、Hg 等重金属为主的土壤高值地段,总面积约 60km^2。据对该地区的生态效应评价,甘河滩地区土壤、水和农作物中已形成了较为严重的扩散,并且很可能对本地人体健康已构成威胁,来源主要为当地的工矿企业。

从 2004 年至今,伴随着甘河滩工业园区规模不断扩大,工业生产能力和生产总值不断提高,土壤中重金属元素含量必然发生变化。这种变化是好是坏,对周边村庄的影响是扩大还是缩小,这些都需要确凿的土壤调查数据来说明问题。为及时了解工业园区土壤中重金属元素含量的变化情况,及时调整工业园区的环保措施,避免环境事故的发生,建议对甘河滩工业园及周边约 120km^2 地区实施土壤环境安全监控措施,每 3~5 年进行一次土壤环境安全影响评价,全面评估其土壤、水、大气及农作物安全性。

(二)西宁市及周边地区

西宁市是青海省的省会,是青海省的政治、经济、文化、教育、科教、交通和通信中心,是国务院确定的内陆开放城市,2012 年底西宁市中心城区建成区面积 150km^2。2015 年西宁市第二产业产值为 543.47 亿元,增长 12.6%,其中,工业增长 12.7%。至今,西宁工业已形成以机械、轻纺、化工、建材、冶金、皮革皮毛、食品为支柱的工业体系。

根据 2004 年土壤调查结果,西宁市及周边地区有轻微—轻度的 Cd、Hg、Cu 高值区。对比 1991 年和 2004 年表层土壤中 Cd、Hg 元素含量,发现 15 年来土壤中重金属元素含量有了很大变化:Hg 高值区有所减小,而 Cd 高值区面积及强度明显增加。

西宁市作为青海省最大的城市,人口密集,土壤中较高的重金属含量易对人体健康造成较大影响。为及时掌握西宁市及周边地区土壤重金属元素含量,建议对该地区进行土壤环境安全监测,定期进行土壤环境影响评价。

(三)平安—乐都—民和地区

平安—乐都—民和地区位于西宁市东部湟水谷地,隶属海东市。该区沿湟水河分布,是青海省重要的农业生产基地,人口稠密,工农业较为发达,文化教育相对完善,社会经济较为繁荣。全区已基本形成以硅铁、电解铝、碳化硅为主的冶炼工业;以水泥、红砖、玻璃及轻型建材为主的建材工业;以农产品加工、酿造为主的食品工业;以毛、绒、革为主的服装工业;以农具、地膜为主的支农工业五大工业体系。

自2008年以来,随着民和新城的建设、海东改市后乐都城区的扩张及平安临空物流园区的建设,平安—乐都—民和一带湟水谷地土地利用类型比例发生了较大变化。城市的扩张、人口的增加必然导致生活和工业废水废物排放的增加,对周边和下游生态环境造成一定影响。

同时,湟水谷地也是青海省重要的农业生产基地,特色种植影响和规模较大,平安、乐都及民和城市和工业的发展会对该区农业种植造成多大影响,需进行土壤环境安全监测,定期进行土壤环境影响评价,促进特色、绿色农业的健康发展。

第六章　富硒评价

第一节　青海东部土壤硒地球化学特征

一、青海东部土壤硒分布特征

研究区表层土壤中硒平均含量为 0.19×10^{-6}，最大值达 2.22×10^{-6}，最小值仅为 0.02×10^{-6}，含量变化大，分布极不均匀。从土壤硒地球化学图来看（图6-1），土壤硒含量在 0.23×10^{-6} 以上的面积达 $5\,000\mathrm{km}^2$，在 0.3×10^{-6} 以上的面积为 $1\,050\mathrm{km}^2$。土壤硒高值区形成"三区两带"的分布特点，"三区"分别为刚察北部硒高值区、金银滩硒高值区和西宁-乐都硒高值区，"两带"为环湟水谷地硒高值带和黄河南山硒高值带。土壤硒含量最低值出现在青海湖东沙岛一带，另外沿黄河谷地分布的龙羊峡南部、贵德盆地、化隆盆地以及官厅等地区也是土壤硒的低值区。

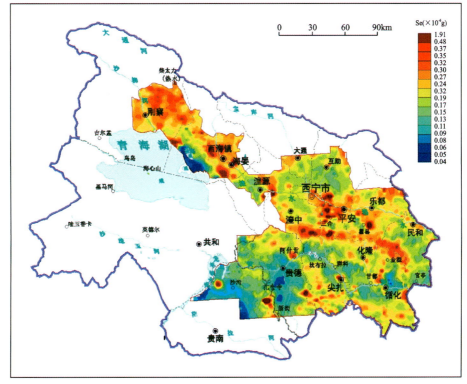

图6-1　青海东部表层土壤硒地球化学图

二、青海东部土壤硒分布的影响因素

土壤硒的空间分布,与地质、地球化学等因素有关,我们通过聚类分析、因子分析以及不同元素地球化学分布对比等手段,以期系统全面地揭示土壤硒分布的各项影响因素。

多元素R型聚类分析中,Se与两组元素关系密切,一是Br、I组合,二是N、Corg、TC、P组合。其中N、Corg、TC、P组合反映的主要是土壤有机质相关元素的聚集,与植被关系密切;在表生作用中,植物供给是土壤中Br、I元素富集的重要途径,土壤中Br、I与有机质含量均呈正相关关系,与盐水湖相沉积也有一定关系。从元素相关性来看,土壤中硒的富集与有机质关系密切,说明青海东部土壤中硒的分布在很大程度上受土壤有机质的影响,二者具正相关性。

聚类分析从整体上反映了元素的亲疏关系,从而推测出土壤硒的影响因素,但不能反映不同地区土壤硒的具体影响因素,我们通过因子分析来进一步研究。根据因子分析结果,硒元素在旋转后的15个因子中载荷差别较大(表6-1),硒得分最大的依次为F3、F14、F4、F1四个因子,但均未超过0.5,说明研究区土壤硒受多个因素影响,而这4个因子基本上反映了研究区土壤硒分布的主要影响因素。

表6-1 硒在各因子中得分一览表

因子	特征根百分比	因子载荷	硒得分	累计百分比(%)
F1	26.918	$Co^{0.949} Cr^{0.820} Cu^{0.762} Mn^{0.743} Ni^{0.823} Sc^{0.870} Ti^{0.696} V^{0.872} Zn^{0.533} Fe_2O_3^{0.854} MgO^{0.783}$	$Se^{0.212}$	26.918
F2	11.128	$Be^{0.868} Ce^{0.513} Ga^{0.605} La^{0.578} Li^{0.756} Rb^{0.905} Sn^{0.505} Th^{0.759} Tl^{0.816} Al_2O_3^{0.816} K_2O^{0.883}$	$Se^{-0.006}$	38.046
F3	8.943	$Br^{0.706} I^{0.696} N^{0.919} P^{0.647} TC^{0.924} Corg^{0.917} /pH^{-0.690}$	$Se^{0.449}$	46.989
F4	5.987	$Sr^{0.584} CaO^{0.816} /SiO_2^{-0.839}$	$Se^{0.232}$	52.976
F5	4.992	$Au^{0.929} Bi^{0.654} Hg^{0.870}$	$Se^{0.109}$	57.968
F6	3.616	$Ce^{-0.595} La^{-0.625} Nb^{-0.596} Y^{-0.705} Zr^{-0.856}$	$Se^{-0.015}$	61.583
F7	3.092	$Ag^{-0.790} Pb^{-0.868}$	$Se^{-0.028}$	64.675
F8	2.736	$B^{0.625} Sb^{0.815}$	$Se^{0.049}$	67.411
F9	2.554	$Cl^{0.818} Na_2O^{0.703}$	$Se^{0.064}$	69.965
F10	2.344	$Ge^{-0.800}$	$Se^{-0.237}$	72.308
F11	2.036	$(Ba^{0.433} /Cr^{-0.427} Ni^{-0.420} Sn^{-0.482})$	$Se^{-0.052}$	74.344
F12	2.017	$U^{-0.985}$	$Se^{-0.019}$	76.361
F13	1.764	$W^{0.837}$	$Se^{-0.065}$	78.125
F14	1.568	$S^{0.890} Sr^{0.556}$	$Se^{0.259}$	79.693
F15	1.517	$Cd^{-0.812}$	$Se^{-0.194}$	81.210

硒在F3因子中载荷最大,为0.449,说明F3因子所反映的地质因素是土壤硒分布最主要的影响因素,而F3因子结构式和聚类分析中与硒相关性最密切的元素组合高度一致,二者共同反映了研究区土壤中硒分布最主要的影响因素为土壤有机质含量。土壤有机碳含量可以较为准确地反映土壤有机质含

量和植被覆盖程度,从研究区土壤有机碳分布图(图 6-2)上可以看出,土壤硒形成的"三区两带"5 个高值区中,有 4 个硒高值区与土壤有机碳高值区一致,说明总体上土壤硒受有机质含量影响。其中西宁-乐都土壤硒高值区与有机碳分布差别明显,说明西宁—乐都地区土壤高硒有其他的成因。

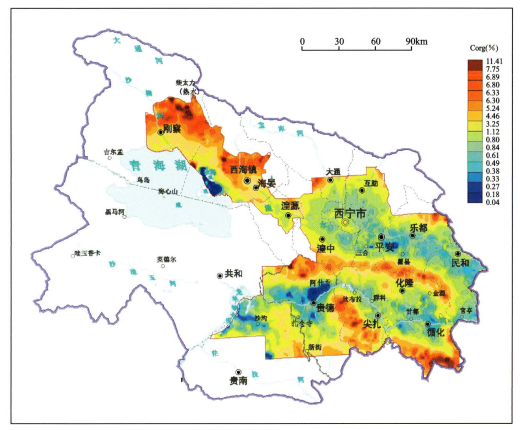

图 6-2 青海东部表层土壤有机碳地球化学图

F4 和 F14 因子有相同的变量 Sr,反映的地质因素也相似,二者共同反映了研究区富含膏岩的第三纪红层的分布及其对土壤的影响,主要在湟水谷地和黄河谷地,同时也反映出 Se 与 S 相似的地球化学性质。Se 在这两个因子中均有一定的载荷,反映了 Se 的分布主要与第三纪红层有关,并且很大程度上受硫的影响。其中湟水谷地因子得分更高,反映该地区古近纪西宁组红层是形成西宁—乐都高硒土壤的主要原因;而在黄河谷地,大面积分布的新近纪贵德群是影响土壤硒的主要因素,因子得分较低,并未形成大面积高硒土壤。

F1 因子为研究区方差贡献最大的因子,是区内地球化学场变化的重要影响因素,反映的主要是与中基性岩浆岩关系密切的元素组合。区内中基性岩浆岩主要分布在拉脊山一带,互助北部达坂山一带有小面积分布,总体分布面积不大;但 F1 因子成为区内方差贡献最大的因子,说明中基性岩浆岩对地球化学场的影响不仅局限于其出露地区,很有可能作为物质来源,大范围地影响到区内的地球化学场变化。另外,此类元素重金属较多,土壤形成方式与有机质含量也可能对其造成影响,岩石原地风化形成的土壤和有机质含量高的地区会形成此类元素的富集,F1 因子的得分也就较高。Se 在 F1 因子中占有一定载荷,反映中基性岩浆岩也是土壤高硒的影响因素之一,影响程度最高的地区为 F1 因子得分最高的地区,也就是拉脊山一带和互助北部达坂山一带,在这些地方形成了土壤高硒区。同时,这两处土壤高硒区也位于环湟水谷地高硒带上,说明这两处高硒地区是在土壤有机质和中基性岩浆岩共同的影响下形成的。

三、青海东部土壤硒的成因

通过对区域土壤硒的分布特征及其影响因素的探讨,我们初步确定了土壤硒高值区的分布主要受土壤有机质、西宁组红层以及中基性火山岩三大因素的影响,但其形成过程仍不清楚。利用刚察县北部、拉脊山老虎沟和洪水泉土壤硒高值区的多介质采样测试对比,初步探讨不同影响因素下土壤高硒的成因。

(一)刚察县北部土壤硒成因

刚察县北部土壤硒高值区位于沙柳河与哈尔盖河之间,大面积出露志留纪花岗岩体,岩性主要为钾长花岗岩、二长花岗岩和花岗闪长岩,岩体南部出露托赖岩群变质岩和二叠系砂岩、灰岩、碎屑岩等。地貌上表现为中低山丘陵地貌,地形起伏大但山体浑圆,植被覆盖率较高且致密。土壤类型以高山草甸土为主,部分山间盆地发育沼泽土和草甸土,土壤以岩石原地风化形成为主;总体土层较厚,上部为黑色壤土,有机质含量较高,下部为黑色粉砂质壤土,常发育致密的泥炭层。

从刚察县北部土壤硒高值区岩石、水系沉积物、土壤等不同介质中硒含量来看(表6-2),岩石样品中硒含量较低,并且低于酸性岩浆岩的平均含量;水系沉积物样品中硒含量明显高于原岩,接近其3倍水平,说明水系沉积物富集了硒元素。土壤中硒元素再次富集,其含量接近岩石硒含量的5倍,也明显高于水系沉积物硒含量。

结合前面的讨论,基本可以确定刚察县北部土壤硒在岩石—水系沉积物—土壤的风化成土过程中逐步富集,富集过程中粒度变细和有机质含量增加是形成高硒土壤的主要原因。这也说明了土壤有机质含量是区域上土壤硒高值区形成的重要成因,金银滩硒高值区和环湟水谷地、黄河南山硒高值带也具有相似的成因。

表6-2 研究区不同介质中硒含量一览表

介质	刚察北部		拉脊山老虎沟		洪水泉	
	样品数(件)	Se($\times 10^{-6}$)	样品数(件)	Se($\times 10^{-6}$)	样品数(件)	Se($\times 10^{-6}$)
岩石	18	0.07	51	0.15	24	0.67
水系沉积物	14	0.20	51	0.25(残积物)	24	0.61
土壤	22	0.34	51	0.29	24	0.47

(二)拉脊山地区土壤硒成因

拉脊山土壤硒高值区主要出露寒武系、奥陶系中基性火山岩,局部出露奥陶系中酸性岩浆岩。地貌上表现为切割较深的中高山地貌,地形起伏较大,植被覆盖率较高,大部分地区被致密的草皮覆盖。土壤类型以高山草甸土和山地草甸土为主,垂直分带明显,土壤母质以岩石风化物为主;土壤厚度变化较大,上部为黑色壤土,有机质含量较高,下部多为灰黑色粉砂质壤土,与岩石接触部位多发育黄褐色、青灰色残积层。

在拉脊山老虎沟一带进行地质岩石剖面测量,同点采集岩石样、残积物和土壤样,从不同介质硒含量来看(表6-2),老虎沟一带中基性火山岩中硒平均含量较低,残积物中硒元素发生富集,明显高于原岩含量;土壤中硒再次发生富集,其含量接近原岩的2倍。

由此可见,拉脊山地区硒在岩石风化的过程中,从岩石—残积物—土壤出现逐步富集的现象,介质粒度变细和有机质含量增高同样是形成高硒土壤的重要原因,这与刚察县北部土壤高硒的成因相似。但在拉脊山老虎沟地区断层破碎带和有褐铁矿化的角砾岩中采集的样品,其硒含量可达 1×10^{-6} 以上,说明该地区土壤高硒还可能有其他的成因。

在岩浆的主要结晶过程中,硒一般不发生富集,这在刚察北部酸性岩浆岩和老虎沟地区中基性火山岩中也有反映,二者硒含量均较低。岩浆作用中硒含量的增高仅仅与基性—超基性岩石中硫化物熔汁的分离作用相关,当岩浆硫化物与硅酸盐岩浆发生分离的过程中,硒与硫同时进入硫化物熔离体中,这里硒、硫的含量比其克拉克值要高出数十倍、数百倍甚至数千倍,产生了硒的富集,也表现出硒的亲硫性,这种含量增高显然受硫的萃取作用所影响。

拉脊山地区是青海省重要的早古生代海相火山岩岩浆铜镍硫化物成矿带,已于带内勘查出大型铁-镍矿床及铁-磷矿床各1个,中型铜-金矿床及铜多金属矿点(床)若干,发现与岩浆热液有关的金矿(床)达20处。火山岩是含铜的高背景岩石,普遍出现铜的矿化;火山岩发育地段和与之邻近的层位常具有铬、镍矿化或高背景的超基性或基性岩体产出。铜、镍矿化以硫化物为主,金矿化的原生载金矿物也主要为硫化物,尤以黄铁矿、毒砂为主,反映了拉脊山地区硫化物矿化的普遍存在。硫化物中硒会产生较强的富集现象,如该地区的拉水峡铜镍矿床,岩体大部分被铜、镍硫化物矿化,含矿率近90%,勘探后提交C级金属镍15 217t,铜2 402t;对主矿体硒、碲、硫等伴生元素进行储量计算,求出硒储量6 342.46kg,碲储量2 550.85kg,硫储量28 023.2t。

拉脊山普遍存在的硫化物矿化,其中赋存大量的硒元素,并且随岩石的风化和成壤,在土壤中富集造成硒的高含量。在断层破碎带、褐铁矿化地段采集的不同介质结果显示(表6-3),硒含量整体上明显高于其他地段,并且由深层到表层呈现下降的趋势,反映土壤继承了原岩的硒含量,说明拉脊山土壤硒高值区部分是由发生硫化物矿化的火山岩风化形成的。

表6-3 拉脊山主要岩性及风化物硒含量一览表　　　　　单位:$\times10^{-6}$

介质	玄武岩 ($n=25$)	安山岩 ($n=4$)	凝灰岩 ($n=6$)	角砾岩 ($n=2$)	灰岩 ($n=7$)	砂岩 ($n=3$)	破碎带 ($n=1$)	褐铁矿化角砾岩 ($n=1$)
岩石	0.12	0.09	0.08	0.08	0.06	0.24	1.08	1.25
残积物	0.24	0.12	0.12	0.21	0.20	0.44	1.19	0.61
土壤	0.30	0.24	0.22	0.23	0.30	0.37	0.84	0.47

综上所述,拉脊山土壤硒高值区的形成主要有两个原因:一是普遍发生硫化物矿化的火山岩,为土壤提供了大量的硒,并且在硫化物矿化地段形成高硒土壤;二是土壤有机质对硒较强的吸附和富集作用,使得硒在土壤中含量较高,从而形成土壤硒高值区。

(三)洪水泉地区土壤硒成因

洪水泉地区大面积出露古近纪西宁组红层,部分沟谷底部可见民和组出露,西宁组上部覆盖风成黄土,由于水流侵蚀等作用,大面积原生黄土堆积少见,仅在马圈一带存在,其他地区黄土一般较薄,并且受水流搬运影响明显。地貌上表现为红土丘陵地貌,沟谷切割较深,植被覆盖率较低,有大面积农田分布。土壤类型均为栗钙土,土壤母质以西宁组红层风化物为主,并普遍混入了黄土物质,在黄土厚覆盖区母质为风成黄土。土壤厚度较大,上部以粉砂质壤土为主,下部以黏土为主,致密胶结且壤化程度较低,整体有机质含量较低。

在洪水泉地区选择10条主要沟系,从上游至下游同点采集岩石、水系沉积物和土壤样品,从不同介质中硒含量来看(表6-2),洪水泉地区大面积出露的红色泥岩、砂岩中硒含量最高,水系沉积物和土壤中硒含量逐渐降低。这一特征与刚察县北部、拉脊山地区正好相反,反映了洪水泉地区由于土壤中有机质含量低,未能进一步对硒形成富集,但同时也说明高硒的岩石是引起土壤高硒的主要原因。洪水泉地区土壤硒含量虽然低于岩石,但总体仍呈现较高的水平,说明土壤较好地继承了原岩的硒含量,从而形成高硒土壤。

通过对青海东部土壤硒分布特征、影响因素和不同地区土壤高硒成因的初步探讨,可以初步确定该区土壤硒的分布主要受有机质含量影响,二者大体上呈正相关性。在拉脊山地区土壤硒还受到火山岩硫化物矿化影响,至少在部分地段,土壤硒较高的含量应来自于发生矿化蚀变的原岩;这从拉脊山土壤有机质低于刚察北部,而部分地段硒含量明显高于刚察北部土壤可以得到佐证。而洪水泉地区土壤硒主要来自于西宁组红层,土壤较好地继承了原岩物质组分,由于有机质、土壤质地等因素,土壤硒含量低于原岩,但仍处于较高水平,形成大面积土壤硒高值区。需要指出的是,西宁-乐都土壤硒高值区的范围与西宁组红层的分布范围并不一致,后者相对而言要大得多,说明并不是所有西宁组红层都具有较高的硒含量,其硒含量应该与其分布的地区、沉积环境等有关。

第二节 西宁—乐都地区硒地球化学特征

一、土壤硒的分布及影响因素

(一)土壤硒的分布特征

西宁-乐都土壤硒高值区主体位于湟水谷地,根据1∶5万土壤测量结果,该区土壤中硒平均含量为0.28×10^{-6},最高达5.79×10^{-6},分布范围及形态与1∶25万土壤测量圈定的高值区大体相似。西宁-乐都土壤硒高值区呈不规则状分布在西宁—乐都之间的湟水谷地及其两侧丘陵地区,总体上形成"四区一带"的特点。"四区"分别为硝沟土壤硒高值区、洪水泉-祁家川硒高值区、平安县北硒高值区和汉庄南硒高值区,"一带"为小峡-乐都湟水谷地硒高值带(图6-3)。4个硒高值区由湟水谷地硒高值带串联,相互独立又相互联系,共同形成本区土壤硒的分布形态。

(二)影响因素

从西宁—乐都地区土壤硒的空间分布特征,结合地质背景、地形地貌及成土母质等相关资料,可以初步推测影响土壤硒分布的各项因素。

1. 土壤硒分布受西宁群地层控制

土壤硒的空间分布明显受到古近纪西宁组地层的影响,尤其在南、北界线上,土壤硒高值区严格受西宁组地层控制。测区北部红崖子沟蔡家附近,为古近纪西宁组与新近纪贵德群的分界线,土壤硒高值区向北展布到此为止;测区南部主要分布民和组地层,大致以拉树岭—大寨子一线为界,硒高值区从西宁组延伸至民和组地层基本上就结束了。尤其在高店镇南部,有大面积红色地层出露,中部主要为新近纪贵德群,四周为古近纪西宁组,而硒高值区主要分布在西宁组出露地区,在贵德群出露地区形成硒低值区。由此可见,土壤硒的空间分布明显受西宁组地层控制,西宁组地层有可能是土壤高硒的决定性因素。

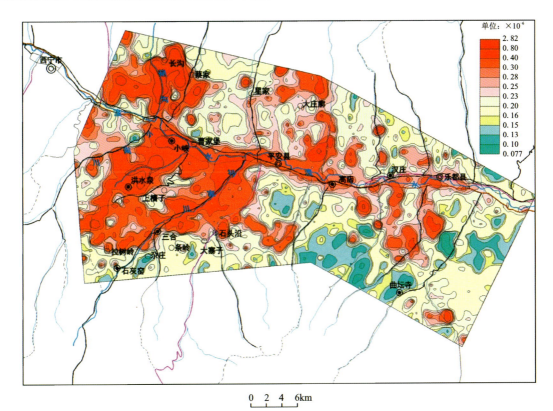

图 6-3　西宁—乐都地区土壤硒分布略图

2. 土壤硒的分布受成土母质影响

本区土壤的成土母质主要有第四纪冲洪积物、黄土以及第三纪红层物质，成土母质对土壤硒含量影响明显。

黄土母质由于其低硒的特点，在黄土上发育而成的土壤硒含量普遍较低，这在曹家堡北部、大庄廓地区和上槽子附近均有明显反映。这些地区多处于山区顶部，黄土保留较好，成土母质多为黄土，即使沟壑地区第三纪红层裸露，但由于上部黄土受侵蚀融入土壤，也对土壤硒形成稀释作用，造成这些地区土壤硒含量普遍不高。

在第三纪红层物质上发育而成的土壤，其硒含量取决于母质层硒含量。在硒含量较高的古近纪西宁组地层上发育而成的土壤，具有最高的硒水平，这在北硝沟硒高值区和洪水泉地区有良好的显示。

在第四纪冲洪积物基础上发育而成的土壤，其硒含量与物质来源有关。湟水西段由于两侧丘陵地区高硒地层裸露，发育而成的土壤硒含量较高；东段乐都地区河流搬运能力随距离增加而减弱，谷地土壤硒含量明显降低。在湟水的一些支流如祁家川，两侧均为高硒的西宁组地层出露，加之物质搬运距离较短，在河谷阶地形成的土壤硒含量可以达到很高的水平。

3. 土壤硒分布受水系影响明显

土壤硒高值区具有沿水系延伸的特点，尤以湟水河两侧狭长的河谷区表现得最为明显，硒高值区从平安县向东延伸十几千米，与湟水巨大的冲积运移能力有关。在湟水南、北各支流流域内，土壤硒也具有沿水系延伸的特点，其中祁家川两侧均为西宁群地层出露，河流两侧阶地因水流汇聚作用，形成红色的土壤硒高值区。

二、土壤硒的成因

(一)岩石硒特征

土壤中元素的来源主要与其成土母质有关,测区土壤母质主要为第三系红层、第四系黄土及冲洪积物,其他出露地层也为成土提供一部分物质来源。对测区主要地质单元采集岩石样,根据测试结果(表6-4)来看,古近纪西宁组中红色泥岩硒平均含量较高,而其他地层岩石中硒平均含量较低。

表6-4 不同地层岩石硒含量表

剖面号	位置	地层	岩性	硒平均含量($\times 10^{-6}$)
P1	北硝沟	古近纪西宁组	红色泥岩	0.87
P2	洪水泉	古近纪西宁组	红色泥岩	0.64
P3	高店南	古近纪贵德群	红色泥岩	0.14
P4	石灰窑	白垩纪民和组	棕红色泥岩	0.20
P5	石沟沿	古近纪西宁组	红色泥岩	0.95
P6	吴家台	长城纪青石坡组	青灰色砂岩	0.15
P7	汉庄北	元古宇东岔沟组	石英砂岩	0.13
P8	晁家南	奥陶纪二长花岗岩	二长花岗岩	0.045
P9	白草湾	志留纪花岗闪长岩	花岗闪长岩	0.042

总体上土壤中硒含量受古近纪西宁组红层影响明显,并且呈现较强的相关性,而其他地层硒含量较低,从而确定测区土壤中硒的主要来源为古近纪西宁群红层,经过复杂的迁移转化作用,在土壤中形成较高的含量。

(三)硒的沉积环境

根据前面的讨论,可以初步确定土壤中硒来源于西宁组红层,但研究区西宁组红层分布较为广泛,并非所有红层出露地区均有高硒土壤分布。为确定高硒土壤空间分布的决定因素,针对红层进行了地质岩石剖面测量,不同地质单元岩石样品元素测量结果见表6-5。

表6-5 不同地层单元岩石元素含量统计表

元素 (或氧化物)		地层							全区 ($n=489$)
		民和组 ($n=120$)	西宁组			贵德群			
			祁家川组 ($n=104$)	洪沟组 ($n=81$)	马哈拉组 ($n=93$)	谢家组 ($n=24$)	车头沟组 ($n=48$)	咸水河组 ($n=19$)	
Cl	$\overline{X}$	3 474.1	2 244.5	2 223.4	4 492.3	1 858.3	1 177.9	2 352.4	2 850.8
	S	9 259.7	3 465.3	3 130.3	5 986.9	2 452.7	1 622.1	2 658.5	5 804.4
Na$_2$O	$\overline{X}$	1.80	1.36	1.65	1.06	1.04	1.35	1.38	1.44
	S	1.31	0.98	0.89	1.14	0.48	0.29	0.39	1.05

续表 6-5

元素 (或氧化物)		地层							全区 ($n=489$)
		民和组 ($n=120$)	西宁组			贵德群			
			祁家川组 ($n=104$)	洪沟组 ($n=81$)	马哈拉组 ($n=93$)	谢家组 ($n=24$)	车头沟组 ($n=48$)	咸水河组 ($n=19$)	
MgO	$\overline{X}$	3.43	3.08	4.01	2.30	5.00	3.35	2.96	3.29
	S	2.14	2.48	2.69	2.13	4.54	1.68	1.10	2.49
Al_2O_3	$\overline{X}$	11.67	9.66	11.88	6.87	8.40	10.80	10.85	10.09
	S	3.90	5.34	5.46	5.51	3.16	1.71	2.34	4.97
K_2O	$\overline{X}$	2.33	2.08	2.30	1.41	1.60	1.94	1.88	2.01
	S	0.81	1.18	1.11	1.31	0.69	0.45	0.44	1.07
CaO	$\overline{X}$	9.28	12.38	10.57	18.52	19.96	8.54	11.03	12.43
	S	7.29	10.21	9.77	10.77	13.67	3.32	6.03	9.91
Cr	$\overline{X}$	47.8	43.9	55.4	29.8	56.1	64.7	77.5	48.0
	S	24.1	31.9	30.9	29.4	25.4	23.8	13.0	30.1
Mn	$\overline{X}$	748.9	504.3	851.4	323.2	618.9	637.6	642.9	611.5
	S	459.5	402.3	814.2	314.7	283.0	235.6	238.3	506.8
Fe_2O_3	$\overline{X}$	4.00	3.23	4.39	2.52	3.29	4.37	4.74	3.65
	S	1.85	2.17	2.42	2.28	1.41	0.99	1.16	2.13
Ni	$\overline{X}$	24.8	23.6	32.1	18.2	27.9	38.2	45.0	26.8
	S	11.4	16.3	16.5	14.9	10.8	9.7	10.2	15.5
Cu	$\overline{X}$	22.6	34.2	39.0	14.6	20.1	26.6	28.7	26.7
	S	35.6	82.0	57.4	11.9	7.8	5.8	8.5	48.7
Zn	$\overline{X}$	63.7	50.2	67.1	39.3	49.3	62.0	66.7	56.0
	S	27.5	49.9	33.5	34.1	20.1	19.0	22.1	35.9
Pb	$\overline{X}$	20.2	21.6	22.4	22.0	17.4	20.4	20.0	21.1
	S	8.4	16.5	20.8	39.0	4.6	3.7	4.9	20.9
Sr	$\overline{X}$	615.6	1 004.9	545.7	1 225.7	923.2	292.8	229.7	771.3
	S	919.6	1 643.3	1 378.6	899.9	1 004.6	191.5	83.7	1 179.9
Hg	$\overline{X}$	8.5	20.4	13.5	4.4	5.1	7.9	16.9	11.2
	S	12.5	59.8	38.5	4.1	4.3	4.8	7.0	32.8
F	$\overline{X}$	590	571	881	502	755	588	566	624
	S	230	325	436	362	377	146	156	341
Se	$\overline{X}$	0.725	2.888	0.593	0.353	0.122	0.066	0.069	0.972
	S	2.378	5.011	0.661	0.295	0.051	0.015	0.017	2.795
I	$\overline{X}$	0.80	0.69	1.30	1.01	13.91	4.19	2.73	1.95
	S	1.67	0.74	0.89	1.00	12.57	3.64	2.10	4.30

从表中可以看出,祁家川组岩石样品中有最高的硒含量和标准离差,说明祁家川组地层中不论总体硒含量还是特高硒含量均是形成高硒土壤的主要因素。民和组和洪沟组硒含量也较高,对高硒土壤的形成产生一定影响,其中民和组顶部风化壳中硒含量可达 $11.4×10^{-6}$(3 件样品,未列表),风化壳对硒的富集作用明显,并在区内一定范围内出露,亦会对土壤硒形成一定影响。其他地层虽然岩性与上述 3 个地层相差不多,但硒含量差别较大。

另外,区内第四系风成黄土分布较广,黄土硒含量稳定在$(0.1\sim0.2)×10^{-6}$左右。由于原生黄土本身的稳定性和均一性,其硒含量变化不大,并且由于较低的硒含量,不是本区土壤中高硒的原因。

从不同地层的硒含量及其沉积环境,可以初步归纳出沉积环境、沉积相对不同地层硒含量的影响。

1. 硒富集于盐水沉积环境

从表中可以看出,不同时代地层中硒含量变化明显,民和组和西宁组(包括祁家川组、洪沟组、马哈拉组)地层中硒含量明显高于贵德群(包括谢家组、车头沟组、咸水河组)。西宁-平安盆地从晚白垩世(民和组)至中新世晚期(咸水河组),气候从干旱到极度干旱逐渐过渡到温暖湿润,相应地民和组、西宁组地层为盐水滨湖、浅湖沉积,到贵德群基本为淡水沉积环境。从盐水沉积到淡水沉积的变化,造成地层中硒含量的急剧降低(图 6-4)。

2. 成盐作用对硒沉积的影响

西宁-平安盆地从晚白垩世(民和组)到古新世(祁家川组)气候逐渐干旱,在始新世(洪沟组)干旱程度稍有降低,到渐新世(马哈拉组),气候极度干旱,造成大量的石膏形成,至中新世(贵德群)气候逐渐湿润并形成淡水沉积。由于锶与石膏的形成具有密切的关系,锶的含量可以反映石膏的形成情况,不同地层中锶的含量很好地反映了这一地质时期气候的变化情况(图 6-5)。

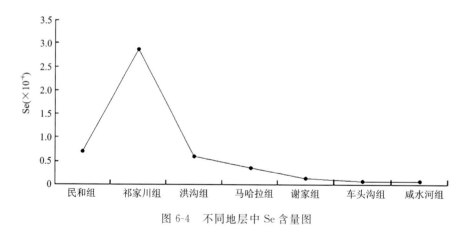

图 6-4 不同地层中 Se 含量图

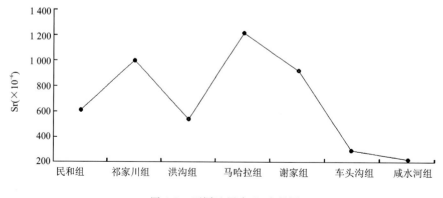

图 6-5 不同地层中 Sr 含量图

从地层中 Se、Sr 的含量来看,民和组、祁家川组和洪沟组地层中 Se 含量与 Sr 含量具有相似的变化趋势,说明适当的成盐作用有利于 Se 在地层中的沉积;至马哈拉组,Sr 含量达到顶峰,而 Se 则降低到较低的水平,这极有可能与该时期气候极度干旱,石膏大量形成有关,此时沉积作用变弱,硒很难在地层中富集。从纯净石膏样品的测试结果来看,不论何种时期形成的石膏,纯净的石膏中硒含量均极低,总体在 0.1×10^{-6} 左右。这说明了较强的成盐作用会阻碍硒在地层中的沉积,而合适的泥岩、砂岩—石膏相沉积有利于硒的沉积和富集。

3. 硒与沉积相

从土壤硒分布趋势图上可以看出,高硒土壤的南界基本上分布于拉树岭—条岭—大寨子—石头沿一线。其南部(石灰窑)分布的民和组地层岩石硒含量在 0.20×10^{-6} 左右(表 6-4),而北部(小峡一带)民和组岩石样硒含量可达 0.725×10^{-6}(表 6-5)。

根据该地区沉积相与古地理的研究,从晚白垩世(民和组)至中新世(贵德群),西宁-平安盆地基本上以拉树岭—条岭—大寨子—石头沿一线为界,其北为滨湖、浅湖相沉积,其南为大陆冲洪积相沉积。对于同一套地层民和组来说,其物质来源、沉积时间等均相同,但由于沉积相的不同,造成硒含量的巨大差异。由此可见,硒的富集与沉积相关系密切,滨湖、浅湖相沉积更有利于硒在地层中的富集,而南部大陆相沉积的民和组硒含量较低,也造成高硒土壤的分布至拉树岭—条岭—大寨子—石头沿一线而止。

(二)土壤高硒的形成机制

通过对土壤硒高值区的分布特征、影响因素及成因的探讨,基本可以确定土壤硒高含量主要来自于高硒地层,高硒地层主要为干旱环境下盐水湖相沉积的西宁组和民和组地层。而其他地层和成土母质由于形成过程的差异,并不具备高硒的特征,不是土壤高硒的成因,并且其风化成壤在一定程度上稀释了全区土壤的硒含量。在这些因素的共同影响下,东部土壤硒高值区形成了目前的分布形态,结合岩相古地理资料,可以清晰地看出土壤高硒区的形成机制。

根据该地区岩相古地理资料,西宁-乐都盆地从晚白垩世至中新世,总体为干旱环境下盐水湖相沉积,盐水湖范围总体变化不大。由于盆地内部民和组(晚白垩世)地层出露范围有限,而贵德群(中新世)地层硒含量较低,土壤硒高含量主要取决于西宁组(古新世)地层,故选择古新世岩相古地理特征作为硒形成机制研究的基础。

从东部土壤硒高值区与地层、古地理关系图(图 6-6)可以看出,首先,土壤硒高值区分布在盐水湖范围内,其整体范围严格受盐水湖边界控制,尤其南部和东部表现得较为明显。土壤硒高值区的南界在三合一带,东界在乐都以东与古新世盐水湖边界较为一致,受控于盐水湖相沉积形成的西宁组和民和组地层;而盐水湖边界之外由于是大陆冲洪积相沉积,地层中硒含量较低,相应地土壤中硒含量也较低。

其次,湖盆北部、西南部以及高店南部分布大面积贵德群地层,虽然也是湖相沉积形成,但由于中新世气候趋于湿润,沉积以咸水—淡水湖相沉积为主,硒并未在地层中富集。贵德群地层整合于西宁组之上,往往占据现代低山丘陵的上部,风化强烈,其分布范围之内及周边土壤均受其影响,硒含量整体较低;西宁市周边高硒土壤的范围与贵德群、西宁组的分界并不一致,而是向西宁组方向有一明显内缩,即是土壤硒含量受贵德群红层成土影响有所降低的反映。

最后,黄土、冲洪积物等第四系成土对全区土壤硒含量造成明显的稀释,并在部分地段极大程度地影响了土壤硒含量。曹家堡北部至哈拉直沟一带填图中虽然划分为西宁组,但实际上有大面积黄土覆盖,西宁机场扩建工作对该地区山体进行了大规模的推平,可以清楚地看到山体上部巨厚的黄土堆积;大面积黄土覆盖也造成了该地区土壤硒含量较低。西宁市以西及北部沟谷中河流冲积形成的阶地,物质来源较为广泛,并且河流在进入盆地之后流经的区域土壤硒含量也较低,造成西宁市以西及北部冲洪积物成土的地区土壤硒含量也较低。与之相反的是,西宁市以东湟水及部分支流形成的河流阶地,土壤硒含量较高,形成了湟水谷地硒高值带,这与西宁市以东大面积出露高硒地层有关,也反映了土壤中硒

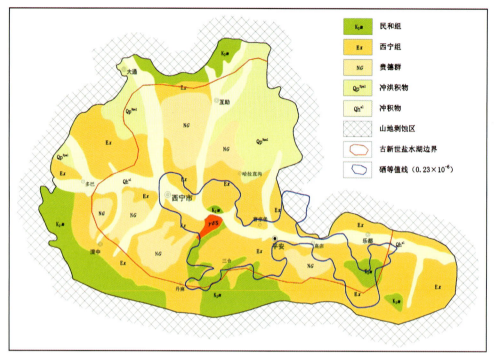

图 6-6　东部土壤硒高值区与地层、古地理关系图

易于随水流迁移的特点。

综上所述,盐水湖相沉积的西宁群地层是西宁—乐都地区高硒土壤形成的根本原因,其分布形态受古近纪盐水湖范围、沉积环境、成土母质及迁移规律等因素共同影响,形成了目前的分布形态。

三、土壤硒的赋存形态

本节主要讨论土壤中硒的赋存形态,土壤中硒的含量、赋存形态和植物对硒的吸收能力等因素均会影响植物的硒含量水平。土壤中硒的赋存形态包括价态和结合态两个方面,不同价态和结合态决定了硒可被植物利用的有效性,是衡量土壤硒供给能力的重要指标。

（一）土壤硒的有效态

土壤中能被植作物有效吸收利用的硒即有效态硒,土壤中有效态硒含量的高低,是影响植作物硒含量的重要因素之一。

1. 土壤有效硒

根据西宁—乐都地区 637 件根系土样品有效态硒测试结果,土壤中有效态硒含量最大值为 0.040×10^{-6},平均值为 0.016×10^{-6};有效态硒占土壤总硒百分比最大可达到 32.31%,平均值为 4.97%。

由根系土有效态硒含量品频率分布图(图 6-7)可以看出,数据总体不符合标准正态分布,但绝大部分样品有效态硒占总硒的百分比在 2.45%～7.14%之间,仅有少数样品有效态硒所占比例较小或较大。由此可见,本区土壤有效态硒占总硒的比例在 5%左右,并且总体较为稳定,波动不大。

2. 土壤有效硒的空间分布

利用根系土有效态硒制作等值线图(图 6-8),可以看出土壤有效态硒大致的空间分布特征。由于根

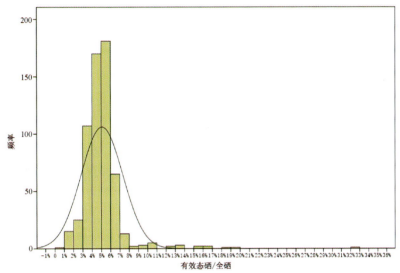

图 6-7 根系土有效态硒频率分布图

系土样品不是按照整个工作区均匀布点，样点之间疏密程度差别较大，所以其空间分布图仅在湟水谷地、祁家川、哈拉直沟、洪水泉地区以及部分较大支沟形成连续的等值线，并且部分地区出现色区截然相接的情况。结合地质背景、土壤全硒分布等情况，依然能够从图中得出有效态硒的大致分布特征。

土壤有效态硒空间上以祁家川为最高，其次在小峡地区、平安县—高店地区也形成明显的高值区带，其他地区则相对较低。洪水泉地区土壤有效态硒分布高低相间，仅在局部地区形成相对高含量区。

从空间上看，高值区主要分布在工作区中部，南部、北部均形成明显的低值点，虽然分布较为零散，但总体上具有突然降低的趋势，并且这些低值点形成的界线与西宁群展布范围具有明显的一致性，南部反映在拉树岭—三合—大寨子一线，也与土壤全硒高值区南部界线一致，说明有效态硒总体分布范围受西宁群地层控制。在测区中部，土壤有效态硒高含量区沿主要水系分布，这在祁家川、平安—汉庄等地尤为明显，推测地表水系对土壤有效态硒具有一定的搬运富集作用；在下店—下红庄地区，高值区紧靠南部丘陵，其形成也可能与丘陵地区流向北部湟水的地表径流有关。洪水泉地区土壤有效态硒含量极为不均，推测与其成土母质和成土过程有关。

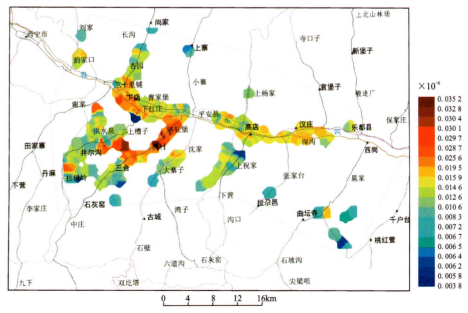

图 6-8 土壤有效态硒空间分布图

3. 有效态硒与全硒的关系

从土壤有效态硒的空间分布特征来看,有效态硒与全硒在空间分布范围和主要河流谷地中具有较好的一致性,但在洪水泉地区二者差异明显。为研究二者之间的关系,我们利用相关系数来计算其相关性,相关系数是用以反映变量之间相关关系密切程度的统计指标,按积差方法计算,以两变量与各自平均值的离差为基础,通过两个离差相乘来反映两变量之间相关程度。

对根系土样品全硒和有效态硒含量做相关分析(图6-9),可以看出二者相关性较差,部分样品全硒含量较低时,有效态硒含量却极高,部分样品全硒含量较高,而有效态硒含量却相对较低。

对数据进行分析后发现,这些样品大部分分布在洪水泉地区,剔除洪水泉地区数据后再做相关分析(图6-10),二者相关系数达到0.753,具明显正相关关系。

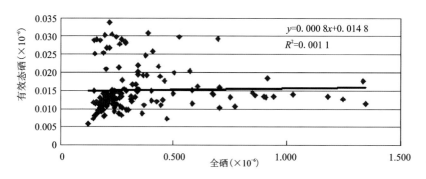

图6-9 全区根系土全硒与有效态硒相关关系图

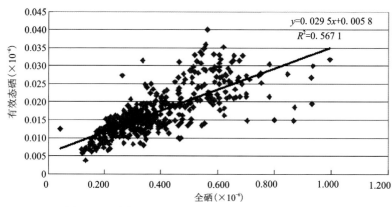

图6-10 川水地区根系土全硒与有效态硒相关关系图

由于洪水泉地区地处丘陵,干旱少雨,无长年地表径流,水流搬运作用较弱,土壤多为本地风化形成,而川水地区土壤母质虽然多来源于周边丘陵,但均经过较大规模的水流搬运作用而成。由此可见,水系在土壤形成过程中,对有效态硒的富集具有较大的影响,而这一过程中,除了对有效态硒在空间的搬运迁移作用,水的溶解作用有可能是有效态硒迁移富集的关键。另外,土壤全硒含量代表土壤供硒的潜在水平,虽然不能反映土壤对作物提供可吸收利用的硒量,却是土壤有效硒的库源,对土壤有效硒具有基本的调节作用。川水地区土壤有效态硒与全硒有较好的相关性,说明在这一环境条件下,全硒含量较高的土壤能够向作物提供更多的有效硒。

(二)土壤硒的形态

硒在土壤中以不同的形态存在,主要有水溶态、离子交换态、碳酸盐态、铁锰氧化态、腐植酸态、强有机态及残渣态7种形态。研究认为(瞿建国等,1998),作物吸收的硒主要取决于土壤中水溶态、离子交换态及碳酸盐态硒的总量。

1. 不同形态硒含量

根据测区 637 件根系土分析测试结果(表 6-6),本区土壤中不同形态硒含量差别明显,其中比例最大的为残渣态硒,占总硒的 39.22%,其次为强有机态,占总硒的 28.51%,再加上腐植酸态和铁锰氧化态,不易为植物吸收的硒总共占到总硒的 82.92%。有利于植物吸收的水溶态、离子交换态和碳酸盐态硒所占比例较小,总共占总硒的 8.19%。

表 6-6 土壤不同结合态硒含量一览表

硒形态	含量($\times 10^{-6}$)			百分比(%)		
	最大值	最小值	平均值	最大值	最小值	平均值
水溶态	0.113	0.001	0.010	22.45	0.12	3.07
离子交换态	0.094	0.001	0.009	16.94	0.12	2.67
碳酸盐态	0.068	0.002	0.008	21.77	0.34	2.45
腐植酸态	0.161	0.006	0.046	45.70	2.34	13.78
铁锰氧化态	0.033	0.001	0.004	12.35	0.17	1.41
强有机态	0.775	0.009	0.100	53.23	3.01	28.51
残渣态	0.627	0.031	0.140	85.32	15.22	39.22

水溶态、离子交换态和碳酸盐态 3 种形态硒之和占总硒的比例虽然较低,但仍高于有效态硒占总硒的比例。由于有效态硒主要由这 3 种结合态硒含量决定,而后者的平均含量达到 0.027×10^{-6},比有效态硒含量高出 68.75%,占总硒的比例也高出 64.79%,说明这 3 种结合态的硒可能还受到其他因素的影响,并不能够全部转化成有效态硒。而这些因素就是硒转化成有效态硒从而能被植物吸收利用的关键。

2. 形态和有效态

土壤硒的有效态主要由水溶态、离子交换态和碳酸盐态 3 种结合态硒所决定,并且三者之间具有一定的差异;土壤中其他形态的硒不利于植物吸收利用,一般为土壤中胶体(铁、铝和锰的氧化物)和有机质组分所富集。

利用根系土各种形态硒与全硒、有效态硒和铁、铝氧化物的测试结果进行相关分析(表 6-7),不同形态的硒与全硒均具有一定的相关性,除铁、锰氧化态外均为显著相关。其中强有机态和残渣态硒与全硒呈现极显著相关,这两种形态硒占总硒的 67.73%,是硒的主要存在形式,而其他形态与全硒相关性较这两种形态略差,可能与其本身所占比例较小,容易受到其他因素影响有关。

水溶态、离子交换态和碳酸盐态 3 种形态,一般被认为是主要的有效成分,三者之和与有效态硒的相关系数为 0.339 0。这有可能反映本区有效态硒在一定程度上来源于这 3 种形态,但是又不仅仅取决于这 3 种形态的硒,随着土壤理化性质的改变,其他形态有可能释放出易于被植物吸收的硒。

占总硒比例最大的强有机态和残渣态硒,与土壤 AL_2O_3 和 Fe_2O_3 的相关性相对较好,这反映了大部分的硒被土壤胶体所固定,降低了其有效性,从而不利于植物吸收。这两种形态之和与三氧化二铁的相关系数达到 0.341 2,而铁属于变价元素,在土壤淹水的还原条件下,高价铁氧化物被还原,形成的二价铁离子易随水向下层土壤迁移,与其结合的硒也随之释放到土壤中。

表6-7 土壤不同形态硒与有效态硒及铝、铁氧化物相关系数一览表

硒结合态	相关系数(r)			
	与全硒	与有效态硒	与土壤 Al_2O_3	与土壤 Fe_2O_3
水溶态	0.202 0	0.168 2		
离子交换态	0.342 2	0.308 5		
碳酸盐态	0.245 6	0.281 8		
腐植酸态	0.538 4		0.177 2	0.080 6
铁锰氧化态	0.055 7		0.030 0	0.034 6
强有机态	0.791 4		0.495 6	0.329 8
残渣态	0.759 7		0.451 9	0.298 3
前两项之和	0.318 6	0.277 1		
前三项之和	0.356 2	0.339 0		
后两项之和	0.842 8		0.514 7	0.341 2

$N=637$,自由度 $\nu=635$,$\alpha=0.05$ 时,显著相关 $r=0.087$

这在土壤有效态硒的空间分布上也有所反映,川水地区土壤水溶态、离子交换态硒含量相对较低,而土壤有效态硒含量普遍较高,这可能与川水地区水资源丰富,土壤中铁、锰氧化物被还原而释放出其所吸附的硒有关。洪水泉地区干旱少雨,地表径流较少,虽然全硒含量较高,并且水溶态、离子交换态、碳酸盐态硒含量也较高,但由于干旱少雨,大部分硒被铁、锰氧化物所吸附而不易释放,造成其土壤有效态硒含量分布不均。

(三) 土壤硒的价态

硒在土壤中以不同的价态存在,其中主要以 Se^{4+} 形式存在,约占 40% 以上,而以 Se^{6+} 形式存在的 Se 总量不超过 10%。无论是土壤盆栽还是水培试验中,植物对 Se^{4+} 的吸收能力均远小于 Se^{6+}。研究认为,造成这一差异的原因之一是由于土壤对亚硒酸盐的特殊吸附造成 Se^{4+} 的有效性降低,也可能是 Se^{4+} 被还原为植物难以利用的元素态硒或硒化物所致。在氧化条件下,不易被植物吸收的 Se^{4+}(亚硒酸盐)被氧化成易于被植物吸收的 Se^{6+}(硒酸盐),从而提高硒的有效性。

1. 土壤硒的价态

土壤可溶组分中硒的价态以 Se^{4+} 为主,即以亚硒酸盐形态存在的约占总硒的 32.13%,以 Se^{6+} 存在的硒酸盐约占总硒的 11.41%,腐植酸态硒约占总硒的 23.32%(表6-8)。由于本区土壤总体呈碱性,pH 值一般在 8.5 左右,各价态硒在水溶性总硒中所占的比例总体变化不大,基本上保持在较小的波动区间。

表6-8 土壤可溶态硒价态分布一览表

硒形态	含量($\times 10^{-6}$)			百分比(%)		
	最大值	最小值	平均值	最大值	最小值	平均值
Se^{4+}	7.722	0.025	1.552	65.27	1.49	32.13
Se^{6+}	9.175	0.030	0.528	85.07	0.80	11.41
腐植酸态硒	3.594	0.048	1.068	76.10	2.11	23.32

根据西北农林科技大学王松山等(2012)在平安—乐都一带所做的研究工作,土壤可溶态、离子交换态及碳酸盐态硒中各价态硒所占总硒的比例基本一致,由此可知,本区土壤中易于被植物吸收的水溶态、离子交换态和碳酸盐态硒,其中以Se^{6+}形式存在的比例约为11.41%,以亚硒酸盐即Se^{4+}形式存在的约占32.13%。这也反映了本区普遍发育的碱性土壤,使得Se^{6+}的比例稍高,从而更有利于植物吸收利用。

对根系土全硒和不同价态硒做相关分析(图6-11、图6-12),可以看出土壤全硒与Se^{4+}具有较好的相关性,二者相关系数达到0.7133,说明土壤中Se^{4+}主要来自于其成土母质,并且在后期土壤改造过程中未受到较大的影响。

土壤全硒与Se^{6+}的相关性价差,二者相关系数仅有0.2254,说明土壤中Se^{6+}与全硒具有较大的差异,这种差异应该来自于后期土壤改造过程中各种因素的影响。尤其在可溶性硒中,由于这部分硒易于迁移转化,从而更容易受到其他因素的影响而改变原来的含量和比例。

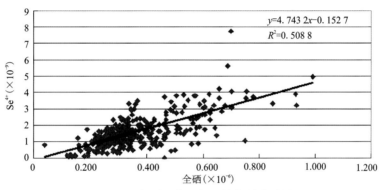

图6-11 根系土全硒与Se^{4+}相关关系图

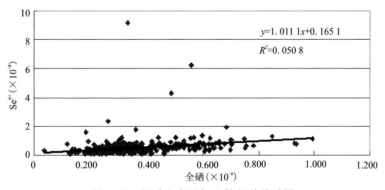

图6-12 根系土全硒与Se^{6+}相关关系图

2. 水中硒的价态

水是土壤硒迁移转化的重要途径,对硒的含量水平和形态组成具有最直接的影响。通过对测区天降水、灌溉水和下渗水采样测试,可以初步探究土壤硒形态变化的部分原因。表6-9列出了测区天降水、灌溉水和下渗水中Se^{4+}和Se^{6+}的含量及其所占总硒的比例,从表中可以看出,水中Se^{6+}所占比例较大,是水中硒存在的主要形式。其中天降水中硒含量较为稳定,各价态硒所占比例也比较稳定,代表了水中各价态硒最基本的比例,Se^{6+}占总硒比例达到56.41%,而Se^{4+}只占9.89%,说明Se^{6+}更易溶于水,从而更易迁移。

表 6-9 不同水中硒含量一览表

类别	平均含量(ng/L)			占总硒比例(%)	
	总硒	Se^{4+}	Se^{6+}	Se^{4+}	Se^{6+}
天降水($n=37$)	374	37	211	9.89	56.41
灌溉水($n=8$)	12 120	188	10 928	7.77	90.16
下渗水($n=11$)	1 900	226	817	12.49	43

灌溉水中不论是总硒含量还是各价态硒含量均明显高于天降水,并且其含量极其不均,变化范围巨大,明显受到灌溉水流经地区土壤影响,流经高硒土壤区的水流硒含量明显更高。其中 Se^{6+} 所占总硒比例最高达到 96.33%,而 Se^{4+} 比例相对较低并且较为稳定,由于本区农田灌溉多采用地表径流作为水源,这对土壤中可溶态硒的组成会造成一定影响。土壤中可溶态 Se^{6+} 与全硒相关性较差,应该是受到长期灌溉水等因素的影响,使 Se^{6+} 所占比例逐渐升高,这也使川水地区在总硒并不是很高的区段,硒的有效性也可以达到较高的水平。

下渗水是表层土壤中硒元素向下部淋失的一种形式,其硒含量变化也较大,位于高硒地区的下渗水中硒含量更高。在下渗水中 Se^{6+} 所占比例有所降低,而 Se^{4+} 略有升高,由于下渗水样品均采集自农田中,这种比例的变化可能与表层土壤的理化性质有关。

总体而言,本区土壤中有效态硒与全硒在川水地区具有更好的一致性,而干旱丘陵地区土壤有效态硒含量却极为不均。土壤有效态硒主要受水溶态、离子交换态和碳酸盐态硒所决定,但在川水地区由于水的作用,随着铁、锰氧化物的被还原,部分被土壤胶体吸附的硒被释放,形成川水地区土壤总硒不高的情况下,有效硒的含量也可能较高。在碱性土壤条件下,土壤中 Se^{6+} 的比例达到 11.41% 的较高水平,但 Se^{4+} 与土壤全硒具有更好的相关性,Se^{6+} 表现出受其他因素影响的特征。由于 Se^{6+} 更易溶于水而随水流迁移,是水中硒的主要存在形式,在长期灌溉的情况下,川水地区土壤可溶性硒中 Se^{6+} 的比例有所提高,这也是其有效性较高的原因之一。

四、植物硒特征

对土壤硒的开发利用,最基本的途径是进行富硒种植,富硒植作物是实现富硒开发利用的必经途径,然后才是富硒养殖及其他产品的生产加工,所以富硒植作物的研究是富硒产业建设中最重要的一环。

(一)植物硒含量

对本区 52 种植作物采样分析(其中 4 种植物样品数量少于 3 件而未列表),通过对其硒含量各种参数的统计(表 6-10),来讨论植物本身对硒的吸收能力。

从表中可以看出,不同植物硒含量差异明显。七大类植物中,粮食类、油料作物和牧草硒含量最高,其硒含量明显高于其他种类植物;豆类和调味品类作物的硒含量次之,整体硒含量也较高;而蔬菜类和水果的硒含量最低,大部分样品的硒含量明显低于其他种类植物。

粮食作物中,硒含量最大值出现在小麦样品中,达到 369.6×10^{-9},并且小麦样品总体离差也最大,背景平均值明显小于平均值,说明小麦硒含量总体变化较大,数据较为离散,应该是受到其他因素的影响。而青稞样品硒含量明显低于其他粮食作物,最大值仅为 73.8×10^{-9},说明青稞硒含量弱于其他禾本科作物。

油料作物主要为油菜籽和胡麻籽,这两类油料作物不论平均硒含量还是最大硒含量均表现出明显的一致性,均具有较高硒含量。而本区主要的牧草也具有相似的特征,冰草和苜蓿的硒含量还在油料作物之上,冰草样品硒含量最高,达到 903.6×10^{-9},也是本次调查发现的硒含量最高的植物。

表 6-10 测区不同植物硒含量特征统计表

样品种类	样品名称	样品数量(件)	硒含量($\times10^{-9}$)				
			最大值	最小值	离差	平均值	背景平均值
粮食类	小麦	159	369.6	11.0	63.4	80.5	56.9
	燕麦	20	148.1	26.0	34.5	59.9	59.9
	玉米	40	158.6	4.8	30.9	58.3	55.8
	青稞	24	73.8	17.7	18.9	37.1	37.1
油料类	油菜籽	55	246.5	5.7	49.6	92.3	81.5
	胡麻籽	28	259.4	29.1	58.6	86.2	86.2
豆类	豌豆	95	538.6	2.8	64.0	57.7	49.9
	蚕豆	52	105.9	6.0	19.4	40.5	39.2
	刀豆	34	206.8	0.7	34.6	20.2	14.6
	架豆	32	67.4	1.6	15.2	16.2	14.6
	豇豆	28	49.9	1.0	10.6	11.7	10.3
蔬菜(含薯类)	苦苣菜	30	106.6	3.7	26.1	28.2	25.5
	芹菜	31	137.2	2.1	30.8	26.9	20.2
	白菜	38	65.3	1.5	13.5	17.8	14.4
	西兰花	17	38.1	4.3	11.0	16.1	16.1
	地皮菜	20	41.2	7.7	8.5	15.8	15.8
	茼蒿	30	105.1	0.1	20.4	15.1	10.1
	韭菜	35	58.7	0.8	11.7	14.6	13.3
	生菜	30	46.6	3.1	9.2	12.1	9.9
	油麦菜	34	53.1	2.7	10.1	12.1	9.4
	花椰菜	34	74.3	1.4	14.6	11.0	7.0
	胡萝卜	34	47.0	0.3	10.9	10.7	8.7
	甘蓝	31	31.6	5.0	5.0	9.2	8.1
	马铃薯	94	29.2	0.5	5.6	9.1	8.6
	小白菜	62	28.3	1.1	6.2	7.6	5.9
	菠菜	32	23.76	0.95	4.6	6.0	5.4
	莴笋	31	24.2	0.2	5.7	5.5	4.8

续表 6-10

样品种类	样品名称	样品数量(件)	硒含量($\times 10^{-9}$)				
			最大值	最小值	离差	平均值	背景平均值
蔬菜（含薯类）	白萝卜	53	22.0	0.1	5.3	5.3	4.7
	茄莲	24	24.7	0.2	15.7	5.0	5.0
	甜菜	34	11.9	0.1	3.1	3.9	3.9
	西葫芦	34	8.1	0.4	1.8	3.9	3.9
	辣椒	37	13.8	0.2	2.8	3.9	3.6
	黄瓜	35	10.1	0.2	2.9	3.6	3.6
	水萝卜	62	13.0	0.3	3.1	3.3	3.1
	茄子	32	14.9	0.1	2.9	3.3	2.9
	南瓜	33	14.2	0.1	3.2	2.9	2.3
	西红柿	30	7.9	0.02	2.0	2.7	2.7
调味品类	红花	30	197.0	0.2	54.2	68.2	68.2
	香豆	30	116.9	18.9	23.4	67.5	67.5
	大蒜	54	200.3	10.6	38.0	49.3	37.7
	葱	35	43.8	1.3	10.9	12.8	12.8
水果类	沙棘	20	47.3	8.4	8.6	17.0	15.4
	杏	15	4.7	2.1	0.8	3.6	3.6
	苹果	20	3.1	0.1	0.8	1.0	1.0
	葡萄	10	4.2	0.1	1.4	1.0	1.0
	梨	30	2.7	0.1	0.5	0.6	0.5
牧草类	冰草	35	903.6	44.9	170.1	146.1	100.8
	苜蓿	29	234.8	15.6	62.1	106.2	106.2

豆类作物具有较高的硒含量，但各种类之间差异明显，硒含量表现出豌豆＞蚕豆＞刀豆＞架豆＞豇豆的特征。尤其是豌豆、蚕豆、刀豆等，硒含量可以达到 $n\times 100\times 10^{-9}$，显示了极强的对硒的富集能力。

调味品作物中，不同作物硒含量差别明显，硒含量表现出红花＞香豆＞大蒜＞葱的特点。这些作物虽然分属不同的科属，但均被当地人群长年食用，尤其是本地特有的红花和香豆，硒含量表现出了较高的水平。大蒜中硒含量总体也较高，并且最大值达到了 200.3×10^{-9}，其较大的离差也显示了土壤等其他因素对大蒜硒含量的影响。

区内蔬菜种类较多，在采集的 26 种蔬菜中，大部分蔬菜硒含量在 $[n\sim(10+m)]\times 10^{-9}$ 之间，总体硒含量水平较低，并且明显低于其他种类植物。蔬菜本身硒含量差异也较大，硒含量较高的有苦苣菜、芹菜、白菜、西兰花、地皮菜、茼蒿等，而西红柿、南瓜、水萝卜、茄子、黄瓜等平均硒含量和最大硒含量均较低，基本在 10×10^{-9} 以下。水果样品中，大部分硒含量相对较低，并且明显低于其他种类植物，仅有野生的沙棘具有较高的硒含量。

不同种类植物硒含量的明显差异，显示了植物本身对硒的吸收能力的不同；而同种植物硒含量也具有较为明显的差异,其最小值与最大值之间相差几十倍甚至几百倍,有可能与其品种和所生长的土壤硒含量有关。

(二)植物不同部位硒含量

硒在植物体内储存于其各个器官,通过对植物不同部位配套样品的测试分析,来了解硒在植物体内的分布情况(表6-11)。

表6-11 植物不同部位硒含量一览表

序号	样品名称	部位	样本数(件)	硒含量($\times 10^{-9}$)	
				平均值	最大值
1	小麦	籽实	24	45.8	236.8
		秸秆	24	63.7	159.8
2	青稞	籽实	5	23.8	35.6
		秸秆	5	70.5	84.1
3	燕麦	籽实	8	61.9	148.1
		秸秆	8	63.1	110.1
4	胡麻	籽实	5	66.7	198.0
		秸秆	5	75.8	160.9
5	油菜	籽实	23	86.5	217.6
		秸秆	23	95.7	158.5
6	甜菜	地下茎	34	3.9	11.9
		叶	34	22.5	182.1
7	白萝卜	地下茎	23	5.3	22.0
		叶	23	40.3	234.0
8	胡萝卜	地下茎	34	10.7	46.9
		叶	34	51.4	172.6
9	水萝卜	地下茎	61	3.3	13.0
		叶	61	13.3	84.4
10	大蒜	蒜薹	32	20.7	56.6
		蒜苗	35	16.2	39.7
		蒜	35	55.8	200.3

从表中可以看出,小麦、青稞、燕麦、油菜、胡麻等作物秸秆中硒含量均高于籽实,其中小麦、青稞两种作物差别较大,这说明本地区作物除了可食部分,其秸秆也是很好的富硒肥料。甜菜、白萝卜、胡萝卜以及水萝卜叶子中硒含量则明显高于其地下茎部分,说明叶子对硒的富集作用明显强于地下茎,而此类作物除了可食部分,其叶子是进行富硒养殖的良好饲料来源。较为特殊的是大蒜,蒜头中的硒含量明显高于蒜薹和蒜苗。

(三)不同品种植物硒含量

不同种类植物的硒含量差异明显,硒含量较高的植物适宜作为富硒作物进行种植开发。本区作物中普遍存在品种多样化的情况,而不同品种作物硒含量尚不清楚。通过选定区内特定作物的不同品种采样分析,来探讨作物品种对其硒含量的影响。表6-12中列出了7种作物不同品种的硒含量,从表中可以看出品种对作物硒含量的影响。

表6-12 不同品种作物硒含量一览表

序号	样品名称	部位	样本数(件)	硒含量($\times 10^{-9}$) 平均值	硒含量($\times 10^{-9}$) 最大值
1	春小麦	阿勃	36	93.8	369.6
		高原448	30	69.3	158.1
		户麦11	30	66.9	325.8
2	冬小麦	中麦175	21	128.4	355.7
		京411	16	89.7	337.9
3	马铃薯	青薯2号	30	11.6	27.0
		青薯9号	31	8.1	23.3
4	豌豆	白豆	14	53.2	150.6
		荷兰豆	17	34.2	117.0
		尖骨豆	30	101.6	538.6
		青豆	18	31.7	64.5
5	小白菜	上海青	26	8.2	28.3
		四月慢	30	7.1	24.8
6	水萝卜	红丁	32	4.1	13.0
		花樱	30	2.4	8.6
7	葱	大葱	13	8.9	23.0
		小葱	13	10.2	26.4

春小麦中阿勃硒含量高于高原448和户麦11,冬小麦中京411硒含量则明显低于中麦175。马铃薯、小白菜、水萝卜以及葱等本地区种植的主要品种,其硒含量在品种间差别不是特别明显,均处于同一水平。豌豆选择的4个品种差别较大,尖骨豆硒含量是其他品种的2倍以上。由此可见,个别植物不同品种硒含量差别较大,但大部分植物不同品种间硒的含量差别不是特别明显,说明植物品种会在一定程度上影响植物硒含量,但并不是影响植物硒含量的主要原因。

五、植物硒含量的影响因素

植物体内的硒主要是通过根系吸收从土壤中获得,除了植物自身对硒的吸收能力,土壤的硒含量及硒的赋存形态也是影响植物硒含量的重要因素。

(一)植物对硒的富集系数

植物对硒的吸收能力通过富集系数来衡量,富集系数由植物硒含量与对应根系土硒含量的比值来计算。根据区内48种植物硒含量与对应根系土硒含量的比值,可以得出各类植物对硒的富集系数(表6-13)。

表6-13 不同植物对硒的富集系数一览表

名称	样本数(件)	富集系数($\overline{X}_1$)	富集系数($\overline{X}_2$)	名称	样本数(件)	富集系数($\overline{X}_1$)	富集系数($\overline{X}_2$)
冰草	30	37.77%	34.93%	甘蓝	28	3.79%	3.58%
油菜籽	54	26.89%	26.14%	豇豆	25	3.28%	3.28%
胡麻	28	26.41%	25.32%	茼蒿	30	3.79%	3.19%
苜蓿	29	25.13%	25.13%	葱	34	3.31%	2.68%
小麦	157	23.27%	21.52%	油麦菜	30	2.77%	2.59%
香豆	30	20.05%	20.05%	马铃薯	93	2.39%	2.39%
燕麦	19	19.72%	19.72%	胡萝卜	30	2.07%	2.07%
红花	30	16.19%	16.19%	杏	11	2.06%	2.06%
豌豆	93	18.33%	14.66%	花椰菜	31	3.05%	2.04%
玉米	36	14.87%	14.26%	小白菜	62	2.27%	2.02%
青稞	24	14.21%	14.21%	菠菜	32	1.62%	1.62%
蚕豆	51	13.31%	13.31%	莴笋	30	1.70%	1.51%
大蒜	49	14.82%	12.94%	白萝卜	51	1.81%	1.48%
芹菜	31	6.73%	6.73%	甜菜	30	1.40%	1.40%
沙棘	20	7.09%	6.48%	西葫芦	27	1.16%	1.16%
苦苣菜	30	6.82%	5.71%	辣椒	34	0.98%	0.98%
地皮菜	20	5.34%	5.34%	茄子	31	0.87%	0.87%
白菜	37	4.94%	4.94%	黄瓜	33	1.10%	0.73%
茄莲	28	4.70%	4.70%	南瓜	30	0.73%	0.73%
刀豆	29	6.99%	4.45%	水萝卜	62	0.95%	0.73%
架豆	29	3.82%	3.82%	西红柿	30	0.76%	0.62%
韭菜	34	3.82%	3.82%	苹果	20	0.26%	0.26%
生菜	30	3.78%	3.78%	葡萄	10	0.15%	0.15%
西兰花	17	3.71%	3.71%	梨	30	0.15%	0.14%

注:$\overline{X}_1$为原始数据平均值,$\overline{X}_2$为剔除3倍离差以外数据的平均值。

我们用剔除3倍离差以外数据的平均值来衡量植物对硒的富集系数,从表中可以看出,各类植物对硒的富集系数差别明显,冰草具有最高的富集系数,达到34.93%,而油料作物油菜籽和胡麻、苜蓿、小麦、香豆对硒的富集系数均在20%以上。燕麦、红花、豌豆、玉米、青稞、蚕豆、大蒜也具有较高的富集系数，均在10%以上，而水果中富集系数最高的沙棘，也仅有6.48%，苹果、葡萄、梨在所有植物中具有最低的富集系数。

植物的品种间富集系数也有所差异，表6-14列出了7种作物不同品种对硒的富集系数，从表中可以看出，小麦（包括春小麦和冬小麦）的5个品种富集系数均在20%以上，最高的是中麦175，达到了26.32%，其中户麦11的富集系数明显低于其他品种，仅有20.24%。马铃薯的品种对富集系数影响不大，青薯2号和青薯9号对硒的吸收能力相近，小白菜也具有相似特点。豌豆的富集能力在品种间差异明显，尖骨豆的富集系数明显高于其他品种，这在水萝卜和葱的品种间也有显示，不同品种对硒的富集系数相差在50%左右。总体上看，品种间的差异要明显小于种类间的差异，不同种类的植物对硒的富集能力差别较大，而相同种类植物的不同品种对硒的富集能力虽有差别，但并不是很大。

表6-14 不同品种植物对硒的富集系数一览表

序号	样品名称	品种	样本数（件）	富集系数（$\overline{X}_1$）	富集系数（$\overline{X}_2$）
1	春小麦	阿勃	36	25.81%	24.62%
		高原448	30	23.26%	23.26%
		户麦11	30	21.57%	20.24%
2	冬小麦	中麦175	21	30.24%	26.32%
		京411	16	25.53%	23.61%
3	马铃薯	青薯2号	30	2.76%	2.76%
		青薯9号	31	2.46%	2.46%
4	豌豆	白豆	14	14.61%	14.61%
		荷兰豆	17	8.98%	8.98%
		尖骨豆	29	33.88%	24.78%
		青豆	18	10.71%	10.71%
5	小白菜	上海青	26	2.44%	1.81%
		四月慢	30	2.05%	2.05%
6	水萝卜	红丁	32	1.24%	1.03%
		花樱	30	0.64%	0.64%
7	葱	大葱	13	1.97%	1.97%
		小葱	13	2.92%	2.92%

注：$\overline{X}_1$为原始数据平均值，$\overline{X}_2$为剔除3倍离差以外数据的平均值。

通过对植物及其不同品种间硒含量和富集系数的讨论，发现对硒富集系数较高的植物其硒含量也较高，二者之间具有相当的一致性，由于富集系数反映的是植物本身对硒的吸收能力，说明植物硒含量的高低主要是由其本身的特性所决定的。在植物富集系数相对稳定的情况下，土壤硒含量就成为影响植物硒含量的另一个重要因素。

（二）土壤硒对植物的影响

通过前面的讨论，我们知道植物硒含量主要是由其本身的性质所决定的，即不同植物对硒的富集系数不同,富集系数高的植物硒含量一般较高,而富集系数低的植物硒含量一般较低。由于富集系数是通过植物硒含量与其根系土硒含量的比值计算得来,所以土壤硒含量也是影响植物硒含量的重要因素。

我们利用区内各种植物硒含量与其根系土硒含量的相关分析来讨论土壤对植物的影响,表 6-15 列出了本区根系土硒与植物硒的相关系数,从中可以探讨土壤对植物硒的影响。

表 6-15 不同植物与根系土硒含量相关系数一览表

名称	样本数(件)	相关系数	判别结果	名称	样本数(件)	相关系数	判别结果
燕麦	19	0.785 0	显著相关	梨	30	0.505 2	显著相关
胡麻	28	0.767 9	显著相关	小白菜	61	0.501 3	显著相关
沙棘	29	0.767 9	显著相关	玉米	36	0.482 9	显著相关
蚕豆	51	0.764 8	显著相关	茄子	31	0.450 1	显著相关
冰草	30	0.732 1	显著相关	青稞	22	0.444 4	显著相关
辣椒	34	0.707 5	显著相关	油麦菜	30	0.438 7	显著相关
甘蓝	28	0.683 7	显著相关	花椰菜	31	0.434 1	显著相关
苜蓿	29	0.674 1	显著相关	芹菜	31	0.405 5	显著相关
胡萝卜	30	0.663 2	显著相关	香豆	30	0.380 7	显著相关
大蒜	49	0.660 0	显著相关	西兰花	17	0.363 2	不相关
架豆	29	0.648 8	显著相关	茼蒿	30	0.353 4	不相关
菠菜	32	0.633 5	显著相关	苹果	20	0.348 7	不相关
苦苣菜	30	0.628 7	显著相关	豇豆	25	0.306 3	不相关
油菜籽	54	0.616 1	显著相关	黄瓜	33	0.301 0	不相关
马铃薯	93	0.603 5	显著相关	莴笋	30	0.293 6	不相关
白菜	37	0.601 7	显著相关	刀豆	29	0.268 9	不相关
韭菜	34	0.601 7	显著相关	水萝卜	61	0.263 1	显著相关
小麦	157	0.594 2	显著相关	西红柿	30	0.239 4	不相关
豌豆	93	0.573 6	显著相关	白萝卜	51	0.212 6	不相关
南瓜	30	0.569 8	显著相关	地皮菜	20	0.210 0	不相关
葱	34	0.562 6	显著相关	甜菜	30	0.167 6	不相关
红花	30	0.546 7	显著相关	生菜	30	0.152 3	不相关
茄莲	28	0.518 0	显著相关	西葫芦	27	−0.046 9	不相关
葡萄	10	0.513 5	不相关	杏	11	−0.442 2	不相关

从表中可以看出,区内 48 种植物中除了杏、西葫芦之外,其余植物硒含量与土壤硒含量均呈正相关关系,33 种植物硒与土壤硒达到显著正相关,占研究植物种类的 68.75%,反映了土壤硒对植物的强势影响。

其中燕麦、胡麻、沙棘、蚕豆、冰草、辣椒等植物硒与土壤硒具有较为良好的相关性,其硒含量随土壤硒含量的增加具有明显的增加,二者之间具有较好的线性关系(图 6-13)。这说明在一定的土壤硒含量区间,植物具有较为稳定的富集系数,故植物硒含量随着土壤硒含量的增加呈线性逐渐增加,富硒土壤能为植物提供稳定的硒来源。

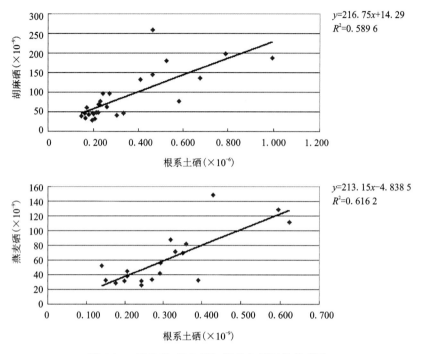

图 6-13 胡麻硒、燕麦硒与根系土硒相关关系图

从植物与土壤硒含量散点图中发现,部分植物如马铃薯、油麦菜、小麦、葱、大蒜、刀豆、青稞等,硒含量随着土壤硒含量的增加先增高后降低(图 6-14)。这说明在土壤硒含量较低时,因物质来源较为缺乏,植物会强烈"搜刮"土壤中的硒,其富集系数显得稍大;而当土壤硒含量较高时,植物对硒的吸收会达到"饱和"状态,其富集系数稍小。

(三)有效态硒对植物的影响

利用本区 6 种植物样的分析测试结果,结合其对应的土壤全硒、有效态硒、各形态硒进行相关分析,来讨论各种形态硒对植物的影响(表 6-16)。

表 6-16 植物与根系土各形态硒相关系数一览表

植物	样本数(件)	相关系数 R_1	相关系数 R_2	相关系数 R_3	相关系数 R_4
蚕豆	25	0.607 9	0.316 7	0.635 1	0.764 8
春小麦	63	0.409 6	0.275 5	0.288 6	0.521 1
冬小麦	29	0.814 2	0.673 3	0.641 3	0.620 4
马铃薯	27	0.577 7	0.425 4	0.548 0	0.603 6
豌豆	45	0.292 9	0.024 5	0.028 3	0.573 6
油菜籽	27	0.668 7	0.486 5	0.550 3	0.616 1

注:R_1 为植物与有效态硒相关系数,R_2 为植物与水溶态、离子交换态硒之和的相关系数,R_3 为植物与水溶态、离子交换态、碳酸盐态硒之和的相关系数,R_4 为植物与全硒的相关系数。

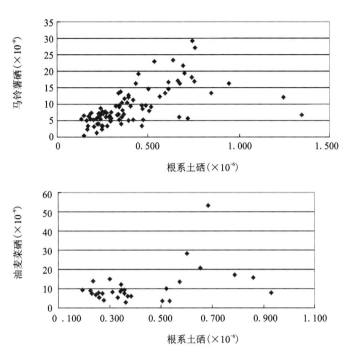

图 6-14 马铃薯硒、油麦菜硒与土壤硒相关关系图

从表中植物样与各形态硒的相关系数可以看出,土壤全硒对植物硒含量的影响(R_4)要高于有效态硒(R_1),6 种植物中有 4 种具有此种特点,仅在冬小麦、油菜籽样品中有效态硒与植物硒含量具有更好的相关性。这其中冬小麦与有效态硒具有极高的相关性,有可能与其主要在旱季生长有关,而大部分植物硒含量与土壤全硒具有更好的相关性,一方面可能是由于有效硒的测试方法不能很好地代表植物对硒的吸收情况,另一方面与本区各种形态的硒在不同条件下能够转化为能被植物吸收利用的形式有关。但在总体上,除了个别植物样品,有效态硒对植物的影响与全硒差别不大,基本能够代表植物主要的硒来源,说明本区土壤有效态硒为植物提供了大部分的物质来源。

另外,植物与水溶态、离子交换态、碳酸盐态硒之和的相关系数(R_3)要明显高于其与水溶态、离子交换态之和的相关系数(R_2),虽然总体上低于其与有效态硒的相关系数(R_1),但大部分差别不是太大,基本可以代表有效态硒的主要作用。这说明土壤有效态硒主要还是由水溶态、离子交换态和碳酸盐态所决定。

(四)不同价态硒对植物的影响

土壤中硒的价态主要以亚硒酸盐(Se^{4+})和硒酸盐(Se^{6+})形式存在,我们利用土壤可溶组分中不同价态的硒与小麦硒的相关性来讨论其对植物的影响。

表 6-17 列出了小麦硒含量与不同价态硒的相关系数,从表中可以看出,不论是春小麦还是冬小麦,其与土壤可溶组分中 4 价硒的相关性均高于 6 价硒,这与不同价态硒在可溶组分中的含量也是一致的。

表 6-17 小麦与根系土不同价态硒相关系数一览表

样品名称	样本数(件)	与 4 价硒相关系数	与 6 价硒相关系数
春小麦	36	0.840 5	0.719 1
冬小麦	25	0.730 4	0.682 9

从前面的讨论中已经得知,土壤中4价硒赋存比例约为32.13%,6价硒赋存比例约为11.41%,虽然6价硒更易于被植物吸收,但由于4价硒的大量存在,所以4价硒仍然是植物硒的一个主要来源,也是植物吸收的一个主要形式。另外,6价硒对植物的影响接近于4价硒,说明本区土壤中6价硒较高的比例和更易被植物吸收的特点,使其成为植物另一个主要的吸收形式。

六、富硒标准、富硒作物及富硒土壤

富硒标准是进行富硒种植和开发的重要依据。对于硒含量的探讨,较早时期来自于对克山病的研究,谭见安等通过对克山病分布的研究,划分了我国硒营养背景等级。随着对硒研究的深入,逐步确定了硒为人体必需的微量元素之一,世界卫生组织和各国均规定了人体每日硒摄入量的范围。之后,根据人体每日需要摄入的硒量和食物量,反推了主要食物的富硒标准。随着富硒产业的发展,各地制定了许多食品富硒的地方标准,大多根据各地的需要确定了富硒食品的下限。在硒相关研究的基础上,结合本区土壤、植物富硒情况,提出富硒标准建议,圈定富硒地块和富硒作物,为富硒种植和规划提供依据与建议。

(一)富硒标准研究概况

1. 硒营养等级研究

我国在研究克山病分布时发现,克山病的分布从我国东北到西南形成一条北东向延伸的宽带,位置居中,在其两侧为西北、东南两个非病区。病区内克山病区主要分布在山地、丘陵、岗地和山间盆地,而病区内规模宏大、物质来源多样、搬运距离长远的冲积湖积平原,则病轻或者完全无病,成为病区内的一些巨型非病区。

通过多年的研究,中国科学院环境与地方病组发现环境贫硒与克山病有较好的对应关系。在对全国24个省202个县小麦、玉米、水稻等主要粮食硒含量的调查基础上,编制了全国硒营养背景图。

通过对比后发现,大部分病点粮食硒含量在 0.025×10^{-6} 以下,而粮食硒含量达到 0.04×10^{-6} 以后,基本上无克山病出现,在西北和东南高硒地区,粮食硒含量大多在 0.07×10^{-6} 以上。由此将我国硒营养背景划分为4个类型:①缺硒($<0.025 \times 10^{-6}$);②边缘或过度[$(0.025 \sim 0.04) \times 10^{-6}$];③足硒[$(0.04 \sim 0.07) \times 10^{-6}$];④高硒($>0.07 \times 10^{-6}$)。

这一研究成果基本确定了缺硒是克山病的致病主因,并在克山病的防治方面取得了良好效果,也得到了世界范围的认可。其对于硒营养等级的划分,也成为后来硒摄入标准和食品富硒标准研究的基础。

2. 硒摄入量研究

硒是人体必需的微量元素,与人类和动物的健康密切相关,已证明在缺硒地区流行的克山病、大骨节病和牲畜白肌病与缺硒有关,通过补硒可使疾病得到控制。当前研究认为,硒在机体内有两个代谢库,一个为硒蛋氨酸(Se-Mef),另一个为其他形式硒库。当机体需要合成硒生物活性物质时,可利用"Se-Mef库"中的硒,也可以利用"其他库"中的硒;当机体内硒活性物质达到饱和后,富余的Se-Mef即可储存于"Se-Mef库"中,而富余的其他形式的硒就排出体外,这就是为什么克山病区补充硒盐可使居民GSH-Px(谷胱甘肽过氧化物酶)提高达正常水平,而不能将血硒提高到正常水平的缘故。因此欲维持机体有一定量的硒储备,以Se-Mef形式为佳。目前已测定出大米、小麦、玉米和酵母中的硒以Se-Mef形式为主,因此开发富硒食品是补硒的有效途径。虽然食物中都含有硒,但只有达到一定水平的才能作为富硒食品,另外,硒的日需量和中毒量间的安全范围窄,含硒过高的食品也不能称为富硒食品。因此,富硒标准就显得尤为重要。目前富硒标准的研究思路主要是从人体硒的摄入量入手,结合硒的食品限量标准、血硒水平和人群食物摄入量来反推富硒的标准。

1)硒摄入量标准

中国营养协会以及 FAO/WHO/IAEA 联合专家委员会已正式确定膳食硒供给量为 $50\mu g/d$,适宜范围为 $50\sim250\mu g/d$,最高安全剂量为 $400\mu g/d$。

硒的供给量标准给出了人体每日硒摄入的合适范围,并给出了最高限量,通过人体适宜的硒摄入量和每日摄入的食物,可以反推出食物硒含量的范围,这也是目前富硒食品标准研究的主要思路。

2)食品中硒限量卫生标准

我国 2005 年最新发布的《食品中污染物限量》(GB 2762—2005)标准,规定了粮食、蔬菜、肉类等主要食品中硒的最高限量(表 6-18),这也是富硒食品硒含量的上限。

表 6-18　食品中硒限量指标(GB 2762—2005)

食品	硒限量($\times 10^{-6}$)	食品	硒限量($\times 10^{-6}$)
粮食(成品粮)	0.3	肾	3.0
豆类及制品	0.3	鱼类	1.0
蔬菜	0.1	蛋类	0.5
水果	0.05	鲜乳	0.03
禽畜肉类	0.5	乳粉	0.15

3)硒与癌症的关系

不少地理流行病学调查表明,人群肿瘤死亡率和血硒水平或特定地理区域饮食硒平均水平呈负相关。我国江苏省启东县是肝癌高发区,研究发现肝癌死亡率与血硒水平呈负相关,病区居民血硒水平与肝癌发病率也呈负相关,补硒对肝癌有明显的预防效果。据王树玉等(2000)对启东、云南锡矿及北京正常人的比较(表 6-19),说明血硒处于 0.14mg/L 是较佳的水平。

表 6-19　我国肿瘤分布及血硒水平

地区		肿瘤死亡率(1/100 000)	血硒(mg/L)
云南锡矿(肺癌)		108.57	0.062
启东(肝癌)	卫生公社	55 以上	0.043 ± 0.002
	永和公社	33~55	0.063 ± 0.002
	三甲公社	10~20	0.134 ± 0.007
北京正常人		12	0.123 ± 0.002

硒是 GSH-Px 的活性部分,硒的生理功能主要通过含硒 GSH-Px 实现。血中的含硒 GSH-Px 活性随膳食含硒水平上升而增加,当血硒达到 0.14mg/L 时,血浆中的 GSH-Px 活性达到平稳,因此认为血硒在 0.14mg/L 水平是较佳状态。排除地区和种族差异研究膳食硒摄入量和血硒水平,发现摄入量在 $66.4\sim169\mu g/d$ 时,血硒水平为 $0.146\sim0.157$mg/L,且变化不大;摄入量低于 $66.4\mu g/d$ 或高于 $169\mu g/d$ 时,血硒均不稳定。

4)富硒标准的推算

通过研究发现,血硒的较佳水平在 0.14mg/L 左右,其对应日硒摄入量是 $60\sim170\mu g$,在中国营养学会推荐供给量的安全范围内。

人体硒摄入量的 70% 来自主食,根据每日摄入主食量和加工损失计算,可以得出主食在不同硒含量情况下,每日摄入的硒量(表 6-20)。结合我国膳食总调查,日人均硒摄入量为 $42.3\mu g$ 和硒的食品限量标准,谷物硒含量达到$(0.06\sim0.26)\times10^{-6}$或者每日能增加硒摄入量$20\sim120g$的食品即可称为富硒食品。日硒摄入量最低为$10\mu g$,因此硒含量小于$0.01\times10^{-6}$的食品,对人体硒的贡献没有多大意义。

表 6-20 谷物硒含量与硒摄入量对应表

谷物硒含量($\times10^{-6}$)	日硒摄入量(μg)
0.02	18
0.04	36
0.06	54
0.20	180
0.26	234

3. 富硒地方标准概况

随着对硒元素研究的不断深入,硒对人体的多种有益作用逐渐明晰,富硒产业在全国各地有了较快的发展,各地也制定了符合当地需要的富硒地方标准。

全国范围内的富硒标准是由国家粮食局提出,国家质量监督检验检疫总局、国家标准化管理委员会发布的《富硒稻谷》(GB/T 22499—2008)国家标准,规定了富硒稻谷为:通过生长过程自然富集而非收获后添加硒、加工成符合《大米》(GB 1354—2009)规定的三级大米中硒含量在$(0.04\sim0.30)\times10^{-6}$之间的稻谷。

较早制定富硒地方标准的是湖北恩施,该标准以低硒区居民日硒摄入量$6.7\sim11\mu g$为本底,总日硒摄入量以能预防克山病($17\mu g$)为基本目的(《富硒食品含硒量标准》[(QB)Q/EFZ-01-93]),其依据主要有3条:①摄入低数量富硒产品即能满足最低需要量;②高数量摄入,其硒摄入量仍在生理需要量范围内;③同时大量摄入5种含硒食品,硒摄入量仍控制在安全摄入量范围内。这些措施基本保证了高硒区不致发生硒中毒,低硒或缺硒区居民满足生理和最低需要量。

国内其他地区如陕西安康《富硒食品硒含量分类标准》(DB6124.01—2010)、江西丰城《富硒食品硒含量分类标准》(DBD36/T 566—2009)因富硒产业开发的需要,制定了本地的富硒地方标准,后又经修改以利于本地富硒产业发展。青海省富硒地方标准的制定起步较晚,于2013年通过审查并发布《东部农业区农畜产品硒含量分类标准》(DB63/T 1147—2012),填补了本省富硒标准的空白(表 6-21)。

从各地制定的地方富硒标准来看,不同地区的标准差别较大,首先在富硒产品种类方面差别明显,部分规定了食品大类的富硒标准,部分则规定了富硒产品的详细种类;其次食品的富硒下限差别较大,部分品种差异达到数倍,如对茶叶富硒的标准,湖北、江西高于陕西安康标准达到$6\sim10$倍;另外富硒标准地方特色明显,如恩施市对主要粮食、豆类规定的富硒下限较高,而陕西安康规定的下限较低,对魔芋却制定了极高的富硒标准,这与当地富硒产品种类和富硒产业发展有关。总体来看,各地的富硒标准主要还是为符合当地富硒产业发展的要求而制定,不利于富硒产业发展的也基本上经历了废止或修订,部分食品的富硒标准也失去了原有的意义。

表 6-21 国内各地富硒地方标准一览表(Se:$\times10^{-6}$)

品种	湖北恩施	江西丰城	青海东部	陕西安康	
				修改前	修改后
粮食类	$0.10\sim0.30$	$0.07\sim0.30$	$\geqslant0.08$	$0.04\sim0.30$	$0.02\sim0.30$

续表 6-21

品种	湖北恩施	江西丰城	青海东部	陕西安康 修改前	陕西安康 修改后
豆类	0.10～0.30	0.07～0.30	≥0.08	0.04～0.30	0.02～0.30
蔬菜类	0.01～0.10	0.01～0.10	≥0.03	0.01～0.10	0.01～0.10
水果类		0.01～0.05	≥0.03	0.01～0.05	0.01～0.05
肉类		0.20～0.50	≥0.15	0.05～0.50	0.02～0.50
蛋类	≥0.20	0.20～0.50	≥0.15	0.20～0.50	0.20～0.50
食用油类		0.05～1.00	≥0.05	0.02～1.00	0.005～0.50
调味品类	≥0.10		≥0.05	0.01～0.30	0.02～1.00
食用菌			≥0.05	0.50～8.00	0.05～5.00
牧草类			≥0.05		
水产类	0.05～1.00	0.05～1.00		0.05～1.00	0.02～1.00
糕点	0.05～0.30			—	0.01～0.50
蜂产品				—	0.01～0.50
饮料类	0.01～0.05	0.01～0.05		0.01～0.05	0.01～0.05
酱油、食醋	≥0.05			0.01～0.30	0.005～0.50
茶叶	0.30～5.00	0.50～3.00		0.20～5.00	0.05～5.00
酒类	0.01～0.05			0.01～0.05	0.01～0.05
炒货				0.01～0.03	0.01～1.00
魔芋粉				0.40～0.50	0.50～10.00
淀粉	≥0.05			0.10～0.30	0.05～1.00
肾	1.00～3.00				
奶粉	≥0.05				
鲜奶	≥0.02				
花生及制品		0.07～0.30			
笋类及制品		0.04～1.00			

（二）青海东部富硒标准建议

青海东部发现富硒土壤以来，当地政府企业积极发展富硒产业，富硒标准的制定成为产业发展的关键。平安县政府、当地企业均积极开展富硒标准的制定工作，也推出了地方富硒标准和企业富硒标准，但受到样本数量和产品种类的限制，富硒标准较为单一，依据不够充分。青海省农林科学院土壤肥料研究所联合平安县高原富硒现代农业示范园区管委会办公室、青海省第五地质矿产勘查院、海东地区农牧局、青海省平安县农业与科技局制定的《东部农业区农畜产品硒含量分类标准》(DB63/T 1147—2012)弥补了这些方面的缺陷，成为青海富硒产业发展的重要标准，但对土壤富硒的标准并未明确，这对于指导当地富硒种植和开发稍显不足。

本项目对青海东部土壤、植作物含硒情况进行了详细调查,尤其对硒元素从土壤到植物的迁移转化开展了系统调查,结合前人对硒的研究和各地方富硒标准,提出青海东部富硒土壤和富硒作物的种植开发建议,作为当地富硒产业开发的参考。由于富硒产品种类繁多,而本项目调查重点在农作物、蔬菜、水果、畜禽、蛋奶、牧草等方面,故仅针对上述大类对其富硒标准进行讨论。

1. 富硒植物标准

(1)粮食类。粮食是人体硒摄入的主要途径,为人体提供了相当部分的硒来源,这一稳定的硒来源是人体不致缺硒的重要保证。根据人体血硒水平的研究,粮食硒含量要保持在 0.06×10^{-6} 以上才能保持人合理的血硒水平;而国家标准对富硒大米的规定为硒含量在 0.04×10^{-6} 以上,二者之间存在一定的差异。

根据对本区小麦及其根系土硒含量的大量调查(样本数157),发现土壤硒含量在 0.28×10^{-6} 以下时,小麦硒含量均集中在 0.08×10^{-6} 以下;当土壤硒含量大于 0.28×10^{-6} 时,小麦硒含量突然开始发散,出现大量高含量样品,说明此时受土壤硒含量增加的影响,小麦硒含量开始有明显的增加,这也是小麦本身开始富硒的开端。故建议本区粮食富硒标准为 $(0.08\sim0.30)\times10^{-6}$,这也与青海东部地方标准一致。

(2)豆类。本区豆类种植较为普遍,蚕豆、豌豆等均是当地居民喜食的食物。从各地方标准来看,对豆类普遍采用与粮食相同的富硒标准,根据本区对豆类硒含量的调查,其硒含量普遍低于小麦,故建议豆类富硒标准为 $(0.06\sim0.30)\times10^{-6}$。

(3)蔬菜类。随着人们膳食结构的改善,蔬菜在日常食品中所占的比重越来越大,蔬菜已成为人体硒摄入的重要途径。青海东部地方标准对蔬菜的富硒标准规定为 $\geqslant 0.03\times10^{-6}$,而其他地方规定的标准较低,均只有 0.01×10^{-6}。这与蔬菜本身硒含量普遍较低有关,也与调查结果一致,鉴于蔬菜在膳食结构中的比重越来越大,建议蔬菜的富硒标准采用青海地方标准,即 $(0.03\sim0.30)\times10^{-6}$。

(4)调味品类。本区调味品类主要包括葱、蒜、香豆、红花等种类,是当地居民日常膳食中喜欢使用和添加的调味品。除了葱之外,其他种类硒含量总体较高,作为主食之外人体硒的有益补充,其标准制定宜高不宜低,建议其富硒标准为 $(0.06\sim0.30)\times10^{-6}$。

(5)肉、蛋类。肉、蛋类食品是人们膳食中的重要部分,此类食品由于经过畜禽的生物富集作用,其硒含量一般较高,各地方标准对其制定的富硒标准也较高,并对硒的限量标准有所突破。参考各地方标准,建议肉、蛋类富硒标准为 $\geqslant 0.2\times10^{-6}$。

(6)水果类。水果一般作为居民饮食的补充,由于其硒含量较低,各地在制定地方标准时,也考虑到这一点而制定了较低的标准。根据对本区各种水果的调查,建议水果的富硒标准以 $(0.01\sim0.30)\times10^{-6}$ 为宜。

(7)牧草类。青海省是我国主要牧区之一,牧草的硒含量对全省牧业发展具有重要意义。历史上曾在海北州海晏县等地发生过动物白肌病,根据相关研究,牧草硒含量在 0.10×10^{-6} 为避免白肌病的安全界限。根据本区调查结果,不论是野生冰草还是人工种植的苜蓿,其硒含量随着土壤硒含量增加而稳定增高,在土壤硒含量 $<0.40\times10^{-6}$ 时,牧草硒含量集中在 0.10×10^{-6} 以下,当土壤硒含量 $>0.40\times10^{-6}$ 时,牧草硒含量呈现发散式增长。综合以上情况,建议牧草富硒标准为 $(0.10\sim0.30)\times10^{-6}$。

2. 富硒土壤标准

富硒土壤是进行富硒种植和富硒开发的基础,虽然农产品及其他食品的硒含量才是衡量富硒产品的标准,但在种植阶段,富硒土壤的划定仍然具有极其重要的作用。根据本区土壤硒含量、有效硒含量、植物硒含量及其与土壤硒的相关关系,来确定富硒土壤标准。另外,在区域上富硒土壤的分布与其成因密切相关,这可作为区域上划定富硒土壤的参考依据。

首先,大部分植物硒含量与土壤硒含量具有较好的相关性,这对于确定富硒土壤标准非常有利,只要确定了富硒植作物的标准,即可确定对应的富硒土壤标准。由于植作物的富硒标准各有不同,并且对应的土壤硒含量也有差别,故选择适宜作为富硒开发的植作物的富硒下限,来确定富硒土壤标准。其次,本区土壤总体呈碱性,有效硒含量总体较高,这有利于植作物对硒的吸收,从而成为富硒作物,但由于受到耕作条件的影响,植物对硒的吸收也有所差别。最后,在区域上盐水湖相沉积地层和大陆冲洪积相地层引起的土壤硒含量的变化,大致以 0.23×10^{-6} 为界,以此为标准可以较为全面地圈定盐水湖相沉积成因的富硒土壤,对其他成因的富硒土壤也具有参考价值。

综合全区植作物的富硒标准及其对硒的吸收情况,建议区域富硒土壤的圈定标准为 0.23×10^{-6},川水地区富硒土壤的标准以 0.3×10^{-6} 为宜,丘陵山地富硒土壤标准以 0.4×10^{-6} 为宜。

通过以上讨论,基本确定了符合本区实际情况的各种富硒食品标准和富硒土壤标准(表 6-22),由于青海省已经制定了富硒地方标准,并且本项目并未涉及到食品后期加工时的硒含量情况,故本标准重点针对区域富硒土壤圈定、农耕区富硒土壤圈定及初期富硒种植养殖提出了建议标准,以作参考。

表 6-22 青海东部富硒标准建议值一览表

项目	富硒标准(Se:$\times10^{-6}$)	项目	富硒标准(Se:$\times10^{-6}$)
粮食类	0.08~0.30	水果类	0.01~0.30
豆类	0.06~0.30	牧草类	$(0.10\sim0.30)\times10^{-6}$
蔬菜类	0.03~0.30	富硒土壤	$\geqslant0.23\times10^{-6}$(区域)
调味品类	0.06~0.30		$\geqslant0.3\times10^{-6}$(水田)
肉、蛋类	$\geqslant0.20$		$\geqslant0.4\times10^{-6}$(旱地)

(三)富硒作物的确定

1. 富硒作物划分依据

富硒作物的确定基于 3 个原则:第一,所采集作物样品中需要有一定数量的样品硒含量达到富硒作物标准以上;其次,作物硒含量与土壤硒含量须呈相对明显的正相关性;第三,植物硒含量达到富硒标准时,其对应的土壤硒含量不能太高,即本区必须有适宜其生长的富硒土壤。只有具备上述 3 个原则的作物才能被认定为富硒作物。

根据以上原则,对本区 48 种作物的数量、硒含量及其与土壤硒的相关性进行统计,并与不同种类作物的富硒标准进行对比(表 6-23),从而确定富硒作物。

表 6-23 测区植物硒含量与富硒标准、土壤硒相关系数对比一览表

种类	样品名称	数量	最大值	平均值	富硒标准	>标准数	对应土壤硒含量	相关系数
粮食类	小麦	159	369.6	80.5	0.08~0.3	44	0.34	0.594 2
	燕麦	20	148.1	59.9	0.08~0.3	5	0.40	0.785 0
	玉米	40	158.6	58.3	0.08~0.3	8	0.65	0.482 9
	青稞	24	73.8	37.1	0.08~0.3	0	0.71	0.444 4
油料类	油菜籽	55	246.5	92.3	0.08~0.3	25	0.30	0.616 1
	胡麻籽	28	259.4	86.2	0.08~0.3	9	0.30	0.767 9

续表 6-23

种类	样品名称	数量	最大值	平均值	富硒标准	＞标准数	对应土壤硒含量	相关系数
豆类	豌豆	95	538.6	57.7	0.06～0.3	20	0.40	0.573 6
	蚕豆	52	105.9	40.5	0.06～0.3	6	0.55	0.764 8
	刀豆	34	206.8	20.2	0.06～0.3	1	—	0.268 9
	架豆	32	67.4	16.2	0.06～0.3	1	1.13	0.648 8
	豇豆	28	49.9	11.7	0.06～0.3	0	—	0.306 3
蔬菜（含薯类）	苦苣菜	30	106.6	28.2	0.03～0.3	10	0.4	0.628 7
	芹菜	31	137.2	26.9	0.03～0.3	10	0.44	0.405 5
	白菜	38	65.3	17.8	0.03～0.3	3	0.65	0.601 7
	西兰花	17	38.1	16.1	0.03～0.3	3	—	0.363 2
	地皮菜	20	41.2	15.8	0.03～0.3	2	—	0.210 0
	茼蒿	30	105.1	15.1	0.03～0.3	2	—	0.353 4
	韭菜	35	58.7	14.6	0.03～0.3	3	0.86	0.601 7
	生菜	30	46.6	12.1	0.03～0.3	2	—	0.152 3
	油麦菜	34	53.1	12.1	0.03～0.3	2	1.31	0.438 7
	胡萝卜	34	47.0	10.7	0.03～0.3	2	1.07	0.663 2
	甘蓝	31	31.6	9.2	0.03～0.3	1	1.20	0.683 7
	马铃薯	94	29.2	9.1	0.03～0.3	0	1.78	0.603 5
	小白菜	62	28.3	7.6	0.03～0.3	0	1.49	0.501 3
	花椰菜	31	23.0	7.1	0.03～0.3	0	2.06	0.434 1
	菠菜	32	23.76	6.0	0.03～0.3	0	1.60	0.633 5
	莴笋	31	24.2	5.5	0.03～0.3	0	—	0.293 6
	白萝卜	53	22.0	5.3	0.03～0.3	0	—	0.212 6
	茄莲	24	24.7	5.0	0.03～0.3	0	1.46	0.518 0
	甜菜	34	11.9	3.9	0.03～0.3	0	—	0.167 6
	西葫芦	34	8.1	3.9	0.03～0.3	0	—	−0.046 9
	辣椒	37	13.8	3.9	0.03～0.3	0	3.47	0.707 5
	黄瓜	35	10.1	3.6	0.03～0.3	0	—	0.301 0
	水萝卜	62	13.0	3.3	0.03～0.3	0	—	0.263 1
	茄子	32	14.9	3.3	0.03～0.3	0	4.00	0.450 1
	南瓜	33	14.2	2.9	0.03～0.3	0	2.46	0.569 8
	西红柿	30	7.9	2.7	0.03～0.3	0	—	0.239 4

续表 6-23

种类	样品名称	数量	最大值	平均值	富硒标准	＞标准数	对应土壤硒含量	相关系数
调味品类	红花	30	197.0	68.2	0.06～0.3	13	0.36	0.546 7
	香豆	30	116.9	67.5	0.06～0.3	20	0.4	0.380 7
	大蒜	54	200.3	49.3	0.06～0.3	11	0.38	0.660 0
	葱	35	43.8	12.8	0.06～0.3	0	2.24	0.562 6
水果类	沙棘	20	47.3	17.0	0.01～0.3	18	0.09	0.767 9
	杏	15	4.7	3.6	0.01～0.3	0	—	−0.442 2
	苹果	20	3.1	1.0	0.01～0.3	0	—	0.348 7
	葡萄	10	4.2	1.0	0.01～0.3	0	2.25	0.513 5
	梨	30	2.7	0.6	0.01～0.3	0	5.85	0.505 2
牧草类	冰草	35	903.6	146.1	0.1～0.3	15	0.28	0.732 1
	苜蓿	29	234.8	106.2	0.1～0.3	10	0.41	0.674 1

注：表中植物硒最大值、平均值单位为 $\times 10^{-9}$，富硒标准单位为 $\times 10^{-6}$，对应土壤硒含量为植物硒含量达到富硒标准时对应的土壤硒含量，单位为 $\times 10^{-6}$，数量和标准数单位为件。

1）富硒样品数

从表中可以看出，区内有小麦、油菜籽、豌豆等 26 种植物的硒含量达到富硒标准以上，其中沙棘样品富硒比例最大，所采集的 20 件样品中，有 18 件均达到了富硒标准，其他植物如油菜籽、胡麻、苦苣菜、芹菜、红花、香豆、冰草、苜蓿等，达到富硒标准的样品占总样品数的比例也较大，均在 30% 以上。

2）植物硒含量与土壤硒含量的相关性

从各类植物硒含量与根系土硒含量的相关系数来看，绝大部分植物呈现正相关。我们以相关系数 R 的绝对值大小来判别二者相关性的密切程度，一般认为当 R 在 0.4～0.6 之间为中等程度相关，$R>0.6$ 时为显著相关。

从表 6-23 中可以看出，有 32 种植物与根系土硒含量的相关性达到显著相关或中等相关（另有杏为负相关），这些植物硒含量随土壤硒含量有明显且稳定的增高趋势，是判别富硒作物的重要依据。另外，对于相关系数 $R>0.4$ 的植物，我们根据相关方程，可以得出其达到富硒标准时对应的土壤硒含量，从而判断其进行开发的适宜性。

3）植物达到富硒标准时对应的土壤硒含量

从植物达到富硒标准时对应的土壤硒含量来看，不同植物对应的土壤硒含量差别较大。其中最小的为沙棘，其对应的土壤硒含量为 0.09×10^{-6}，相对于全区土壤硒含量来说，这是一个较低的土壤硒含量水平，反映了沙棘本身对硒较强的吸收能力，在其相应的富硒标准下，大部分样品很容易达到富硒标准。

对应的土壤硒含量在 1.0×10^{-6} 以上的有 15 种植物，其中最高的为梨，其对应的土壤硒含量为 5.85×10^{-6}。这 15 种植物中仅有胡萝卜、架豆、甘蓝、油麦菜 4 种蔬菜出现少量样品硒含量达到富硒标准以上，其余 11 种植物没有样品达到富硒标准，说明这些植物硒含量虽然与土壤硒含量具有较好的相关性，但由于自身吸收硒的能力较弱，需要有极高的土壤硒含量水平才能达到富硒标准。对于本区土壤硒含量水平来说，很难找到使这些植物达到富硒标准的富硒土壤，从而不具备进行富硒种植的条件。

对应的土壤硒含量在 1.0×10^{-6} 以下的有 18 种植物，具体分布为：对应土壤硒含量小于 0.4×10^{-6} 的有 7 种，$(0.4～0.6)\times 10^{-6}$ 的有 7 种，$(0.6～1.0)\times 10^{-6}$ 的有 4 种。这 18 种植物中，除青稞外，其余

植物均有达到富硒标准的样品并且所占比例较高。尤其值得一提的是,大部分植物在达到富硒标准时,其对应的土壤硒含量均在 0.6×10^{-6} 以下。说明这些植物较为容易达到富硒标准,并且适宜在本区进行种植和开发。

另外,有15种植物硒含量与土壤硒含量相关性较差,从而没有办法计算其对应的土壤硒含量。其中香豆、刀豆、西兰花、地皮菜、茼蒿、生菜均有样品达到富硒标准,其中比较多的是香豆,有66.7%的样品达到富硒标准,而其余植物仅有少量样品达到富硒标准。从香豆硒含量与土壤硒含量的相关关系图来看(图6-15),当土壤硒含量在 0.4×10^{-6} 以下时,香豆硒含量变化幅度较大,在 $(20\sim100)\times10^{-9}$ 之间跳动;当土壤硒含量在 0.4×10^{-6} 以上时,香豆硒含量基本保持在 $(60\sim100)\times10^{-9}$ 之间。根据香豆的富硒标准和硒含量分布特征,选择 0.4×10^{-6} 为其对应的土壤硒含量。

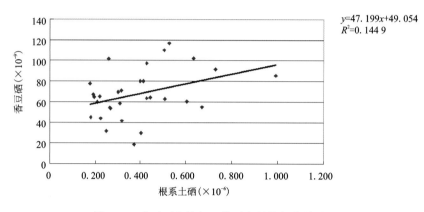

图6-15 香豆硒含量与土壤硒含量的相关关系图

2. 富硒作物的确定

根据富硒作物的划分依据,按每种植物逐项对照,从而确定富硒作物的种类。具体对比结果见表6-24。

表6-24 测区富硒植物判别一览表

种类	样品名称	数量	最大值	富硒标准	＞标准数	对应土壤硒	相关系数	是否富硒
粮食类	小麦	159	369.6	0.08～0.3	44	0.34	0.594 2	是
	燕麦	20	148.1	0.08～0.3	5	0.40	0.785 0	是
	玉米	40	158.6	0.08～0.3	8	0.65	0.482 9	是
	青稞	24	73.8	0.08～0.3	0	0.71	0.444 4	否
油料类	油菜籽	55	246.5	0.08～0.3	25	0.30	0.616 1	是
	胡麻籽	28	259.4	0.08～0.3	9	0.30	0.767 9	是
豆类	豌豆	95	538.6	0.06～0.3	20	0.40	0.573 6	是
	蚕豆	52	105.9	0.06～0.3	6	0.55	0.764 8	是
	刀豆	34	206.8	0.06～0.3	1	—	0.268 9	否
	架豆	32	67.4	0.06～0.3	1	1.13	0.648 8	否
	豇豆	28	49.9	0.06～0.3	0	—	0.306 3	否

续表 6-24

种类	样品名称	数量	最大值	富硒标准	＞标准数	对应土壤硒	相关系数	是否富硒
蔬菜（含薯类）	苦苣菜	30	106.6	0.03～0.3	10	0.4	0.628 7	是
	芹菜	31	137.2	0.03～0.3	10	0.44	0.405 5	是
	白菜	38	65.3	0.03～0.3	3	0.65	0.601 7	是
	西兰花	17	38.1	0.03～0.3	3	—	0.363 2	否
	地皮菜	20	41.2	0.03～0.3	2	—	0.210 0	否
	茼蒿	30	105.1	0.03～0.3	2	—	0.353 4	否
	韭菜	35	58.7	0.03～0.3	3	0.86	0.601 7	是
	生菜	30	46.6	0.03～0.3	2	—	0.152 3	否
	油麦菜	34	53.1	0.03～0.3	2	1.31	0.438 7	否
	胡萝卜	34	47.0	0.03～0.3	2	1.07	0.663 2	否
	甘蓝	31	31.6	0.03～0.3	1	1.20	0.683 7	否
	马铃薯	94	29.2	0.03～0.3	0	1.78	0.603 5	否
	小白菜	62	28.3	0.03～0.3	0	1.49	0.501 3	否
	花椰菜	31	23.0	0.03～0.3	0	2.06	0.434 1	否
	菠菜	32	23.76	0.03～0.3	0	1.60	0.633 5	否
	莴笋	31	24.2	0.03～0.3	0	—	0.293 6	否
	白萝卜	53	22.0	0.03～0.3	0	—	0.212 6	否
	茄莲	24	24.7	0.03～0.3	0	1.46	0.518 0	否
	甜菜	34	11.9	0.03～0.3	0	—	0.167 6	否
	西葫芦	34	8.1	0.03～0.3	0	—	−0.046 9	否
	辣椒	37	13.8	0.03～0.3	0	3.47	0.707 5	否
	黄瓜	35	10.1	0.03～0.3	0	—	0.301 0	否
	水萝卜	62	13.0	0.03～0.3	0	—	0.263 1	否
	茄子	32	14.9	0.03～0.3	0	4.00	0.450 1	否
	南瓜	33	14.2	0.03～0.3	0	2.46	0.569 8	否
	西红柿	30	7.9	0.03～0.3	0	—	0.239 4	否
调味品类	红花	30	197.0	0.06～0.3	13	0.36	0.546 7	是
	香豆	30	116.9	0.06～0.3	20	0.4	0.380 7	是
	大蒜	54	200.3	0.06～0.3	11	0.38	0.660 0	是
	葱	35	43.8	0.06～0.3	0	2.24	0.562 6	否

续表 6-24

种类	样品名称	数量	最大值	富硒标准	＞标准数	对应土壤硒	相关系数	是否富硒
水果类	沙棘	20	47.3	0.01～0.3	18	0.09	0.767 9	是
	杏	15	4.7	0.01～0.3	0	—	−0.442 2	否
	苹果	20	3.1	0.01～0.3	0	—	0.348 7	否
	葡萄	10	4.2	0.01～0.3	0	2.25	0.513 5	否
	梨	30	2.7	0.01～0.3	0	5.85	0.505 2	否
牧草类	冰草	35	903.6	0.1～0.3	15	0.28	0.732 1	是
	苜蓿	29	234.8	0.1～0.3	10	0.41	0.674 1	是

注：植物硒最大值、平均值单位为$\times 10^{-9}$，富硒标准单位为$\times 10^{-6}$，对应土壤硒含量为植物硒含量达到富硒标准时对应的土壤硒含量，单位为$\times 10^{-6}$，数量和标准数单位为件。

粮食类作物中，小麦、燕麦、玉米均有相当数量的样品达到富硒标准，其对应的硒含量土壤在本区也有较大面积的分布，植物硒含量与土壤硒含量的相关性较好，充分满足 3 项划分原则，从而被认定为富硒作物。而青稞没有达到富硒标准的样品，根据相关关系方程推测出其达到富硒标准时需要的土壤硒含量为 0.71×10^{-6}，在局部地区有可能存在适宜其生长的富硒土壤，但在调查的过程中未发现自然生长形成的富硒青稞，所以不能认定青稞为富硒作物。

油料类作物中，油菜籽、胡麻均有较大比例的样品达到富硒标准，并且满足 3 项划分原则，故被认定为富硒作物。

豆类作物中，豌豆与 3 项划分原则一致性最好，故被认定为富硒作物。蚕豆达到富硒标准的样品比例稍低，但其硒含量与土壤硒含量相关性较好，加之本区蚕豆的大量种植，故将其认定为富硒作物。刀豆、豇豆硒含量与土壤硒含量没有明显的相关性，达到富硒标准的样品数量也极少；架豆则需要在极高的土壤硒含量水平时才能达到富硒标准，不适宜种植；故这 3 种作物均不被认定为富硒作物。

各类蔬菜中，苦苣菜、芹菜与 3 项划分原则符合，首先被认定为富硒作物。马铃薯等 15 种作物由于没有达到富硒标准的样品，并且按照相关关系方程推算的富硒作物对应的土壤硒含量均在 1.0×10^{-6} 以上，在本区分布极少，故均不能被认定为富硒作物。白菜等 9 种蔬菜达到富硒标准的样品数均较少，根据相关关系方程推算出其对应的土壤硒含量，除了白菜、韭菜之外，其余植物对应的土壤硒含量均在 1.0×10^{-6} 以上，故将白菜、韭菜认定为富硒作物。其余蔬菜硒含量与土壤硒含量相关性较差，均不能认定为富硒作物。

调味品中，红花、大蒜符合 3 项划定原则，首先被认定为富硒作物。香豆硒含量与土壤硒含量的相关性较好，且其达到富硒标准的样品比例较高，占全部样品的 66.7%；根据其硒含量确定的对应土壤硒含量为 0.4×10^{-6}，在本区较容易实现富硒种植，故将其认定为富硒作物。葱没有样品达到富硒标准，需极高的土壤硒含量水平才能实现，故不能被认定为富硒作物。

水果中，沙棘有 90% 的样品达到富硒标准，并且其所需的土壤硒含量极低，显示了沙棘极强的吸收硒的能力和适宜种植的特点，故被认定为富硒植物。其余水果硒含量极低，要达到富硒标准则需要极高的土壤硒含量，故均不被认定为富硒植物。

牧草中，冰草有 42.9% 的样品达到富硒标准，苜蓿有 34.5% 的样品达到富硒标准，并且植物硒含量与土壤硒含量具有较好的相关性，所需的土壤硒含量也较低，分别为 0.28×10^{-6} 和 0.41×10^{-6}，在本区适宜进行种植，故均被认定为富硒植物。

根据富硒植物 3 项划分原则对所有植物进行逐项认定后，可以确定适宜在本区种植或开发的富硒作物共计七大类 17 种，具体如下：

粮食类：小麦、燕麦、玉米。
油料类：油菜籽、胡麻。
豆类：豌豆、蚕豆。
蔬菜类：苦苣菜、芹菜、白菜、韭菜。
调味品类：红花、香豆、大蒜。
水果类：沙棘。
牧草类：冰草、苜蓿。

（四）富硒土壤的确定

1. 富硒土壤划分依据

根据本书推荐的青海东部富硒土壤标准，川水地区硒含量值大于 0.3×10^{-6}、丘陵地区硒含量值大于 0.4×10^{-6} 的为富硒土壤。为方便在图上表达，根据工作区 1∶5 万土壤样数据空间分布特征，制作工作区土壤硒含量等值线图，等值线以硒含量值等于 0.3×10^{-6}、0.4×10^{-6} 为界限进行圈定。

2. 富硒土壤分布特征

根据以上富硒土壤划分依据，编制工作区富硒土壤空间分布图（图 6-16）。统计得出：土壤硒含量最大值为 5.89×10^{-6}，土壤硒含量大于 0.3×10^{-6} 以上的土壤采样点有 1 950 个，平均值为 0.52×10^{-6}，硒含量大于 0.3×10^{-6} 的面积有 365km²，硒含量大于 0.4×10^{-6} 的面积有 177km²。

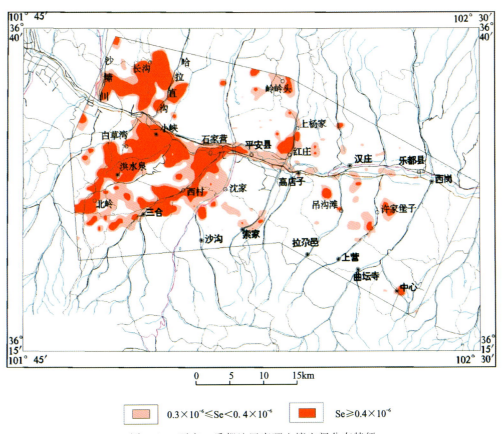

图 6-16　西宁—乐都地区富硒土壤空间分布特征

富硒土壤主要分布在青海省海东地区平安县地区,其次是互助地区,在乐都地区零散分布。互助富硒面积虽然较大,但多数土地利用类型都为林草地,耕地面积只有哈拉直沟狭长谷地耕地和沙塘川少量耕地;耕地面积占据较大比例的地区为平安县,分布在小峡谷地、洪水泉丘陵区耕地和祁家川耕地3个片区,乐都县辖区的富硒土壤面积较小,分布零散。土壤硒含量较高的分布在小峡、洪水泉和祁家川3个片区,这也是整个富硒区重点开发地段。

七、富硒土壤的衰减模式

将富硒土壤看作相对独立的地质体,其形成的方式和元素的迁移转化是影响富硒土壤能否持续利用的关键。硒的迁移途径形式多样,加之植物的吸收转化,这些过程都会对硒的循环产生影响,由于富硒种植开发的基础为富硒土壤,所以土壤在这个过程中硒的变化是我们所关心的。土壤经常被利用的一般为地表约20cm厚的表层土壤,所以表层土壤中硒的变化会直接影响到富硒土壤的持续开发利用。因此,我们将表层土壤作为一个相对独立的单元,通过对各种途径和方式迁入迁出表层土壤的硒进行统计计算,来估算表层土壤的年通量,从而探讨富硒土壤的可利用年限和合理利用方式。

(一)硒的水平迁移

在冲洪积物上发育而成的土壤,其主要物质来源为区内出露的第三系红层和第四系黄土,经风化、水流搬运作用,在河谷、凹地沉积,后经各种成土作用发育成土壤。硒元素在此种方式下,其迁移的主要动力为水流,主要介质包括水系沉积物、底泥、悬浮物以及水等。项目选择祁家川及两侧支沟,同点采集了岩石样、土壤样、水系沉积物、底泥样以及水样,对这一迁移形式进行探讨。

从不同沟系采集的多介质样品测试结果来看(表6-25),不论是低硒区还是富硒区,水系沉积物和底泥硒含量与其代表的汇水域岩石硒含量总体上具有较好的一致性。所有地表水硒含量均较低,说明硒元素从岩石到土壤的迁移主要是以水系沉积物和底泥形式进行,而溶解态的硒只占很小部分。

从低硒区的结果来看,水系沉积物和底泥相对于岩石,硒含量均有明显的升高,由于硒矿物不易溶于水,从而细粒物质对硒元素具有更好的富集作用。从水系沉积物、底泥到土壤,硒含量均有明显的降低,说明成土过程中赋存在地表土壤中的硒元素有所损失,只有更高含量的成土物质才易于形成富硒土壤。

表6-25 祁家川不同介质硒含量统计表

背景	点号	采样位置	不同介质硒含量($\times 10^{-6}$)				
			岩石	土壤	水系沉积物	底泥	地表水
低硒区	1	加拉阳坡	0.117	0.21	0.23	0.53	<0.1
	2	寺台村	0.161	0.15	0.17	0.51	<0.1
	3		0.058	0.15	0.18	0.43	<0.1
	4	处处沟	0.064	0.29	0.22	0.45	<0.1
	5		0.178	0.18	0.45	0.28	<0.1
	6		0.088	0.25	0.28	0.31	<0.1
平均值			0.111	0.20	0.25	0.42	<0.1

续表 6-25

背景	点号	采样位置	不同介质硒含量($\times 10^{-6}$)				
			岩石	土壤	水系沉积物	底泥	地表水
富硒区	7	北岭村	0.333	0.36	0.59	0.23	<0.1
	8	角浪台	0.417	0.68	0.90	0.29	<0.1
	9	高羌	0.124	0.64	0.23	0.29	<0.1
	10	西村	0.951	0.75	0.35	0.49	<0.1
	11		0.786	0.40	0.33	0.36	<0.1
	12		0.462	0.34	0.18	0.42	<0.1
	13	祁新庄	0.872	0.27	0.17	0.29	<0.1
	14		0.161	2.15	0.22	0.60	<0.1
	15		0.768	0.78	0.54	0.64	<0.1
	16	骆驼堡	0.249	0.32	0.13	0.43	<0.1
	17		0.580	0.26	0.49	0.47	<0.1
	18		1.250	0.22	0.46	0.49	<0.1
	19	西村	0.872	0.12	0.64	0.15	<0.1
	20		2.106	0.44	0.70	0.58	<0.1
	21		0.537	0.26	3.08	5.37	<0.1
	22	祁新庄东	0.131	0.24	0.49	0.26	<0.1
	23		0.184	0.19	0.50	0.37	<0.1
	24		0.657	0.36	0.49	0.29	<0.1
	25	祁新庄	0.482	0.82	0.98	0.39	<0.1
	26		0.127	0.23	0.94	0.27	<0.1
	27		0.140	0.55	0.56	0.42	<0.1
	28	东村	0.297	0.44	0.50	0.33	<0.1
	29		1.233	0.36	0.20	0.42	<0.1
	30		2.359	0.25	1.00	0.56	<0.1
	平均值		0.67	0.47	0.61	0.60	<0.1

(二)硒的垂直迁移

在第三系红层和第四系黄土上发育而成的土壤,物质搬运距离不远,元素的迁移主要在垂直方向上,通过毛细作用、下渗等过程,形成元素的迁移。冲洪积堆积物上发育而成的土壤,也存在垂直方向上的物质迁移,项目选择多处地点采集垂直剖面样品,以研究元素在垂直方向的迁移特点。

1. 川水地区硒的迁移

川水地区土壤主要由河流冲洪积物堆积发育而成,土壤厚度较大,性质稳定,成分单一。从深层到表层,土壤硒含量呈单一的升高趋势(图 6-17),这可能与土壤质地和壤化作用有关。河流冲洪积物普遍呈二元结构,上部为黄土状物质,下部为砂砾石层,从深层到表层,土壤质地逐渐变细,表层有耕作等明显壤化作用,而细粒物质对硒有较明显的富集作用。

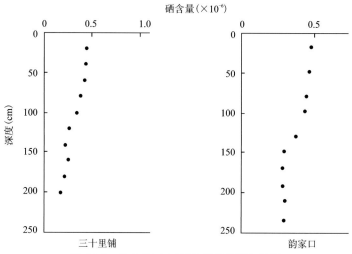

图 6-17 川水地区土壤垂直剖面硒含量图

部分由较小支流冲积而成的河谷阶地,受季节性洪水等影响较为明显,形成的堆积有明显的分层(图 6-18)。这些地区土壤中硒含量从深层到表层整体呈上升趋势,由于不同层位硒含量有所差别,所以土壤剖面中部多有跳动。

另外,由于毛细作用的存在,土壤硒含量从表层到深层呈下降趋势,但至 100~120cm 深度,土壤硒含量又突然增加,形成一明显断面,该深度有可能是毛细作用可以达到的深度。

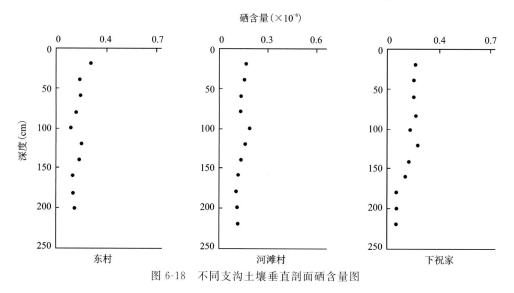

图 6-18 不同支沟土壤垂直剖面硒含量图

2. 丘陵地区硒的迁移

丘陵地区由于地形落差较大,土壤质地不均,因水流等剥蚀作用,土壤层位不稳定。在上部,土壤较为稳定,介质单一地区,土壤硒含量从深层到表层也呈现单一的递增趋势(图 6-19)。土壤剖面中元素含量的变化也反映了上部土壤的毛细作用,但因丘陵地区土质和水分的缺乏,毛细作用可达到深度变化较大,大致在 80~120cm 左右。

由于本地区风成黄土的存在,大部分丘陵地区形成了上部黄土覆盖,下部为红层物质,黄土厚度不一,部分地区红层裸露。由于黄土性质相对稳定,在垂直剖面上表现为上部土壤硒含量相对稳定,至深层红层物质硒含量突然增加(图 6-20)。

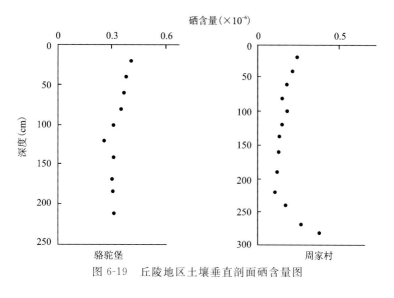

图 6-19　丘陵地区土壤垂直剖面硒含量图

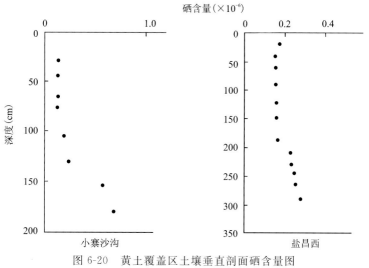

图 6-20　黄土覆盖区土壤垂直剖面硒含量图

土壤元素含量极大程度上受母质的影响,在富硒的第三系红层上发育的土壤,其硒含量呈较高的水平,这在丘陵地区的土壤剖面上也有明显的反映(图 6-21)。上部土壤与下部岩石之间硒含量呈突然增加特征,反映母质为土壤提供了主要的物质来源,土壤也很好地继承了母质的元素特征。

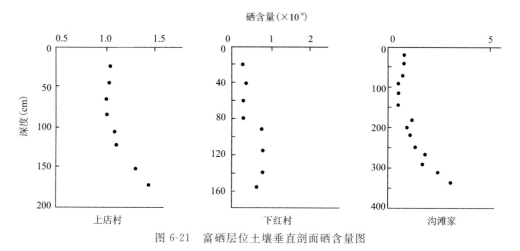

图 6-21　富硒层位土壤垂直剖面硒含量图

(三)表层土壤硒迁入量

表层土壤中硒的迁入方式主要有天降水、大气降尘、上升水(毛细作用向上带来)、灌溉水、肥料,其中灌溉水中硒的迁入途径包括水溶解和悬浮物吸附。我们选择 $1hm^2$ 农田来估算其硒的年迁入量。

1. 天降水硒迁入量

利用本区年降水量和硒含量可以求得天降水硒年迁入量。本区年降水量约为 400mm,天降水硒含量为 374ng/L,$1hm^2$ 农田 1 年由天降水迁入的硒量为:

$$400mm \times 10\ 000m^2 \times 374ng/L \approx 1.5g$$

由上式可知,$1hm^2$ 农田 1 年由天降水迁入的硒量为 1.5g。

2. 大气降尘硒迁入量

大气降尘指的是通过各种途径降到农田的干沉降,可由大气干湿沉降接收缸中的干沉降及其硒含量计算。在本区布设的 8 个接收缸中干沉降硒的平均重量为 $9.18\mu g$,接收缸口面积为 $730cm^2$,由此计算 $1hm^2$ 农田 1 年由大气降尘迁入的硒量为:

$$9.18\mu g/730cm^2 \times 10\ 000m^2 \approx 1.26g$$

由上式可知,$1hm^2$ 农田 1 年由大气降尘迁入的硒量为 1.26g。

3. 灌溉水硒迁入量

硒通过灌溉水迁入农田主要有两种方式,分别为水溶解和悬浮物吸附,分别统计 1 年进入农田的水、悬浮物的量及其硒含量来计算硒的迁入量。

1)水溶解硒的迁入量

本区农作物以春小麦为主,故选择小麦地在其生长期的灌溉水量作为农田在此途径的输入水量,春小麦在生长期普遍灌"三水",分别为分蘖水、拔节水、灌浆水,灌溉水量分别约为 $800m^3/hm^2$、$650m^3/hm^2$、$600m^3/hm^2$。

为较为精确地计算不同方式带入的硒量,我们采用通过 $0.45\mu m$ 滤膜的过滤水的硒含量来计算水溶解硒的迁入量。根据本区 22 处主要灌溉水源所采集水样过滤后的测试结果,过滤水的平均硒含量为 $2.22\mu g/L$。

根据灌溉量和过滤水硒含量计算 $1hm^2$ 农田 1 年由灌溉水迁入的硒量为:

$$(800+650+600)m^3 \times 2.22\mu g/L \approx 4.55g$$

2)悬浮物硒的迁入量

悬浮物携带硒随灌溉水进入农田,也是硒迁入农田的一种方式,由进入农田的悬浮物的重量及其硒含量可以计算此种方式迁入农田的硒量。根据不去主要灌溉水源水样过滤结果,悬浮物在水中含量约 0.97g/L,悬浮物中平均硒含量为 0.275×10^{-6},据此计算 $1hm^2$ 农田 1 年由悬浮物迁入的硒量为:

$$(800+650+600)m^3 \times 0.97g/L \times 0.275 \times 10^{-6} \approx 0.55g$$

根据上面的计算可以看出,灌溉水中硒的迁移方式主要为水溶解搬运,而悬浮物中的硒在这一途径中仅占极少部分。二者之和为 $1hm^2$ 农田 1 年由灌溉水迁入的硒量,即 5.1g。

4. 化肥硒的迁入量

肥料的使用也是农田硒迁入的一种方式,我们通过肥料的施用量及其硒含量来计算由肥料带入农田的硒量。

根据本区春小麦施肥习惯,1 亩地小麦施用磷酸二铵约 20kg,尿素约 10kg。由采集的化肥样品测试结果可知,磷酸二铵平均硒含量为 0.17×10^{-6},尿素平均硒含量为 0.097×10^{-6},由此计算 $1hm^2$ 农田

1年由化肥迁入的硒量为：
$$(20\text{kg} \times 0.17 \times 10^{-6} + 10\text{kg} \times 0.097 \times 10^{-6}) \times 15 \approx 0.066\text{g}$$

5. 毛细作用硒迁入量

土壤中由于毛细作用的存在，可将硒由地下运移到表层土壤，这也是表层土壤硒迁入的一种形式。由于毛细作用迁入的量无法统计，其具体的硒迁移量难以计算，但土壤中除了向上的毛细作用，还有向下的下渗作用，二者的差值代表了表层中硒的迁移量，我们可由此计算此种途径下表层土壤的硒迁移量。

1）水量变化

我们首先假定表层土壤在经历1年耕种周期后，其含水量回到初值，那么进入的水包括天降水、灌溉水和毛细上升水的总和与流失的蒸发水、下渗水、植物吸收水的总和一致，即：

$$\text{天降水} + \text{灌溉水} + \text{上升水} = \text{蒸发水} + \text{下渗水} + \text{植物吸收水}$$

此公式变形后可得到：

$$\text{上升水} - \text{下渗水} = \text{蒸发水} + \text{植物吸收水} - \text{天降水} - \text{灌溉水}$$

上式中右边蒸发水、天降水、灌溉水3项为已知，本区年蒸发量约为1 500mm，降水量约为400mm，1hm² 农田年灌溉量为 $800+650+600=2\ 050(\text{m}^3)$。植物吸收水量可由净余总干物重与其蒸腾系数计算，1hm² 春小麦净余总干物重为18 143.7kg（固碳项目试验田数据），小麦的蒸腾系数为540，故小麦吸收水量为 $18\ 143.7\text{kg} \times 540 = 9\ 797\ 598\text{kg}$，即 9 797.6m³。

由此可以计算出1hm² 农田1年中表层土壤在毛细和下渗作用下的水量变化：

$$\text{上升水} - \text{下渗水} = (1\ 500\text{mm} - 400\text{mm}) \times 10\ 000\text{m}^2 + 9\ 797.6\text{m}^3 - 2\ 050\text{m}^3 = 18\ 747.6\text{m}^3$$

由计算结果可知，在表层土壤中毛细和下渗共同作用的结果是由地下向表层土壤中输入水量约为18 747.6m³。

2）硒含量

毛细作用和下渗作用引起表层土壤水量的变化，在土壤中上升水和下渗水具有相似的特点，故其硒含量也具有一致性，我们采用下渗水的硒含量作为这一变化下水的硒含量。

根据本区土壤下渗水的测试结果，下渗水平均硒含量为1 900ng/L。

3）硒的迁入量

根据表层土壤在毛细和下渗共同作用下水量的变化和下渗水的硒含量，可以计算这一途径下硒的迁入量为：

$$18\ 747.6\text{m}^3 \times 1\ 900\text{ng/L} \approx 35.6\text{g}$$

由计算结果可知，1hm² 农田1年内由地下向表层土壤迁入硒约35.6g。

通过对表层土壤各种途径硒迁入量的计算，可以得出1hm² 农田1年内总的硒迁入量为43.53g。另外，不同的迁入方式所占比例差别较大，总体上毛细作用（综合下渗作用）＞灌溉水＞天降水＞大气降尘＞化肥，其中毛细作用硒迁入量占到总迁入量的81.79%，灌溉水硒迁入量占到总迁入量的11.72%，这也是农田表层土壤中最主要的两种硒迁入方式。

（四）表层土壤硒迁出量

表层土壤中硒的迁出方式主要有植物收割、蒸发、下渗以及植物吸收等途径，其中下渗作用在前面已经与毛细作用综合计算，故不再单独计算。我们同样选择1hm² 农田以1年为周期来计算表层土壤的迁出量。

1. 植物硒迁出量

利用收割小麦的总重量及其硒含量来计算由作物收割而产生的硒迁出量。根据植物样测试结果，春小麦籽实的平均硒含量为 77.76×10^{-9},秸秆的平均硒含量为 63.7×10^{-9}。小麦收割的总重量由小麦的生物量计算得出(固碳项目试验田数据),1hm² 小麦中籽实重量为 6 621.1kg,秸秆重量为 7 932.4kg。由此计算收割小麦带出的硒量为:

$$6\ 621.1\text{kg}\times77.76\times10^{-9}+7\ 932.4\text{kg}\times63.7\times10^{-9}\approx1.02\text{g}$$

由计算结果可知,1hm² 农田 1 年内由植物收割从表层土壤迁出硒约 1.02g。

2. 蒸发水硒迁出量

利用蒸发的水量及其硒含量来计算硒的迁出量,其中蒸发量为本地区年蒸发量,约为 1 500mm。由于蒸发水来自土壤,故其硒含量采用下渗水的硒含量为 1 900ng/L,由此计算 1hm² 农田 1 年内因蒸发作用而产生的硒迁出量为:

$$1\ 500\text{mm}\times10\ 000\text{m}^2\times1\ 900\text{ng/L}=28.5\text{g}$$

由计算结果可知,1hm² 农田 1 年内由蒸发作用造成的硒迁出量为 28.5g。

3. 植物吸收水硒迁出量

植物所吸收的水绝大部分用来蒸腾,这也是表层土壤硒迁出的途径。根据前面的计算结果,1hm² 小麦在生长期内吸收水量为 9 797.5m³,由于植物吸收水来自于土壤,其硒含量以下渗水硒含量为准,即 1 900ng/L。由此计算由植物吸收水硒的迁出量为:

$$9\ 797.5\text{m}^3\times1\ 900\text{ng/L}=18.62\text{g}$$

由计算结果可知,1hm² 农田 1 年内由植物吸收蒸腾作用造成的硒迁出量为 18.62g。

通过对表层土壤各种途径硒迁出量的计算,可以得出 1hm² 农田 1 年内总的硒迁出量为 48.14g。表层土壤硒的迁出主要是由于地表蒸发作用及植物吸收土壤水分蒸腾作用将硒从土壤中带出,这两种途径硒迁出量占硒迁出总量的 97.88%,而通过植物收割从表层土壤中带出的硒只占硒迁出总量的 2.12%。

(五)表层土壤硒通量

通过对表层土壤硒迁入迁出量的计算,可以得到表层土壤硒的年通量为:

$$\text{表层土壤硒通量}=\text{硒迁出量}-\text{硒迁入量}=48.14-43.53=4.61(\text{g/hm}^2)$$

由上式可知,本区农田在种植小麦的正常情况下,1 年周期中,表层土壤硒减少 4.61g/hm²。

表层土壤中硒的减少,会在一定程度上引起土壤硒含量的变化,本区表层土壤容重为 1.22g/cm³,由此可以计算表层土壤硒含量的变化:

$$\Delta\rho=4.61\text{g}/(10\ 000\text{m}^2\times20\text{cm}\times1.22\text{g/cm}^3)=1.88\times10^{-9}$$

由此可见,表层土壤硒的迁出会使得土壤硒含量每年降低 1.88×10^{-9},本区几个主要的富硒区土壤硒含量均在 0.4×10^{-6} 以上,每年降低的幅度约占当前水平的 0.47%,由于目前农田形态基本固定,周边丘陵剥蚀风化物质很难进入农田,在现有条件下,农田土壤中硒不易得到补充,故应适度开发。

(六)富硒土地的合理利用

本区富硒土壤中硒的主要来源为古近纪西宁组地层,由于西宁组地层的广泛出露,岩石风化后经过复杂的迁移过程,才形成现在富硒土壤在空间的分布,富硒土壤的形成是长期而复杂的,因不可复制而显得珍贵。由于人类活动的加剧,现代的农田很难从周边岩石风化中得到物质补充,加之现代农业耕作习惯使得土壤硒含量呈降低趋势,富硒土壤的合理可持续利用就显得十分重要。通过对表层土壤硒迁入迁出途径和比例的探讨,从而提出富硒土壤可持续利用和保护的几项农业耕作措施。

(1)农田灌溉水源应尽量采用本地的地表径流,以增加周边富硒的风化物质进入农田的数量。

(2)施肥应尽量多施用农家肥,农家肥一般具有较高的硒含量。另外,植物收割后尽量能够秸秆还田,不仅可以增加土壤有机质,还能提高土壤硒含量。

(3)农田在灌溉之后应及时锄地,这样可以切断表层土壤中形成的毛细管,可以保墒减少蒸发,降低因此而产生的硒迁出量。另外,本区农作物多为一季,在作物收割后要及时翻耕,也可以降低蒸发量,从而降低硒的迁出量。

八、富硒种植规划建议

富硒土壤的利用必须落实到富硒土地上,我们根据富硒土壤和二调图斑划分出富硒地块,根据其硒含量进行分级,结合富硒植物特征和当地种植习惯及发展规划,来制定富硒种植规划建议。

(一)富硒地块划分

1. 图斑硒含量值的确定

根据1∶5万、1∶1万土壤测量采样点数据信息,将其进行空间投影与第二次土地调查图斑套合,进行采样点与图斑的空间相交分析处理,将每个图斑上对应的采样点硒数据值进行均一化处理,该平均值赋予到相应图斑,作为该图斑的硒含量值,最终确定研究区地块图斑硒含量值。

2. 富硒地块的划分

根据前文确定的青海东部富硒土壤建议值,以川水地区土壤硒含量值大于或等于0.3×10^{-6}、丘陵地区土壤硒含量值大于或等于0.4×10^{-6}作为富硒土壤的标准。

以青海省西宁—乐都地区地块图斑硒分布特征为基础,以建议富硒土壤标准为依据,将研究区川水区土壤硒含量值大于0.3×10^{-6}的图斑和丘陵区土壤硒含量值大于0.4×10^{-6}的图斑圈定出来,作为富硒地块。

3. 富硒地块分布特征

根据上述方法,划定全区富硒地块1951个,共计富硒地块面积为167.88 km^2。按照富硒地块空间地理分布特征,将其划分为9个片区,详细统计每个片区地块数量、土地利用现状类型及其所占面积(表6-26),作为后续种植规划的依据。

表6-26 富硒地块分布一览表

编号	名称	图斑数(个)	面积(km^2)		
			耕地	林草地	共计
Q1	互助	350	5.11	43.04	48.15
Q2	小峡	478	15.36	14.16	29.52
Q3	洪水泉	501	21.27	16.10	37.37
Q4	三合	212	5.10	15.84	20.94
Q5	白沈沟	97	3.49	1.75	5.24
Q6	平安县	210	8.56	4.58	13.14
Q7	大庄科	6	0.44	4.56	5.00

续表 6-26

编号	名称	图斑数(个)	面积（km²）		
			耕地	林草地	共计
Q8	巴藏沟	9	0.20	1.26	1.46
Q9	乐都	88	5.58	1.48	7.06
	共计	1951	65.11	102.77	167.88

富硒地块在空间上形成 9 个相对集中的分布区，分别为哈拉直沟富硒区、小峡富硒区、洪水泉富硒区、三合富硒区、白沈沟富硒区、平安县富硒区、大庄科富硒区、巴藏沟富硒区和乐都富硒区。其中面积较大的为哈拉直沟富硒区、小峡富硒区、洪水泉富硒区、三合富硒区、平安县富硒区，这 5 个富硒区面积占到富硒区总面积的 88.8%。

从富硒地块的利用现状来看，耕地面积为 65.11km²，占富硒区总面积的 38.8%，其余为林草地。富硒耕地分布面积最大的在洪水泉和小峡富硒区，其次为平安县、乐都、互助和三合富硒区。洪水泉富硒区大部分为旱地，农业设施较为落后，其余几个富硒区多位于湟水谷地或其支流阶地，地势平坦，农业设施齐备，适宜进行富硒种植和开发。

(二)富硒地块分级

1. 富硒地块分级界限值的确定

根据划定的富硒地块分布情况，结合植物与土壤硒的相关性研究结果，将富硒地块进行等级划分，划定原则为：以 0.3×10^{-6}、0.4×10^{-6}、0.6×10^{-6} 和 0.8×10^{-6} 这 4 个界限值确定，划出富硒地块等级。

2. 富硒地块分级

根据划分界限值，将川水地区划分为 4 级富硒地块、丘陵地区划分为 3 级富硒地块，并统计各级地块所占面积及耕地面积(表 6-27)。

表 6-27 不同等级富硒地块分布一览表

富硒地块等级	4 级	3 级	2 级	1 级
划定界限值($\times10^{-6}$)	$0.3\leqslant Se<0.4$	$0.4\leqslant Se<0.6$	$0.6\leqslant Se<0.8$	$Se\geqslant0.8$
耕地面积(km²)	32.75	21.57	5.76	2.58
林草地面积(km²)	0	54.69	25.65	24.88
总面积(km²)	32.75	76.26	31.41	27.46

由表中可以看出，3 级富硒地块面积最大，占全部富硒地块面积的 45.4%，其次为 4 级和 2 级富硒地块，1 级富硒地块面积最小，但仍占到全部富硒地块面积的 16.4%。全部富硒地块中，耕地面积为 62.66km²，占富硒地块总面积的 37.3%，其余为林草地。

3. 富硒地块分级分布特征

1 级富硒地块主要分布在互助长沟山区、小峡谷地、下店山区、白草湾山区、洪水泉零散山区、三合祁新庄山区、白沈沟石头沿山区以及巴藏沟上新家山区。土地利用类型多为林草地，在小峡谷地零散分布在水浇地中；面积较大者在长沟山区集中分布。

2级富硒地块集中分布在互助长沟山区、洪水泉山区、小峡谷地、祁家川谷地及两侧丘陵以及乐都红庄山区。土地利用类型以林草地为主、耕地为辅,耕地占2级富硒地块总面积的18.34%。

3级富硒地块主要分布在互助长沟、洪水泉、小峡和三合等地;地块较为连续,面积较大;耕地所占比例为28.28%,主要分布在小峡水浇地和洪水泉旱地中。

4级富硒地块主要分布在平安县城以东湟水河两岸的水浇地中。

(三)富硒种植建议

1. 富硒种植建议制定依据

富硒种植建议的制定,主要参考以下几个方面:
(1)土地利用类型现状、交通条件、灌溉条件及当地种植习惯。
(2)土壤硒含量、富硒地块硒含量分布分级特征。
(3)各类作物硒与根系土硒的相关性。
(4)政府相关规划。

2. 富硒种植建议区划分

根据本区富硒地块空间分布特征,结合土地利用现状和当地政府的相关规划,将全区分为两种富硒种植类型共计12个富硒种植建议区。具体如下:

1)富硒畜牧养殖区

富硒畜牧养殖区包括4个片区,分别为长沟富硒畜牧养殖区、硝水泉富硒畜牧养殖区、三合富硒畜牧养殖区和大庄科富硒畜牧养殖区。

2)富硒农业种植区

富硒农业种植区包括8个片区,分别为小峡富硒核心种植区、洪水泉富硒种植区、平安县富硒种植区、哈拉直沟富硒种植区、三合富硒种植区、白沈家富硒种植区、高店富硒大蒜种植区和乐都富硒大蒜种植区。

3. 富硒种植建议

在12个富硒种植区的基础上,根据各个区土壤硒的分级特征和种植习惯,分区提出具体的种植建议。

1)富硒畜牧养殖区

富硒畜牧养殖区包括4个片区,长沟片区位于三十里铺北部山区,整体地貌以丘陵为主,植被覆盖率中等,土壤硒含量整体较高,大部分在0.4×10^{-6}以上,是优质的富硒牧草分布区。硝水泉片区位于洪水泉与小峡之间,总体地貌为低缓丘陵,大部分地区实行退耕还林还草政策,牧草覆盖率良好,土壤硒含量整体在0.4×10^{-6}以上,发展富硒畜牧养殖条件优越。三合片区分布于祁家川两侧丘陵,与硝水泉片区相接,地貌及土壤硒含量也与之类似。大庄科片区位于高店北部山区,植被覆盖率良好,土壤硒含量也在0.4×10^{-6}以上,但分布稍显零散,面积也最小。

这4个片区基本上为天然牧草区,适宜发展畜牧养殖,建议在这些地区建立富硒畜牧养殖基地,有效利用富硒牧草。

2)小峡富硒核心种植区

小峡富硒核心种植区主体位于小峡镇,包括从三十里铺至石家营的湟水谷地,地势平坦,农业设施齐全,农业耕种历史悠久。湟水南岸土壤硒含量普遍在0.4×10^{-6}以上,在下店—下红庄一带可达0.6×10^{-6}以上,湟水北岸则多在$(0.3 \sim 0.4) \times 10^{-6}$之间。

小峡富硒区在全区无论自然条件、交通位置还是土壤硒含量,均是最好的地段,建议作为富硒核心种植区,在湟水北岸种植小麦、油菜等大田作物,在湟水南岸种植白菜、芹菜、蚕豆、香豆、大蒜等经济价值较高的蔬菜和作物。另外在小峡核心区可发展富硒加工业,作为周边富硒农产品的集中加工地和外销地。

3)洪水泉富硒种植区

洪水泉富硒种植区位于洪水全乡,包括洪水泉村周边多个村庄,整体地貌为低缓丘陵,耕地面积较大,但全部为旱地,灌溉条件较差。土壤硒含量均在 0.4×10^{-6} 以上,并在沟滩村、洪水泉村等地达到 0.6×10^{-6} 以上。

由于灌溉条件的限制,建议在该地区发展小麦、油菜、蚕豆、豌豆、燕麦、胡麻等富硒作物。另外洪水泉地区是沙棘的集中分布区,建议发展富硒沙棘加工。

4)平安富硒种植区

平安富硒种植区位于平安县城周边,总体处于湟水谷地,农业耕种条件优越,土壤硒含量在 $(0.3\sim0.4)\times10^{-6}$ 之间。

建议在该地区种植小麦、油菜等大宗富硒农作物,还可以适当发展胡麻、大蒜、红花等富硒经济作物。

5)一般富硒种植区

一般富硒种植区包括哈拉直沟、三合和白沈家3个片区。这3个片区均位于湟水支流沟谷中,地势平坦但略显狭窄,自然村落以串珠状分布,农业注重精耕细作。土壤硒含量中等,三合片区大部分在 $(0.4\sim0.6)\times10^{-6}$ 之间,高于其他两个片区1个等级,面积也最大。

这3个片区因为土地相对分散,地块孤立,不适宜连片开发,建议作为一般富硒种植区,以农户分散种植和养殖为主。适宜种植的作物主要有小麦、油菜、胡麻、香豆、红花、蚕豆、豌豆、芹菜等。

6)富硒大蒜种植区

富硒大蒜建议种植区包括高店片区和乐都片区。高店片区主要在高店镇周边,地处湟水谷地,地势平坦,农业设施齐全。高店是"大蒜之乡",大蒜种植历史悠久,近年来政府有意引导和促进,使得高店成为青海省重要的大蒜生产地和集散地。乐都片区位于乐都县城西部至大峡一带,是区内农业光热条件最好的地区,所产的"乐都紫皮大蒜"享誉省内外,当地政府也不断引导以扩大种植规模。

这两个片区土壤硒含量在 $(0.3\sim0.4)\times10^{-6}$ 之间,整体不高,但适宜富硒大蒜生长。建议种植富硒大蒜,建设省内富硒大蒜种植基地,扩大富硒大蒜影响力,形成整体和品牌优势,促进当地经济发展。

第七章 经济效益示范

生态地球化学调查评价工作在基础地质研究、土壤固碳潜力评价、土壤环境质量评价、富硒富锗特色农业评价以及地方病评价等方面取得了众多的成果,大部分与社会经济发展关系密切,这就决定了这些成果重在利用。只有成果得到利用,才能体现其价值;同时也可以根据利用情况的反馈,进一步完善调查评价工作体系,使之与社会经济更好地结合,更好地为社会经济发展服务。

第一节 富硒调查与研究

一、调查阶段

2004 年,青海省地质调查院孙泽坤、李明喜等在开展西宁地区环境地球化学调查时,在西宁东南部最早发现富硒土壤 530 km^2,并于次年对富硒作物进行了初步调查。调查报告中厘清了硒对人体健康的作用,确定富硒土壤形成的原因主要是由西宁组红层引起,初步确定富硒作物 3 种,提出了富硒开发的良好前景。

2008 年,青海省地质调查院姬丙艳、姚振等在海东开展多目标区域地球化学调查工作,在西宁富硒土壤东部发现富硒土壤 310 km^2,并延伸至乐都地区。至此,西宁—乐都地区 840 km^2 富硒土壤被全部发现。该项目确定并扩大了富硒土壤范围,扩展了富硒作物种类,为富硒土壤资源的开发提供了进一步的依据。

二、成果公布

2009 年,由于青海省地质矿产勘查开发局(简称青海省地矿局)结构调整,原省地调院化探人员整体并入青海省第五地质矿产勘查院。海东地区多目标区域地球化学调查工作由省五勘院继续开展,并随即对西宁及海东地区多目标区域地球化学调查成果进行集成,刘长征、姬丙艳、姚振、张亚峰等完成了成果集成报告,并通过了青海省国土资源厅和青海省地矿局组织的评审,得到了包括中国科学院院士在内的与会专家的一致认可。

2010 年初,青海省第五地质矿产勘查院李世金、刘长征、许光等鉴于富硒开发的良好前景和重大意义,积极推动了由青海省国土资源厅和青海地矿局联合召开的新闻发布会。新闻发布会有富硒区所在平安、乐都等当地政府参加,引起了巨大的社会反响,揭开了富硒开发的序幕。

三、研究阶段

鉴于前期工作比例尺较小，不能满足富硒种植开发的需要，青海省国土资源厅于2010年下达"青海省西宁—乐都富硒区生态地球化学评价"项目，针对富硒开发中存在的各种问题和欠缺，对硒的地球化学行为规律、富硒植物、富硒标准、富硒生态效应和富硒土地质量等多个方面进行系统调查研究。

此项工作由青海省第五地质矿产勘查院承担，姬丙艳、张亚峰、姚振等历时3年，系统查明了富硒土壤的分布范围、形成原因及影响因素，研究了海东市富硒土壤的有效性及富硒作物特征。根据研究工作提出了富硒土壤、富硒作物标准的建议，确定富硒作物17种，富硒地块1 951个，针对富硒土壤特点提出了可持续利用的建议，并结合当地社会经济情况提出了富硒种植规划。此项工作解决了富硒开发中碰到的许多问题，为富硒开发和富硒产业建设提供了科学的依据。

2012年，青海省第五地质矿产勘查院开展化隆—循化多目标调查项目。姚振、田兴元、沈骁等在拉脊山一带发现富硒土壤1 020 km^2，加上其他地区分布的富硒土壤，使得青海东部富硒土壤总面积达到5 000 km^2。

同年，平安地区相继开展了典型地区土地质量调查评价、平安富硒区综合评价项目。张亚峰、代璐、马凤娟等结合二次土地调查和土地整理工作，将富硒土壤落实到地块上，对富硒地块进行了分级，建立了富硒土地档案，系统研究了土地整理对土壤硒含量的影响。此项工作与当地政府和相关部门结合紧密，建立了平安区富硒产业建设管理平台，开发了富硒应用手机APP，为富硒产业规划、产品发布和信息查询提供了便利，有力地促进了富硒产业开发建设。

四、技术交流合作

富硒调查与研究是一项系统的工程，涉及的领域比较多，在调查研究的过程中，青海省第五地质矿产勘查院积极与大专院校和科研院所合作，针对工作中的重点问题开展技术交流与合作，在富硒的研究及成果利用等方面取得了良好效果。

2011年，青海省农林科学院土壤肥料研究所与青海省第五地质矿产勘查院合作，在前期发现富硒土壤和研究的基础上，选择平安、乐都等不同地区，对土壤、作物和家畜富硒特征进行了深入研究，编制了《东部农业区农畜产品硒含量分类标准》。该标准通过了青海省质量技术监督局的评审，并正式发布。作为省内第一个富硒地方标准，为富硒产品的认定、富硒种植加工等提供了依据，促进了富硒产业的健康有序发展。

2011—2012年，青海省第五地质矿产勘查院与中国地质大学（北京）合作，就表生作用中硒的迁移途径和方式开展研究。利用多介质通量计算、测年等手段，较为系统地研究了硒的来源和迁移速率，建立的富硒土壤的衰减模式，为富硒土壤资源的科学可持续利用提供了依据。

2011—2015年，青海第五地质矿产勘查院以各种形式多次与平安区政府、中国地质调查局、青海省国土资源厅、中国地质大学（北京）、中国农业大学、青海省农林科学院土壤肥料研究所、西北农业大学、青海地矿局等单位开展富硒产业座谈研讨会。这些交流不仅为富硒产业建设指明了方向，也为富硒调查研究工作提供了很好的建议和改进措施，使调查研究工作更好地服务于产业建设。

2016年，平安区政府主办了"高原硒都富硒产业发展高峰论坛暨招商引资洽谈会"，青海省第五地质矿产勘查院作为特邀代表，做了以富硒生态农业评价和开发为主题的报告，系统介绍了富硒的发现、研究、利用和拓展，取得了一致好评。同时，青海省地质矿产勘查开发局与平安区政府签订了战略合作协议，共同成立了"青海省高原富硒资源应用研究中心"，青海省第五地质矿产勘查院作为参加单位，今后将更多地参与到富硒产业建设相关的研究工作中,更好地为富硒产业发展服务。

第二节 经济效益示范

富硒成果发布之后,在政府部门制定产业规划、促进富硒产业建设和发展等方面得到了广泛的应用,并取得了明显的经济社会效益。

一、建立高原硒都

平安区富硒资源具有面积大、地层厚、硒含量浓度适中,开发条件好,无伴生有害元素等特点,以600多平方千米的富硒土壤资源为依托,建立了高原硒都,并且被评为"中国十大富硒之乡"。

海东市平安区利用富硒成果建立了富硒产业园,累计投资达4.4亿元,农业总产值达3.18亿元,相继建成了金吉富硒产业园、白沈沟富硒果蔬产业园、金阳光富硒产业园,建成占地500多亩的富硒果蔬种植基地5个。重点开发和加工果蔬、大蒜、禽蛋、油菜籽、马铃薯、牛羊肉等富硒农畜产品,并扶持和认定了一批富硒品牌企业和产品,富硒产业快速健康发展。目前,全区已建成绿雏蛋鸡、环宇蒜酱、芳谱菜籽油、金阳生猪等富硒农畜产品生产加工企业6家,产品达14个品种。其中,青海环宇年生产富硒蒜酱2 000t、富硒薯条600t、富硒谷物800t,年产值达4 000万元;青海芳谱精炼油公司年加工油菜籽2万t(其中菜籽油7 500t),年产值达1.2亿元。积极引导企业申报和注册富硒商标,"芳谱""安驿""圣栖"等多个富硒产品被评为省级著名商标。

二、建立精准扶贫的"平安模式"

富硒产业的发展为精准扶贫提供了极大助力。平安区按照"乡有特色产业、村有主导产业、户有增收项目"的原则,突出富硒品质,优化产业结构,把发展高原、绿色富硒农产品作为广大贫困户脱贫增收的特色项目,建立富硒特色规模种植养殖基地,扶持贫困户发展富硒特色种养殖业,使富硒特色产业服务于全区精准扶贫,助推建档立卡贫困户实现持续增收。

全区通过贫困户到户产业资金,采取公司+农户、专业合作社+农户、能人大户带动等模式,各类农业经营主体、扶贫产业园积极参与富硒产业开发和产业扶贫,创新精准扶贫模式,推动脱贫攻坚。

平安区建成了8万亩的富硒马铃薯、12万亩的燕麦、1 000亩的大蒜、1 500亩的露天蔬菜、1 000亩的苦荞、1 100亩的中药材、1 200亩的油用牡丹、200亩的金丝皇菊等一批特色种植基地,打造"一乡一业、一村一品",带动更多的贫困户通过土地流转、协议用工、入股分红等方式参与产业发展,分享产业效益。以公司+农户、贫困户带资入股、利润分红等形式发展养殖业,新建现代生态牧场2个,规模养殖小区2个,肉驴养殖基地1个,全区规模养殖场60个,家庭牧场439家,存栏畜禽24.4万头(只)。通过发展富硒产业,带动贫困户1 127户3 758人,户均实现增收3 000元以上。

三、开创前景规模达百亿元的富硒产业

平安区抓住农业供给侧改革、现代农业示范园区建设和精准扶贫等有利时机,充分发挥富硒资源优

势,加快推进富硒产业一、二、三产融合发展,大力发展特色农畜产品精深加工,逐年扩大生产规模,延长产业链条,带动更多的贫困户参与到产业发展中来,使贫困户通过富硒农畜产品精深加工增加了收益。同时,充分发挥平安独特的资源优势和区位优势,依托高原美丽乡村建设,加快建设乡村旅游项目,大力发展集富硒采摘、观光、体验、旅游为一体的休闲农业,吸收贫困户参与,增加服务性收入,让贫困户在每一个产业链上都能获益。

平安区以"中国首个超净富硒区"和"中国高原富硒养生区"为发展定位,倾力打造"高原富硒·健康平安"品牌,将富硒产业打造成立足青海,辐射全国,国际知名的富硒高科技特色农产品研发、生产和贸易中心,成为全区广大群众增收致富的支柱产业。

(1)以规划为引领,明晰富硒产业发展定位。充分发挥规划引领作用,按照"抓园区、建基地、创品牌、促营销、保质量"的发展思路,进一步明确全区富硒产业发展方向、目标和重点,优化富硒产业区域布局,推进全区富硒产业发展。重点发展富硒农畜产品精深加工、富硒功能性食品、富硒保健品等重点产业,并通过互联网+扶贫、富硒文化体验、发展健康养生等策略,将现代富硒产业发展与城市居民的健康、休闲养生需求相结合,延长富硒产业发展链条,助推富硒产业带动精准扶贫脱贫,实现贫困户稳定持续增收。

(2)以园区为平台,强力打造富硒产业发展引擎。按照"两年强基地,三年显雏形,五年见形象"的发展思路,立足平安实际,确定和培育有利于富硒产品精深加工和市场开拓的主打品种。并按《总体规划》,全力打造一个占地 2000 亩左右的市级高原富硒生态文化旅游产业示范园,并将其打造成集生产、加工、培训、研发、贸易、博览、休闲于一体的全国知名富硒产业集聚区,使其成为富硒产业发展的有力支撑和强大引擎。力争在 10 年内,园区引进 50 家富硒企业,年产值达到 100 亿元以上,并建立富硒产品互联网电子交易平台,吸收和带动更多的贫困户参与到富硒产业发展中来。

(3)以基地为依托,做大做强群众增收的主导产业。立足平安实际,确定和培育有利于富硒精深加工和贫困群众增收效果明显的特色农作物和畜产品主打品种,按照"因地制宜、合理布局、集中连片、做大规模"的原则,建立"六大富硒生产基地",全力打造"五大富硒全产业链",并以此引导种植结构调整,带动整个富硒产业的发展和贫困群众收入的增加。

(4)以企业为核心,增强产业发展的集聚带动能力。充分发挥平安的资源优势和区位优势,加大招商引资力度,以更加开放的姿态、更加有效的措施、更加优质的服务,在推进富硒产品产业发展方面形成亲商、重商、暖商、富商的社会氛围。引导、引进企业按照企业+基地+农户、企业+专业合作社+农户的模式,入园集聚发展,形成富硒产品产业集群,发挥集聚效应,推进富硒产业发展。积极培育一批新型富硒产业龙头企业,鼓励和扶贫一批具有一定基础和规模、技术含量高、市场前景好、竞争力强的加工企业不断发展壮大,走"专、精、特、优、新"的发展路子。

(5)以品牌为向导,继续加大宣传推介力度。以现代农业的理念和视角,高度重视品牌的培育,借力富硒资源打造高原现代农业新样板。全区每年至少安排专项资金 1 000 万元,支持富硒产业发展和品牌打造。利用各种宣传、推介方式和平台,在大力宣传富硒产品产业的基础上,依托旅游、餐饮、文化等载体,全方位、多层次、多渠道宣传推介高原富硒品牌,以品牌的溢出效应提高平安富硒产业在全省乃至全国的知名度和美誉度。

四、政府规划的依据

2010 年 2 月 26 日,时任青海省委书记强卫、省长骆惠宁对富硒成果作了重要批示,认为这是青海省特色农牧业发展的重大机遇,建议省有关部门会同海东、西宁抓好研究和行动,打造特色农产品和食品,发展富硒产品和产业,培育知名品牌,使地方和农民从中更多受益。并将富硒土地开发和富硒农产品种植、加工作为青海农业经济新的增长点写入"十二五"规划。

在青海省国民经济和社会发展第十三个五年规划纲要中,明确农牧业产业化建设要"……打响高原、有机、优质、富硒、富锗等健康牌,提高特色产品附加值和中高端市场占有率……"

海东市平安区政府根据富硒成果,组织专家、涉农部门,编制完成了《青海平安富硒产业规划》《东部农业区农畜产品硒含量分类标准》和《富硒产品专用标志管理办法》,注册了"硒干线""硒の溯""硒の奇""久丰禾""莲禾""平安福"等9枚富硒产品商标。海东市在平安建设了市级高原富硒产业示范园区,平安区也成立了富硒管委会,委托中国农业大学编制了20年富硒发展规划,全力打造富硒产业。

在海东市"十三五"规划中,为完善产业体系,在优化经济结构上实现新突破,明确要求"立足海东土地富硒富锗、气候冷凉,适宜发展特色农业的优势,做精一产……"。在推进农业园区建设,打造现代农业发展新引擎中,要求"实施好《海东市富硒产业发展规划》,在平安建设市级高原富硒产业示范园区,结合全市富硒土地资源集聚区,全力打造富硒产业品牌……"

主要参考文献

段咏新,傅庭治,1997.大蒜对硒的吸收及硒对大蒜生长的影响[J].广东微量元素科学,4(11):52.

葛晓立,李家熙,万国江,等,2000.张家口克山病地区土壤硒的地球化学形态研究[J].岩矿测试,19(4):254.

姜秋风,王在模,2000.青海高原土壤中硒的研究[J].青海大学学报(自然科学版),18(1):10-15.

瞿建国,徐伯兴,龚书椿,1998.上海不同地区土壤中硒的形态分布及其有效性研究[J].土壤学报,35(3):398.

李以暖,薛立文,2000.富硒保健食品硒含量标准的探讨[J].广东微量元素科学,7(5):18.

郦逸根,徐静,李琰,等,2007.浙江富硒土壤中硒赋存形态特征[J].物探与化探,31(2):95.

彭耀湘,陈正法,2007.硒的生理功能及富硒水果的开发利用[J].农业现代化研究,28(3):381.

王金达,于君宝,张学林,2000.黄土高原土壤中硒等元素的地球化学特征[J].地理科学,20(5):469.

吴雄平,2009.石灰性土壤中硒的形态变化及其生物有效性研究[D].杨凌:西北农林科技大学.

吴永尧,罗泽民,彭振坤,1998.不同供硒水平对水稻生长的影响及水稻对硒的富集作用[J].湖南农业大学学报,24(3):176.

吴正奇,刘建林,2005.硒的生理保健功能和富硒食品的相关标准[J].中国食物与营养(5):43.

张艳玲,潘根兴,李正文,等,2002.土壤植物系统中硒的迁移转化及低硒地区食物链中硒的调节[J].土壤与环境,11(4):388.

赵美芝,1991.影响土壤中硒有效性的若干因子[J].土壤,23(5):236.

郑达贤,李日邦,王五一,1982.初论世界低硒带[J].环境科学学报,2(3):241.

中国科学院地理研究所环境与地方病研究组,1986.我国低硒带与克山病、大骨节病病因关系的研究[J].环境科学,7(4):89-93.

中华人民共和国卫生部,中国国家标准化管理委员会,2005.中华人民共和国国家标准-食品中污染物限量:GB 2762—2005[S].北京:中国标准出版社.

后 记

《青海东部生态地球化学成果及经济效益示范》是青海省地质勘查的重要基础性成果之一。青海生态地球化学调查评价工作开展 10 余年来，以不同比例尺、多介质采样手段做了大量调查、评价工作，在基础地质、生态环境质量评价、特色农业等方面取得了一系列成果。本书从以往工作资料、成果的系统整理入手，对研究和成果利用进行总结，为今后此类工作领域的扩展和成果的更好利用提供了借鉴。

本次研究立足于"青海省生态地球化学调查评价"等项目成果，遵循科学性、可靠性和实用的原则，从生态地球化学学科角度对生态、环境质量、富硒资源等方面进行了系统研究。研究工作中突出了地质和地球化学特色，在地质和地球化学特征研究的基础上，提供了青海东部高精度土壤碳储量结果，初步厘清了青海东部土壤地球化学时空演化规律和土壤重金属的累积规律，以多介质调查和元素迁移转化思路对富硒资源进行了较为系统的研究，建立了富硒经济效益示范。《青海东部生态地球化学成果及经济效益示范》是目前青海东部生态地球化学较为系统的研究成果，该成果的出版，不仅为农业、环境、国土、地质等部门提供了一本内容详实、资料丰富的基础性参考资料，也为青海省特色农业发展、土壤环境监测与评价、生态保护与修复提供了重要的技术支撑。

《青海东部生态地球化学成果及经济效益示范》共设 7 章，第一章绪论由姬丙艳、马瑛编写；第二章区域背景由姬丙艳、马瑛编写；第三章工作方法由姬丙艳、姚振、张亚峰编写；第四章土壤固碳潜力由张亚峰、马凤娟、田兴元编写；第五章土壤环境质量评价由姚振、代璐、杨映春编写；第六章富硒评价由姬丙艳、沈骁、张亚峰、代璐、马凤娟编写；第七章经济效益示范由姬丙艳、张亚峰编写。参加工作的还有潘燕青、闫建平、韩思琪、张浩、贾妍慧、马强、刘庆宇、黄强等。全书由姬丙艳负责统稿。本书在编写过程中，得到了成杭新博士的悉心指导，他对本书进行了认真审阅，并提出了宝贵意见，在此一并致谢！

受水平所限，文中疏漏之处在所难免，请读者批评指正。